绿色低碳教育理论与实践

Theory and Practice of Green and Low-Carbon Education

单胜道　李　俊　著

科　学　出　版　社

北　京

内 容 简 介

本书立足国家绿色发展和“双碳”目标对教育领域的新要求，系统介绍绿色低碳教育的时代背景和科学内涵，分析绿色低碳教育教学实践、国际传播、创新创业、先进技术等领域发展现状和趋势，探讨绿色低碳教育的建设路径，并给出实践案例和重要参考。

本书旨在为教育工作者、环保从业者、政策制定者以及关心绿色低碳教育领域发展的各界人士提供深度的理论见解和丰富的实践指导。

图书在版编目(CIP)数据

绿色低碳教育理论与实践 / 单胜道，李俊著. — 北京：科学出版社，2025. 3. -- ISBN 978-7-03-080607-9

Ⅰ. X-4

中国国家版本馆CIP数据核字第2024H285T5号

责任编辑：范运年 / 责任校对：王萌萌
责任印制：师艳茹 / 封面设计：陈 敬

科学出版社 出版
北京东黄城根北街 16 号
邮政编码: 100717
http://www.sciencep.com
保定市中画美凯印刷有限公司印刷
科学出版社发行 各地新华书店经销
*
2025 年 3 月第 一 版 开本：720 × 1000 1/16
2025 年 3 月第一次印刷 印张：12 1/2
字数：249 000

定价：98.00 元

(如有印装质量问题，我社负责调换)

序

当今世界，全球气候变化与可持续发展的严峻挑战已成为全人类共同面对的重大课题。积极应对气候变化，推动绿色低碳发展，已成为全球普遍共识。作为全球生态文明建设的重要参与者、贡献者和引领者，中国以碳达峰碳中和的庄严承诺为指引，正在推动经济社会发展的全面绿色转型。这一历史性的进程，不仅要求我们在经济、科技等领域进行深刻变革，更呼唤着教育体系的根本性革新。

教育作为塑造未来、驱动变革的基石，承载着传播生态文明理念、培育绿色创新人才、推动技术革新的重要使命。如何将绿色低碳的发展理念深度融入教育体系之中，构建适应新时代需求的人才培养模式，培养践行绿色低碳理念、适应绿色低碳社会、引领绿色低碳发展的新一代青少年，既是教育领域亟待破解的重大命题，也是实现“双碳”目标不可或缺的战略支点。《绿色低碳教育理论与实践》一书的出版，恰逢其时，意义重大。

该书立足于国家生态文明建设与“双碳”目标的宏阔视野，以浙江科技大学在绿色低碳教育领域的积极探索与创新实践为蓝本，汇聚跨学科团队的研究智慧，系统阐述了绿色低碳教育的时代背景、科学内涵、发展现状和未来趋势，并提供了有效的建设路径和丰富的实践案例，使读者能够清晰地认识到绿色低碳教育的重要性和紧迫性。它不仅深入剖析了绿色低碳教育的理论核心与精髓，更提供了一系列可复制、可推广的实践路径与操作指南，可为教育工作者明确教育目标和方向，有助于他们更好地开展绿色低碳教育教学工作，是一部兼具深厚学术底蕴与现实指导意义的力作。

理论构建，引领未来。该书开篇紧扣“十四五”时期生态文明建设的战略方向，从气候变化的全球背景、政策导向的明确指引、社会需求的迫切呼唤等三重维度出发，深刻阐释了绿色低碳教育的科学内涵与重要意义。书中明确指出，绿色低碳教育绝非单纯的环境知识传授，而是一个涵盖价值观塑造、创新能力培养、技术应用转化等多方面的系统性工程。通过对比国际先进经验与本土实践案例，作者团队率先构建了高校绿色低碳教育的理论与实践体系，为高等教育如何有效融入“双碳”目标提供了清晰而有力的逻辑框架。

实践探索，创新范式。作为“两山”理念发源地的高校代表，浙江科技大学将绿色低碳的理念深深植根于育人的全过程。该书通过一系列翔实而生动的案例分析，生动展现了该校如何将绿色低碳理念巧妙融入专业课程设计、校园绿色低碳管理、绿色创业孵化等多个环节。诸如设立绿色低碳创新与发展微专业、构建校园碳足迹监测平台、打造绿色低碳教学与科研团队等创新举措，不仅为高校提供了可操作、可借鉴的样板，更深刻揭示了教育如何赋能绿色低碳发展的内在机制——即通过知识生产的创新、技术革新的推动与人才培养的强化，共同推动社会的绿色低碳转型与可持续发展。

跨界融合，拓展新径。该书的独特价值在于其突破了传统教育研究的固有边界，将国际传播、先进技术、创新创业等多元视角巧妙融入绿色低碳教育体系之中。在“国际传播”章节中，作者深入分析了德国等绿色低碳教育领域发展领先国家的宝贵经验，为中国教育的国际化进程注入了丰富的绿色低碳内涵；在“绿色低碳教学”部分，则通过引进数字化教学的应用案例与绿色低碳教学评价的指标体系，生动展现了数字化技术如何对绿色低碳教育场景进行重构与升级。这种跨界融合的思维方式不仅紧密呼应了全球绿色变革的潮流与趋势，更为广大教育工作者提供了从课堂到产业、从本土到全球的立体化行动指南与策略建议。

作为教育工作者，我深切感受到该书的独特价值，它不仅是一部理论著作，更是一份行动宣言。该书的成功问世，凝聚了浙江科技大学单胜道教授带领的绿色低碳育人团队的心血与智慧。他们扎根江浙大地，以十余年绿色低碳教育的宝贵经验为根基，将理论探索与实践创新紧密结合，从环境科学、国际教育、工程管理、课程思政等多个领域贡献独到的专业洞见与深刻见解。正是这种学科交叉、跨界融合的协作模式，使得该书既具有严谨的学术性，又充满了鲜活的实践生命力。期待这部凝聚中国智慧的著作能引发更多教育者、决策者和实践者的深度思考，共同推动绿色低碳教育从理念创新走向实践突破，为构建人类命运共同体贡献教育力量。

高翔

中国工程院院士

2025 年 2 月 20 日

前　言

“十四五”时期，我国生态文明建设进入了以降碳为重点战略方向、推动减污降碳协同增效、促进经济社会发展全面绿色转型、实现生态环境质量改善由量变到质变的关键时期。教育部要求把绿色低碳发展理念全面融入国民教育体系各个层次和各个领域，培养践行绿色低碳理念、适应绿色低碳社会、引领绿色低碳发展的新一代青少年。新时期生态文明建设和碳达峰碳中和目标无疑对高等教育发展提出新要求，赋予高等教育新的时代使命。本书系统阐述了新时代绿色低碳教育科学内涵，分析了绿色低碳教育教学实践、国际传播、创新创业、先进技术等领域发展现状和趋势。浙江科技大学扎根“绿水青山就是金山银山”理念的发源地浙江安吉办学，将绿色低碳理念融入学校人才培养各环节，开创性地提出了高校绿色低碳教育理论体系，示范性地打造了绿色低碳教育浙科样板。

本书由浙江科技大学生态环境研究院院长单胜道教授和浙江科技大学碳中和创新研究中心主任李俊研究员定纲定稿。全书共分为 8 章，第 1 章由浙江科技大学经济与管理学院刘发明副研究员执笔；第 2 章由浙江科技大学环境与资源学院王群副教授和国际教育学院魏建华副教授执笔；第 3 章由浙江科技大学中德学院黄扬副教授执笔；第 4 章由浙江科技大学环境与资源学院方婧教授执笔；第 5 章由浙江科技大学后勤服务中心副主任唐步明执笔；第 6 章由李俊研究员和浙江科技大学安吉校区王妍老师执笔；第 7 章由王群副教授执笔；第 8 章由魏建华副教授执笔；全书由单胜道、李俊和王群统稿并校对。本书的出版得到浙江省哲学社会科学规划课题重点项目“‘双碳’背景下绿色低碳生活方式及其环境规划研究”(25NDJC0192)的资助。在此，作者向对本书的撰写、出版给予关心和支持的所有专家、领导、同行和朋友致以衷心的感谢!

由于作者水平有限，书中难免存在不足之处，请各位专家和广大读者批评指正。

作　者

2024 年国庆

目　录

第1章 “双碳”目标与绿色低碳发展

人类进入工业文明时代以来，在创造巨大物质财富的同时，也加速了对自然资源的攫取，打破了地球生态系统平衡，人与自然深层次矛盾日益显现。近年来，气候变化、生物多样性丧失、荒漠化加剧、极端气候事件频发，给人类生存和发展带来严峻挑战。2020年，联合国开发计划署发布的《人类发展报告》指出，人类经历的新冠病毒大流行(COVID-19)、全球气温屡创新高等危机表明，人类对地球施加的压力已经史无前例。人类在21世纪面临的最前沿课题是与自然和谐共生。因此，如何处理好人与自然的关系是人类能否在21世纪实现可持续发展的时代性命题。这需要从全球生态系统和人类可持续发展的整体性出发，从系统论、认识论、时空观的哲学高度提出一个全新的科学理念。

1.1 “双碳”目标与内涵

自工业革命以来，人类借助科技手段开发和改造自然的能力大大提升，在社会进步、经济发展的同时消耗了大量的自然资源，对生态环境造成了难以估量的破坏。马克思指出，“人是自然界的一部分”。毫无疑问，生态环境的破坏也累及到人类自身，全球气候变暖、臭氧层破坏以及近年来发生的严重环境污染事件都时刻威胁着人类的生存环境，改善生态环境、降低碳排放势在必行。

1.1.1 “双碳”目标国内外背景

20世纪40年代开始，伴随着第三产业(服务业)成为主导产业，取代了第二产业(工业)的主导地位，世界发达国家发展水平基本上处于后工业化阶段，以美国、欧盟为例，二者分别于2005年和1990年达到碳排放峰值。而以中国为首的发展中国家承接了发达国家高污染、高耗能、低附加值的产业，尚处于经济发展的中高速阶段，也是碳排放量逐年上升的爬坡阶段。如果我国不积极主动降低碳排放，以后高碳排放产品会在美、欧等发达国家碳关税的层层加码下逐渐失去竞争力。另外，降低碳排放带来碳金融市场的兴起以及未来可能出现的碳货币也是新兴的蓝海市场，中国同样不能缺席[1]。党的十八大以来，在习近平生态文明思想指引下，我国全面贯彻新发展理念，将应对气候变化摆在国家治理的突出位置，不断提高碳排放削减幅度，不断强化中国自主贡献目标，以最大努力提高应对气候变化力度，推动经济社会发展全面绿色转型，建设人与自然和谐共生的中国式现代化。

1. 国内背景

1) 全球最大的能源消费国

随着中国经济飞速发展，能源需求日益攀升。特别是2000年以来，中国经济发展较快，能源消费的增长也较快。过去，我国是粗放式的能源生产方式，再加上没有能源消费的“天花板”，导致能源消费成为一种无节制、无序的消费模式。也就是说，在经济社会发展取得举世瞩目成绩的同时，我国的能源消费增量也相当突出。党的十八大以后，为了确保国家能源的稳定供应并迈向持续发展，我国政府采取了积极应对策略，对能源战略做了调整，逐步改变了过去粗放式的能源生产方式，同时采取坚决措施改变了敞口式的能源消费模式，不仅成功抑制了能源消费总量急剧上升，而且在调整能源消费构成上取得了突破性成就，所以，从2011年到2019年的能源消费年均增速明显下降了。

从能源消费结构来看，我国的能源消费长期以煤为主。党的十八大以来，我国加大力度调整能源消费结构，煤炭消费比重于2019年首次降到60%以下，同时清洁能源和相对效率较高的石油、天然气的比重有所增加。这一变化不仅是数字上的降低，更意味着我国能源结构优化取得历史性突破，彰显了中央将调整能源结构作为推进生态文明建设关键举措的决策智慧。

2) 全球最大的能源生产国

从总体上来看，我国能源消费的85%左右都是自产的，只有15%左右是进口的。我国生产能源的最大特征是，化石能源产量巨大，同时发电水平较高，发电量较大，电气化程度较高。以2023年为例，我国发电量高达88391亿kW·h，是当之无愧的世界第一，其次是美国，发电量42969亿kW·h，印度排行第三，发电量18380亿kW·h。我国电力生产以燃煤发电为主，2023年煤电发电量占总发电量比重接近六成，是当前我国电力供应的最主要电源。

新时代以来，我国能源行业绿色低碳转型趋势持续推进。2013～2023年，我国煤炭消费比重从67.4%下降到55.3%，风电、太阳能发电、水电、核电及生物质能等非化石能源消费比重从10.2%提高到17.9%。并网风电和太阳能发电合计装机规模2023年底达到10.5亿kW，占总装机容量比重为36%。2023年，重点调查企业电源完成投资同比增长30.1%，其中非化石能源发电投资同比增长31.5%，占电源投资的比重达89.2%。在2024年6月20日国新办举行的“推动高质量发展”系列主题新闻发布会上，国家能源局发展规划司司长介绍了我国作为全球最大的能源生产和消费国煤炭高质量发展的情况。他指出，到2023年底，我国95%以上煤电机组实现了超低排放，我国已建成了全球最大的清洁煤电供应体系，煤制油气技术装备也取得重要突破，相关运行指标不断优化。过去十年来，我国坚持统筹发展和安全，持续推进数字化、智能化煤矿建设，合理增加先进产能，加强煤炭清洁高效利用，煤炭高质量发展迈出坚实步伐，为保障我国能源安全提供了坚实基础。

3）全球最大的能源进口国

我国进口能源消费占总能源消费的15%左右，原油、天然气、煤炭等3个化石能源品种进口量都是全球最大。2023年，我国进口原油、天然气、煤炭等能源产品11.58亿t，同比增加27.2%。其中，全年原油累计进口56399.40万t，同比增长11.00%，相当于每日进口1128万桶，打破此前在2020年创下的每日进口1081万桶的历史纪录。天然气进口11997.10万t，同比增长9.90%，这是仅次于2021年进口12140万t之后的第二高纪录。煤及褐煤进口47441.60万t，同比增长61.80%，创历史新高。根据预测推算，到2035年，我国的能源进口依存度将从15%升至23%。

能源进口量持续增高反映了国家经济发展的旺盛需求和资源优化配置的战略选择。我国不仅是当前全球最大的能源进口国，而且在未来的能源进口趋势中，预计将继续保持这一地位。

2. 国际背景

1）新一轮能源革命浪潮正在兴起

从人类发展史来看，新一轮的能源革命与新一轮的工业革命相生相成。新一轮能源革命以新能源技术与信息技术的融合为主要标志，其特征是高效化、清洁化、低碳化、智能化。新一轮能源革命发生以来，很多颠覆性的技术成果出现，如太阳能光伏技术的转换效率不断提高，使太阳能发电成本逐渐降低，市场竞争力日益增强。同时，风能发电技术也在不断进步，大型风力发电机组的单机容量不断增大，发电效率显著提升等等。

在新一轮能源革命浪潮推动下，全球能源绿色低碳转型的基本框架已经形成。目前，越来越多的国家（经济体）坚持走绿色低碳发展道路，不断减少对化石能源的依赖，大力推动建设清洁可持续能源供应体系。《巴黎协定》的签订和生效，表明全球对绿色和低碳转型达成了广泛的共识，许多国家宣布在本世纪中叶前后实现碳中和。G20、APEC等框架下的全球能源治理改革也在推动全球能源转型和《巴黎协定》的落实。

2) 全球应对气候变化进程明显加快

由于气候问题越来越突出，气候变化与经济、贸易、投资等领域的联系愈发紧密。虽然气候风险倒逼经济领域结构性调整、绿色规则重塑贸易体系竞争格局、气候金融驱动产业革命等做法或趋势有一定的不公平性，但是在迫切需要应对气候变化的大背景下，还是获得了国际社会的一些认可。随着应对气候变化进程的加快，全球经济、地缘政治、国际外交等方面也将受其深刻影响。

3) 发达国家低碳治理体系不断完善

在应对全球气候变化和推动可持续发展的大背景下，发达国家纷纷建立起了各具特色的低碳发展治理体系。他们不断在总量、结构和能效上制定深度减碳长期目标，同时把节能提效、发展可再生能源等目标不断具体化，加快完善碳交易机制、经济激励机制，比如作为应对全球气候变化领域的引领者，欧盟早在2018年就提出，到2050年实现碳中和目标的零碳愿景，以低碳促转型，重振欧洲经济的同时开展气候行动等等。

4) 全球能源行业呈现出前所未有的新发展趋势

目前，全球能源行业正处于一个历史性的转折点，展现出一系列前所未有的新发展趋势。这些趋势不仅重塑着能源产业本身，也深刻影响着全球经济结构、环境保护和社会发展。①可再生能源迅猛发展，尤其是风能和太阳能。②电动汽车的兴起正在改变传统石油依赖型的交通模式。随着电池技术的突破和充电基础设施的完善，电动汽车不仅在减少碳排放方面发挥着重要作用，也在逐步占领传统汽车市场份额。③能源效率提升已成为全球共识。无论是在工业生产中，还是在日常生活中，节能减排已成为一种普遍实践。智能电网、智能家居等技术的发展，使能源的使用更加高效和智能化。④能源存储技术突破为解决可再生能源间歇性问题提供了解决方案。大规模储能系统的建设，使风能和太阳能等可再生能源能够更稳定地供应电力，提高了其在能源市场中的竞争力。总之，全球能源行业正迎来一场深刻的变革，这些新发展趋势将对能源行业产生深远影响，同时也为人类社会可持续发展探索新路径。

1.1.2 “双碳”目标的提出和内涵

碳中和最早是一个生态学意义的概念，在生物碳循环中，碳循环包括地球化学循环和生物循环。整个地球化学大循环非常缓慢，而碳的生物循环则相对比较活跃。动植物所含的碳在整个生物碳循环过程中是中性的。碳中和概念在实践中不断演变和传播，目前已上升为全球和国家目标，并日益深入人心。

1. 减缓气候变化全球目标的演进

(1)《联合国气候变化框架公约》和《京都议定书》提出稳定温室气体浓度目

标。为应对气候变化，1992 年 6 月，联合国环境与发展大会达成《联合国气候变化框架公约》(以下简称《气候公约》)，其中第 2 条规定了应对气候变化的最终目标，“将大气中温室气体的浓度稳定在防止气候系统受到危险的人为干扰的水平上”，但如何确定危险浓度水平，一直是国际气候政治谈判的一个焦点和难题。为了 21 世纪地球免受气候变暖的威胁，1997 年 12 月，149 个国家和地区的代表在日本京都召开《气候公约》缔约方第三次会议，会议通过了旨在限制发达国家温室气体排放量以抑制全球变暖的《京都议定书》。《京都议定书》规定，到 2010 年，所有发达国家排放的 CO_2 等 6 种温室气体的数量，要比 1990 年减少 5.2%，这是人类历史上首次以法规的形式限制温室气体排放。

(2)《坎昆协议》明确 2℃温控目标。1996 年 6 月，欧盟委员会卢森堡会议首次提出控制全球温升不超过 2℃作为应对气候变化的长期目标。2006 年，《斯特恩报告》论证了 2℃的经济学含义。2009 年 7 月，G8 集团峰会就 2℃目标达成政治共识。2009 年，哥本哈根气候谈判未达成具有法律地位的法律文件。在面临全球气候变化的紧迫挑战时，国际社会于 2010 年齐聚墨西哥坎昆，一致通过了明确温升目标的《坎昆协议》。《坎昆协议》以法律形式规定“控制全球平均温升相比工业革命之前低于 2℃”，标志着全球目标由浓度目标向温升目标的历史性转变。

(3)《巴黎协定》提出碳中和目标。2015 年 12 月，《气候公约》第 21 次缔约方大会 196 个缔约方签署通过《巴黎协定》。《巴黎协定》对 2020 年后全球气候治理进行了制度性安排，主要确立了“自下而上”的减排路径，强调减排差异性与自主性，通过所有缔约方“自主贡献”达到控制全球气温上升的长期目标。《巴黎协定》确定了控制全球温升不超过 2℃，并努力实现 1.5℃的全球长期目标，并在第 4.1 条提出“在本世纪下半叶实现温室气体人为排放源与吸收汇之间的平衡”，这是气候大会法律文件中首次出现类似碳中和的“温室气体平衡”的概念，标志全球目标在进一步强化温升目标的同时向碳中和目标转变。

随后，政府间气候变化专门委员会(IPCC)对 1.5℃目标进行评估。2018 年 10 月，IPCC 发布的《1.5℃特别报告》指出，要实现 1.5℃温控目标，全球就要在 2050 年左右实现净零 CO_2 排放。实现 2℃目标，则需要在 2070 年左右实现净零 CO_2 排放。同时还要深度减排非 CO_2 温室气体。根据报告术语表，这里的净零 CO_2 排放等同于碳中和。

2021 年 11 月，在苏格兰格拉斯哥举行的联合国气候峰会上达成的《格拉斯哥协议》，是联合国气候协议首次提及减少化石燃料使用的目标。各国还为抵消碳排放，建立了国际碳交易市场，因此，《格拉斯哥协议》通过标志着确立这一市场指导规则的努力取得突破。《格拉斯哥协议》重申了《巴黎协定》目标并力推 1.5℃温控目标，同时引用 IPCC《1.5℃特别报告》的结论，“控制全球温升 1.5℃，需要快速、深入和持续地减少温室气体排放，包括到 2030 年相比 2010 年水平全

球 CO_2 减排 45%，在本世纪中叶达到净零排放，同时深度减排其他温室气体”，正式将净零 CO_2 排放(碳中和)目标写入国际法律文件[2]。

2.“双碳”目标的内涵与任务

2020 年 9 月 22 日，中国在第 75 届联合国大会一般性辩论上向国际社会郑重提出“中国将提高国家自主贡献力度，采取更加有力的政策和措施，二氧化碳排放力争于 2030 年前达到峰值，努力争取 2060 年前实现碳中和”[3]，这也是我国首次提出的“双碳”目标，也被称为“3060”双碳目标。

为此，中共中央、国务院下发了《关于完整准确全面贯彻新发展理念做好碳达峰碳中和工作的意见》(以下简称《意见》)对于“双碳”具体目标和任务作了进一步明确如下。

到 2025 年，绿色低碳循环发展的经济体系初步形成，重点行业能源利用效率大幅提升。单位国内生产总值能耗比 2020 年下降 13.5%；单位国内生产总值 CO_2 排放比 2020 年下降 18%；非化石能源消费比重达到 20%左右；森林覆盖率达到 24.1%，森林蓄积量达到 180 亿 m^3，为实现碳达峰、碳中和奠定坚实基础。

到 2030 年，经济社会发展全面绿色转型取得显著成效，重点耗能行业能源利用效率达到国际先进水平。单位国内生产总值能耗大幅下降；单位国内生产总值 CO_2 排放比 2005 年下降 65%以上；非化石能源消费比重达到 25%左右，风电、太阳能发电总装机容量达到 12 亿千瓦以上；森林覆盖率达到 25%左右，森林蓄积量达到 190 亿 m^3，二氧化碳排放量达到峰值并实现稳中有降。

到 2060 年，绿色低碳循环发展的经济体系和清洁低碳安全高效的能源体系全面建立，能源利用效率达到国际先进水平，非化石能源消费比重达到 80%以上，碳中和目标顺利实现，生态文明建设取得丰硕成果，开创人与自然和谐共生新境界①。

《意见》还部署了 8 项任务：一是推进经济社会发展全面绿色转型，强化绿色低碳发展规划引领，优化绿色低碳发展区域布局，加快形成绿色生产生活方式；二是深度调整产业结构，推动产业结构优化升级，坚决遏制高耗能高排放项目盲目发展，大力发展绿色低碳产业；三是加快建设清洁低碳安全高效的能源体系，强化能源消费强度和总量双控，大幅提升能源利用效率，严格控制化石能源消费，积极发展非化石能源，深化能源体制机制改革；四是加快推进低碳交通运输体系建设，优化交通运输结构，推广节能低碳型交通工具，积极引导低碳出行；五是提升城乡建设绿色低碳发展质量，推进城乡建设和管理模式的低碳转型，大力发

① 中共中央，国务院. 关于完整准确全面贯彻新发展理念做好碳达峰碳中和工作的意见[EB/OL]. (2021-10-24) [2023-10-23]. https://www.gov.cn/zhengce/2021-10/24/content_5644613.htm.

展节能低碳建筑，加快优化建筑用能结构；六是加强绿色低碳重大科技攻关和推广应用，强化基础研究和前沿技术布局，加快先进适用技术研发和推广；七是持续巩固提升碳汇能力，强化生态系统碳汇能力，提升生态系统碳汇增量；八是提高对外开放绿色低碳发展水平，加快建立绿色贸易体系，推进绿色“一带一路”建设[4]。

3. “双碳”目标下环境与经济关系重构

我国生态环境保护的历程就是不断调整和正确处理生态环境保护与经济社会发展关系的过程。党的十八大以来，国家高度重视生态环境保护，大力加强生态文明建设，坚决打好污染防治攻坚战，使生态环境质量出现了全局性、历史性、转折性的变化，环境与经济关系处于相对平衡状态。现在，“双碳”目标对新形势下正确处理环境与经济关系提出了新要求。

1）“双碳”目标着眼点是生态环境，着力点是经济社会

“双碳”目标是在应对气候变化中提出来的。气候变化之下，极端气候事件增多、生态系统退化、自然灾害频发、平均气温上升，对人类生存发展构成严峻而紧迫的威胁。应对气候变化，实现“双碳”目标，需要在经济社会发展过程中紧紧牵住降碳这个“牛鼻子”，倒逼经济结构、能源结构、产业结构转型升级，特别是要对能源进行颠覆性革命。“双碳”目标任务涉及的领域是国民经济的主要部门和行业，可以看出，“双碳”目标要求对长期沿用的高碳能源系统和相应的生活方式进行重大变革，推动经济社会发展的全面绿色转型，构建一种更高形态的环境与经济关系。

2）“双碳”目标是对经济社会发展的紧约束条件

经济社会发展是在各种约束条件下进行的。在经济社会发展的初期，发展的主要制约因素是资本、技术、管理制度等，因此这一时期的经济社会发展的主要突破点是对外开放、引进资本和技术、学习现代管理知识等。随着经济社会进一步发展，遇到的重要约束条件是生态环境承载能力不足，大气、土地、水、生态等自然要素的稀缺性上升，不能为发展提供敞口式的资源支撑，因此，要通过提高污染物排放标准、开展污染防治攻坚战和生态保护修复等重大行动，让生态环境对经济社会发展的支撑和保障能力得到恢复和增强。“双碳”目标的提出对经济社会发展提出了新的约束条件，并且距离碳达峰时间不足 10 年，碳中和时间不足 40 年，这种紧迫感必然导致“双碳”目标成为对经济社会发展的紧约束条件。

3）“双碳”目标强调环境与经济的协同推进

《意见》提到的碳减排目标，只提出了相对目标值，未提出碳达峰的绝对值，碳中和也没有提出具体的目标值。这表明，实现“双碳”目标是与经济社会发展

联动的，不是单纯的碳减排，而是要保持必要的经济发展速度。实现“双碳”目标是环境与经济的动态平衡，不顾生态环境要求放任碳排放冲高峰，或者不顾经济社会发展需要急于求成搞“运动式”碳减排，都是严重不符合“双碳”目标内在要求的。

4）“双碳”目标依靠经济社会发展的技术突破

我国是产业大国、能耗大国，能源结构以化石能源为主，这主要是由化石能源的技术和经济特性决定的。比较而言，以煤炭为代表的固态能源、以石油为代表的液态能源和以天然气为代表的气态能源，安全性高，开发成本低，可大规模运输，因此成为传统能源的首选。实现“双碳”目标则要求低碳的新能源能够尽量达到较高的技术经济性，这是能源革命的关键之处。“双碳”目标激发了对新能源的研发热情。目前，我国正处在能源技术革命的黎明时分，一旦取得突破，生态环境保护与经济社会发展将呈现全新的面貌。

4.“双碳”目标带来的发展机遇

在实现“双碳”目标过程中，全社会特别是经济领域面临很多发展机遇，既反映在碳达峰中，也反映在碳中和中。正确理解碳达峰、碳中和实现的辩证关系非常重要。实现“双碳”目标不是在2030年前碳达峰，2030～2060年30年间再完成碳中和。碳达峰、碳中和是相互交织在一起的过程，碳达峰中有碳中和，碳中和中有碳减排。在实现碳达峰的过程中要做很多碳中和的工作，以利于尽早达峰并尽量降低峰值的高度。在碳达峰后仍有艰巨的碳减排任务，应通过碳减排尽量降低碳中和的难度。在这些过程中，出现了很多新的发展机遇。

首先，清洁能源产业将迎来空前的发展。随着对化石能源依赖度的降低，太阳能、风能、水能等可再生能源将获得快速发展，并成为未来能源结构中的主导力量。这将带动一系列相关产业链的兴起，包括清洁能源设备制造、智能电网建设、储能技术革新等领域，创造大量就业机会和经济增长点。

其次，节能环保产业也将因此蓬勃发展。从建筑节能到工业能效提升，从废弃物资源化利用到污染治理技术，都将是“双碳”目标下重要的发展领域。这些产业的发展不仅有助于减少温室气体排放，还能提高资源的使用效率，促进循环经济的发展。

再次，绿色交通体系的构建将是实现“双碳”目标的关键一环。新能源汽车作为绿色出行的代表，其市场需求将持续增长，同时推动电机、电池、电控等核心技术的进步和产业链的完善。公共交通系统的优化升级、城市交通管理的智能化也将为绿色出行提供更加便捷的条件。

此外，碳交易市场的建立和完善也将为企业和投资者提供新的增长点。通过市场机制激励减排，不仅可以促进企业转型升级，还可以带动金融创新，形成多元化的绿色金融产品，为企业的绿色发展提供资金支持。

总之，“双碳”目标的提出，不仅是对环境责任的担当，更是推动经济转型和产业升级的强大引擎。在这一过程中，既有挑战也有机遇，关键在于我们如何把握方向，积极应对，不断创新。

5.“双碳”目标对生活方式的挑战

“双碳”目标不仅倒逼人类生产方式的绿色转型，在不同的程度上也在催化人们生活方式的深刻变革，因此，培育绿色低碳消费方式显得尤为重要。绿色低碳生活方式的行为主体是全体公众。国家应根据不同科普人群特征，开展形式多样的全民科普活动，拓宽科普受众人群覆盖范围。

对于在校学生，他们未来将是社会消费的主力，其理念和技能掌握情况对于今后较长时间居民减排有重要影响。需要发挥“家、校、社”协同育人理念，在课程中全面融入绿色低碳生活方式的重要内容，开展校园宣传活动，培养节能减排习惯，并加强课外实践活动，让其知行统一。

对于在职人员，应建立相关规章制度并进行宣教，促进办公场所相关绿色低碳行为的实践，避免“长流水”“长明灯”“无人空调”等浪费现象，减少纸张打印，倡导绿色低碳办公。

对于老年人，可以增加社区老年学校，开展一些绿色低碳生活教育，丰富老年人日常生活，传播低碳生活知识和技能，并引导鼓励有相关知识素养的老专家通过科普报告等形式参与科普志愿活动。

同时，还可以通过流动展览、线上互动(如低碳知识答题、低碳知识游戏、低碳科普短视频)、关联具体生活场景的APP宣传(如网络购物、网约车、外卖订餐平台等行为碳排放量提示)等形式，面向大众推广绿色低碳生活知识和行为倡议。政府机构、教育机构、科研机构、社会媒体、社会组织等主体形成全社会合力，推进有关绿色低碳生活方式科普覆盖的广度与深度，以重大活动、“六五”世界环境日等为载体和契机，加强宣传与实践的引导。

实现低碳目标，共建美丽中国，既需要人人参与，也需要久久为功。2024年1月发布的《中共中央 国务院关于全面推进美丽中国建设的意见》明确，到2035年，广泛形成绿色生产生活方式、碳排放达峰后稳中有降等目标任务。当前，我国经济社会发展进入加快绿色化、低碳化的高质量发展阶段，生态环境状况稳中向好的基础还不牢固，美丽中国建设任务艰巨，仍要大力倡导简约适度、绿色低碳、文明健康的生活理念和消费方式，形成人人、事事、时时、处处崇尚生态文明的社会氛围。

1.2 “两山”理念与绿色低碳发展

1.2.1 “两山”理念起源与发展

1. “两山”理念的由来

余村位于浙江湖州市安吉县天荒坪镇，因境内天目山余脉余岭而得名，三面环山，一条小溪从中穿过，是典型的山村，盛产毛竹。而这个村，正是习近平总书记提出的著名的“绿水青山就是金山银山”（“两山”理念）科学论断的地方。

湖州石灰岩品质优良，20 世纪 90 年代，余村人先后建起了石灰窑，办起了砖厂、水泥厂等资源型经济实体，成为当时全县最大的石灰岩开采区。当时全村 280 户村民，一半以上的家庭有人在矿区务工，“石头经济”模式曾让余村风光无限。那时，余村村集体经济收入达到 300 多万元，名列安吉县各村之首，成为远近闻名的首富村。

村子富了，村民们却都把孩子送出去，年轻人也不愿意回来。因为开山采矿，炮声隆隆，浓烟滚滚，经年累月的开采，让这片曾经的绿水青山因此蒙尘，山变黄，水变浑，到处灰蒙蒙。

2002 年 12 月，刚到浙江工作不久的习近平同志，在主持浙江省委十一届二次全体(扩大)会议时提出，积极实施可持续发展战略，以建设‘绿色浙江’为目标，以建设生态省为主要载体，努力保持人口、资源、环境与经济社会的协调发展①。

在习近平同志的重视和推动下，2003 年 1 月，浙江成为全国第 5 个生态省建设试点省。2003 年，时任浙江省委书记的习近平同志在《求是》杂志上发表署名文章，文中提出“生态兴则文明兴，生态衰则文明衰”②。

2003 年 7 月，习近平同志在浙江省委十一届四次全会上，正式提出了“八八战略”，将“进一步发挥浙江的生态优势，创建生态省，打造‘绿色浙江’”③列为其中重要的一条内容。

这一决策迅速传导到浙江每个县、每个村，安吉县成为全国首个国家生态县。茫茫大竹海，不仅吸引著名导演李安前来拍摄电影《卧虎藏龙》，也带来了一批批大城市的游客。2003 年起，余村相继关停矿山和水泥厂。20 年间，余村发展成为了国家 4A 级旅游景区、全国美丽宜居示范村，村集体收入远超开采矿山时期的

---

① 岑文华. 描绘美丽浙江新图景[EB/OL]. 今日浙江[2019-01-14]. http://cpc.people.com.cn/n1/2019/0114/c162854-30528581.html.

② 习近平. 生态兴则文明兴——推进生态建设 打造“绿色浙江”[J]. 求是. 2003(13): 42-44.

③ 何玲玲，袁震宇，商意盈，等. 奋力谱写中国式现代化的浙江篇章[EB/OL]. (2023-07-10)[2023-10-24]. http://politics.people.com.cn/n1/2023/0710/c1001-40031335.html.

经济收入。而从 2005 年至今，安吉县的旅游收入翻了 40 倍之多，连续四年获评全国县域旅游综合实力百强县第 1 名。

2. "两山"理念的提出

2005 年 8 月 15 日，时任浙江省委书记的习近平同志调研浙江余村，当听到村里下决心关掉了石矿，停掉了水泥厂，现在靠发展生态旅游让农民借景发财，习近平同志给予了高度肯定。调研余村 9 天之后，习近平以笔名"哲欣"在《浙江日报》头版"之江新语"栏目中发表短评《绿水青山也是金山银山》。文章指出，"我们追求人与自然的和谐，经济与社会的和谐，通俗地讲，就是既要绿水青山，又要金山银山。"习近平同志还进一步论述了绿水青山与金山银山的辩证关系，"绿水青山可带来金山银山，但金山银山却买不到绿水青山。绿水青山与金山银山既会产生矛盾，又可辩证统一"①。

早在 2000 年，习近平同志在任福建省省长时就前瞻性地提出开展生态省建设，强调"生态资源是福建最宝贵的资源，生态优势是福建最具竞争力的优势，生态文明建设应当是福建最花力气的建设"②。

2006 年 3 月 8 日，习近平同志在中国人民大学的演讲中，对"两山"之间的辩证统一关系进行了集中阐述。他指出，在不同的发展阶段，人们对这"两山"的关系的认识是不同的。第一个阶段是用绿水青山去换金山银山，不考虑或者很少考虑环境的承载能力，一味索取资源；第二个阶段是既要金山银山，但是也要保住绿水青山，这时候经济发展与资源匮乏、环境恶化之间的矛盾开始凸显出来，人们意识到环境是我们生存发展的根本，要留得青山在，才能有柴烧；第三个阶段是认识到绿水青山可以源源不断地带来金山银山，绿水青山本身就是金山银山，我们种的常青树就是摇钱树，生态优势变成经济优势，形成了一种浑然一体、和谐统一的关系。这一阶段是一种更高的境界，体现了科学发展观的要求，体现了发展循环经济、建设资源节约型和环境友好型社会的理念③。

以上这三个阶段，是经济增长方式转变的过程，是发展观念不断进步的过程，也是人和自然关系不断调整、趋向和谐的过程。

3. "两山"理念的发展

党的十八大以来，习近平总书记站在人类文明发展进步和中华民族永续发展

---

① 习近平. 之江新语[M]. 杭州: 浙江人民出版社, 2007: 153。

② 于伟国. 坚定不移以习近平生态文明思想统领生态省建设[EB/OL]. 福建日报[2020-08-19]. http://cpc.people.com.cn/n1/2020/0819/ c64102-31828641.html.

③ 习近平. 之江新语[M]. 杭州: 浙江人民出版社, 2007: 186。

的高度，系统全面地阐述了加强生态文明建设的重大意义，强调生态环境是关系党的使命宗旨的重大政治问题，也是关系民生的重大社会问题。生态兴则文明兴，生态衰则文明衰。生态文明建设是关系中华民族永续发展的根本大计[①]。

2013 年 9 月 7 日，习近平总书记在哈萨克斯坦纳扎尔巴耶夫大学发表演讲并回答学生们提出生态环境保护问题时，指出："我们既要绿水青山，也要金山银山。宁要绿水青山，不要金山银山，而且绿水青山就是金山银山"[②]。

2018 年 5 月 18 日至 19 日，全国生态环境保护大会在北京召开，习近平总书记发表重要讲话强调，要自觉把经济社会发展同生态文明建设统筹起来，充分发挥党的领导和我国社会主义制度能够集中力量办大事的政治优势，充分利用改革开放 40 年来积累的坚实物质基础，加大力度推进生态文明建设、解决生态环境问题，坚决打好污染防治攻坚战，推动我国生态文明建设迈上新台阶[③]。

大会上，习近平总书记明确提出，新时代推进生态文明建设，必须坚持好六个原则：一是坚持人与自然和谐共生，坚持节约优先、保护优先、自然恢复为主的方针，像保护眼睛一样保护生态环境，像对待生命一样对待生态环境，让自然生态美景永驻人间，还自然以宁静、和谐、美丽。二是绿水青山就是金山银山，贯彻创新、协调、绿色、开放、共享的发展理念，加快形成节约资源和保护环境的空间格局、产业结构、生产方式、生活方式，给自然生态留下休养生息的时间和空间。三是良好生态环境是最普惠的民生福祉，坚持生态惠民、生态利民、生态为民，重点解决损害群众健康的突出环境问题，不断满足人民日益增长的优美生态环境需要。四是山水林田湖草是生命共同体，要统筹兼顾、整体施策、多措并举，全方位、全地域、全过程开展生态文明建设。五是用最严格制度最严密法治保护生态环境，加快制度创新，强化制度执行，让制度成为刚性的约束和不可触碰的高压线。六是共谋全球生态文明建设，深度参与全球环境治理，形成世界环境保护和可持续发展的解决方案，引导应对气候变化国际合作[③]。

2019 年 3 月 5 日，习近平总书记参加十三届全国人大二次会议内蒙古代表团审议，首次提出加强生态文明建设的"四个一"，即：在"五位一体"总体布局中生态文明建设是其中一位，在新时代坚持和发展中国特色社会主义基本方略中坚持人与自然和谐共生是其中一条基本方略，在新发展理念中绿色是其中一大理念，在三大攻坚战中污染防治是其中一大攻坚战。这"四个一"体现了我们党对生态

---

① 杨栗文. 深刻领会和把握习近平生态文明思想的时代意蕴. 中国共产党新闻网[2025-02-19]. http://theory.people.com.cn/n1/ 2025/0219/c40531-40421299.html?ivk_sa=1024320u.

② 魏建华, 周良. 习近平在哈萨克斯坦纳扎尔巴耶夫大学发表重要演讲[EB/OL]. 新华网 (2013-9-7) [2023-10-24]. https://www.gov.cn/ldhd/2013-09/07/content_2483425.htm.

③ 习近平出席全国生态环境保护大会并发表重要讲话[EB/OL]. 新华网 (2018-5-19) [2023-10-25]. https://news.cnr.cn/native/gd/20180519/t20180519_524239362.shtml.

文明建设规律的把握，体现了生态文明建设在新时代党和国家事业发展中的地位，体现了党对建设生态文明的部署和要求①。

“两山”理念系统剖析了经济与生态在演进过程中的相互关系，深刻揭示了经济社会发展的基本规律，是对自然发展规律、经济社会发展规律、人类文明发展规律的最新认识，是引领中国走向生态文明之路的理论之基[5]。

1.2.2 “两山”理念内涵与本质

深入推进生态文明建设，必须深入把握“两山”理念的科学内涵，深刻理解“两山”理念的重大意义。

1. “两山”理念的科学内涵

“两山”理念的完整表述为：“我们既要绿水青山，也要金山银山。宁要绿水青山，不要金山银山，而且绿水青山就是金山银山。”由此可以看出，“两山”理念的科学内涵应包括以下三个方面。

一是“兼顾论”——“既要绿水青山，也要金山银山”。既摒弃机械主义发展观“一味追求经济增长”的“无限论”，也要反对环保主义发展的“增长的极限”“零增长观”“小型化经济”等的“限制论”“停止论”。“绿水青山”与“金山银山”之间、生态保护与经济增长之间并非始终处于不可调和的对立关系，而是对立统一的关系。只要坚持人与自然和谐共生的理念，尊重自然、敬畏自然、顺应自然、保护自然，就可以兼顾生态保护与经济增长，实现生态经济的协调发展。因此，“绿水青山”与“金山银山”的兼顾是可能的。

二是“前提论”——“宁要绿水青山，不要金山银山”。经济增长是在特定约束条件下配置各种生产要素所带来的国民产出的增加。技术进步和制度创新可以使同样的要素投入带来更大的产出。但是，在环境容量给定、技术条件给定和制度体系给定的情况下，试图实现经济高速增长，只能建立在生态环境破坏的基础上，从而出现“以局部利益损害全局利益，以短期利益损害长远利益，以当代利益损害后代利益”的错误做法。

针对竭泽而渔、杀鸡取卵的做法，宁要绿水青山，不要金山银山，一旦绿水青山被破坏往往是不可逆转的，留得青山在，不怕没柴烧。这就说明，在环境容量给定的情况下，要以此作为约束性的前提条件，再来考虑经济增长的可能速度。除非通过技术进步和制度创新，才可能在给定的环境容量下实现更高的经济增长。

① 习近平参加内蒙古代表团审议[EB/OL]. 求是网[2019-03-14]. http://www.qstheory.cn/2019-03/14/c_1124233599.htm.

这说明，在条件约束下，无法做到兼顾的情况下，要有所选择，必须要坚持“生态优先”。

三是“转化论”——“绿水青山就是金山银山”。从字面意义上看，生态环境和生态产品是经济资源，可以转化为金山银山。深入一层的理解是，绿水青山是实现源源不断的金山银山的基础和前提，为此，要保护好绿水青山。再深入一层理解，保护好生态环境、保护好生态产品就是保护好金山银山。因此，“绿水青山就是金山银山”不能仅仅理解成生态经济化，而是生态经济化和经济生态化的有机统一。

无论是“兼顾论”“前提论”还是“转化论”，贯穿始终的一条主线是妥善处理好人与自然的关系，妥善处理好“绿水青山”与“金山银山”的关系，妥善处理好生态保护与经济发展的关系。在这些关系对的处理中，始终坚持“生态优先，绿色发展”。因此，绿色发展观是“两山”理念的精神实质。绿色发展要渗透和贯穿于创新发展、协调发展、开放发展、共享发展的各方面和全过程，从而使新发展理念成为我国经济社会发展的指导思想。

2.“两山”理念的重大意义

第一，“两山”理念的世界意义。很长一段时间，在可持续发展领域都是西方国家处于引领地位。“可持续发展”“循环经济”“低碳经济”等核心概念均是“舶来品”。随着“两山”理念的诞生，“绿色发展”“生态产品”等源自中国的理念话语逐渐被西方国家所接受。2016 年 5 月 26 日举行的第二届联合国环境大会高级别会议发布了《绿水青山就是金山银山：中国生态文明战略与行动》报告，充分彰显了中国生态文明建设是对可持续发展理念的有益探索和具体实践，为其他国家提供了应对类似的经济、环境和社会挑战的经验借鉴。

第二，“两山”理念的国家意义。党的十九大把“两山”理念、绿色发展理念、美丽中国建设等均写入《中国共产党章程》。第十三届全国人民代表大会第一次会议通过的《中华人民共和国宪法修正案》第三十二条明确指出：“贯彻新发展理念，自力更生，艰苦奋斗，逐步实现工业、农业、国防和科学技术的现代化，推动物质文明、政治文明、精神文明、社会文明、生态文明协调发展，把我国建设成为富强民主文明和谐美丽的社会主义现代化强国，实现中华民族伟大复兴”[①]。这段文字虽然没有直接使用“两山”理念的表述，但是把与“两山”理念紧密相关的绿色发展、生态文明、美丽中国等均纳入其中。党的二十大报告两次用“两山”理念统领生态文明建设。因此，“两山”理念对于建设美丽中国、加快我国从高速

① 中华人民共和国宪法修正案[EB/OL]. 新华社[2018-03-11]. https://www.gov.cn/xinwen/2018-03/11/content_5273222.htm.

度增长转向高质量发展具有十分重要的指导意义。

第三，“两山”理念的区域意义。“两山”理念萌发于浙江，也最早践行于浙江。“两山”理念诞生以来，历届浙江省委、省政府始终坚持以“两山”理念为指导，不断推进生态文明建设的战略深化，从生态省建设到生态浙江建设，从生态浙江建设到美丽浙江建设，从美丽浙江建设到诗画浙江建设。在战略深化推进之中，一方面始终紧紧抓住“绿色”这一主线，另一方面又不断赋予审美和文化等内涵。正是在“两山”理念指导下，浙江省率先创建成功全国第一个生态县——浙江省安吉县；浙江省省会城市杭州市被习近平总书记誉为“生态之都”；浙江省率先创建成功全国第一个生态省①；习近平同志亲自倡导并践行“两山”理念过程中不断深化的“千村示范、万村整治”工程被联合国授予“地球卫士奖”②。可以说，浙江省是全国生态文明建设的优等生和示范生。

因此，“两山”理念不仅在中国是一种理论创新，更是一种实践的指导原则，它为各级政府在制定相关政策时提供了根本遵循，引导社会各方面力量共同参与到生态文明建设中来，实现经济社会发展与生态环境保护的双赢，同时也被国际社会高度认可，而且以“两山”理念为指导的生态文明建设“中国方案”“中国经验”也得到国际社会的广泛借鉴。因此，“两山”理念对于美丽世界建设、人类命运共同体建设、全球生态经济协调发展等具有十分重要的指导意义[6]。

1.2.3 新时代中国绿色低碳发展

从党的十八大开始，中国特色社会主义进入新时代。在以习近平生态文明思想的指引下，我国绿色低碳发展取得了历史性成就。

1. 以绿色为重要内容的新发展理念深入人心

生态文明建设是关系中华民族永续发展的根本大计。党中央和政府开展了一系列开创性工作，作出一系列重大战略部署。中国式现代化是人与自然和谐共生的现代化。党的十八大把生态文明建设纳入中国特色社会主义事业“五位一体”总体布局，把“美丽中国”作为生态文明建设的宏伟目标③。2020 年 9 月，中国在第七十五届联合国大会一般性辩论上郑重宣布“双碳”目标，这表明我国生态

① 是说新语. 习近平为这座城市的发展擘画蓝图[EB/OL]. 求是网[2021-05-14]. http://www.qstheory.cn/laigao/ycjx/2021-05/14/c_1127445637.htm.

② 马建国，尚绪谦. 中国浙江“千万工程”获联合国“地球卫士奖”[EB/OL]. 新华社[2018-09-28]. https://www.gov.cn/xinwen/2018-09/28/content_5326133.htm.

③ 李正华. 中国式现代化的本质特征和根本保证[EB/OL]. 经济日报[2022-12-14]. https://www.xinhuanet.com/politics/20221214/f3ff704302ad42448331e4091616e592/c.html.

文明建设将进入以“降碳”为重点战略方向的新阶段①。2023 年，全国人大决定将 8 月 15 日设立为全国生态日，深化习近平生态文明思想的大众化传播，提高全社会生态文明意识。

2. 以绿色为靓丽底色的高质量发展成效显著

能源绿色转型步伐加快，新能源装机规模大，连续多年稳居世界第一，约占全球的 40%。截至 2023 年底，全国新能源和可再生能源发电装机突破 15 亿 kW，历史性超过火电装机，成为电力装机的主体，煤炭消费比重年均下降超过 1 个百分点，与 2012 年相比，2023 年我国煤炭消费比重下降了 13.2 个百分点。产业优化升级积极推进，“十三五”期间累计退出钢铁落后产能达 1.5 亿 t 以上，水泥过剩产能 3 亿 t 左右，地条钢实现了全面出清。资源利用效率持续提高，2012～2023 年，我国单位 GDP 能耗下降 26.8%，单位 GDP CO_2 排放下降超 35%，主要资源产出率提高 60%以上。环境质量持续改善，2023 年全国城市 $PM_{2.5}$ 平均浓度降至 30μg/m^3，全国地表水水质优良断面比例达 89.4%，长江黄河干流全线水质稳定保持在Ⅱ类。

3. 以绿色为鲜明特征的新质生产力加速发展

随着环保意识的增强和可持续发展理念的深入人心，绿色生产力作为新质力量正在加速推进，相关行业的创新能力和产业实力大幅提升。新能源汽车产销量连续 9 年位居全球第一，2023 年产销分别达到 958.7 万辆和 949.5 万辆，市场占有率达到 31.6%，销量占全球近 65%。建成全球最大、最完整和最具竞争力的清洁能源产业链，光伏组件产量连续 16 年位居世界首位，电池片、硅片、多晶硅、组件的产量在全球占比均达到 80%以上，2023 年量产先进光伏电池转换效率达到 25.5%；风电机组制造产能占全球六成，全球前 10 家风电整机企业中有 6 家中国企业，主要零部件国产化率达到 95%。外贸结构不断优化，2023 年我国的电动汽车、锂电池、光伏产品“新三样”出口增长近 30%。第三代核电项目顺利推进，AP1000、“华龙一号”首堆并网发电，第四代核电机组研制取得长足进展。

1.3 绿色低碳发展内涵与要求

在当今环境意识日益增强的时代，绿色低碳不仅是一种潮流，它更是一种深植于人类灵魂的信条。这一理念呼吁人们在生产与生活的各个领域中，以环保、

① 习近平在第七十五届联合国大会一般性辩论上的讲话（全文）[EB/OL]. 新华网[2022-09-22]. https://m.gmw.cn/baijia/2020-09/23/34214329.html.

节能和可持续发展为行动的指南针。它要求大家深刻理解绿色低碳发展的内涵与要求，真正肩负起守护大自然的使命，做大自然守护人。

1.3.1 绿色低碳发展的内涵

2003年，英国政府发布的《能源白皮书》中，首次正式提出“低碳经济”(low carbon economy)的概念。所谓的低碳经济，主要是通过采取有效的技术或科学的发展模式，用更少的自然资源消耗和环境污染，获得更多的经济产出，创造实现更高的生活标准和更好的生活质量的途径和机会，并为发展、应用和输出先进技术创造新的商机和更多的就业机会[7]。

2015年，中共十八届五中全会通过《中共中央关于制定国民经济和社会发展第十三个五年规划的建议》，正式提出绿色发展理念，并将绿色发展与创新、协调、开放、共享等发展理念共同构成五大发展理念。

2018年，习近平总书记在全国生态环境保护大会上指出：绿色发展是构建高质量现代化经济体系的必然要求，是解决污染问题的根本之策①。

2021年2月，国务院发布了《关于加快建立健全绿色低碳循环发展经济体系的指导意见》，提出建立健全绿色低碳循环发展经济体系，促进经济社会发展全面绿色转型。

2021年4月，中共中央政治局第二十九次集体学习时，习近平总书记再次强调，要坚持不懈推动绿色低碳发展，建立健全绿色低碳循环发展经济体系，促进经济社会发展全面绿色转型②。

如何理解绿色低碳发展？实际上，绿色低碳发展是一种以低耗能、低污染、低排放为特征的可持续发展模式，其本质是以经济社会发展全面绿色转型升级为引领，以能源绿色低碳发展为主抓手，改变传统的“取—用—弃”模式，转向资源的高效利用和循环再利用，加快形成节约资源和保护环境的产业结构、生产方式、生活方式、空间格局，确保如期实现碳达峰、碳中和。其中，绿色发展是基于效率、和谐、可持续三大目标的社会发展方式及经济增长方式，低碳发展则是以更少、更清洁的能源实现社会可持续发展。

1.3.2 绿色低碳发展面临的新形势

新冠疫情过后，世界经济进入到一个快速复苏的阶段，全球生态气候形势又变得日益紧张起来，绿色低碳发展成为全球发展的一个必然趋势。

---

① 赵超，董峻. 习近平出席全国生态环境保护大会并发表重要讲话[EB/OL]. 新华社(2018-05-19) [2023-10-25]. https://www.gov.cn/xinwen/2018-05/19/content_5292116.htm.

② 保持生态文明建设战略定力 努力建设人与自然和谐共生的现代化[EB/OL]. 新华社(2021-05-01) [2023-10-25]. http://www.xinhuanet.com/2021-05/01/c_1127401181.htm.

1. 绿色低碳发展面临的挑战

1) 全球气候变化加剧

气候恶化态势升级，这是一个刻不容缓的严峻现实。地球的温度逐年攀升，极地冰川融化，海平面上升，极端天气事件频发，森林被毁，物种灭绝，生态平衡破裂，这不仅威胁着人类的生存环境，也对全球经济、社会稳定带来深远影响。人们必须警醒，应采取行动，减少温室气体排放，发展可再生能源，保护生态环境，只有这样，我们才能为子孙后代留下一个宜居的地球。气候危机深化，是人类共同面临的挑战。

2) 能源结构转型困难

能源结构转型困难是一个世界性的问题。随着全球气候变化加剧，各国都在努力推动能源结构的转型，以减少对环境的污染和温室气体的排放。然而，这一过程并不容易。①新能源技术的研发和应用需要大量的资金投入，而且周期长、风险大。②传统能源产业的利益集团往往会阻碍新能源的发展。③能源结构的转型还需要政府的大力支持和引导以及公众的理解和参与。此外，发达国家对新能源技术和知识产权的封锁，导致发展中国家不仅缺资金，更缺技术、缺人才。总之，能源结构转型困难重重，但仍然应该坚持不懈地努力，为地球创造一个更加美好的未来。

3) 环保政策执行力度不足

环保政策执行力度不足是当前生态环境保护面临的一个严峻问题。从全球来看，尽管各国政府纷纷出台了一系列环保政策，但在实际执行过程中存在着诸多困难和挑战。一方面，一些地方政府和企业为了追求经济利益，往往忽视了环保政策的执行，导致环境污染问题日益严重。另一方面，环保政策的执行需要投入大量的人力、物力和财力，而一些发展中国家在这方面的投入仍然不足。因此，加强环保政策的执行力度，提高环保意识，推动绿色发展，已经成为全球共同的责任和使命。

4) 公众环保意识提升缓慢

尽管环保的重要性日益凸显，但公众的环保意识提升却比较迟缓。许多人在日常生活中仍对资源的浪费视而不见，对环境污染的危害充耳不闻。教育和宣传是一项久久为功的持续工程。只有通过不断的教育和宣传，让更多的人认识到环保的重要性，从而自觉地参与到环保行动中来。只有当每个人都能将环保融入生活的每一个细节，地球才能拥有更美好的未来。

2. 绿色低碳发展面临的机遇

1) 新能源技术日新月异

新能源技术日新月异，一批先进的绿色新质生产力为绿色低碳发展注入了源源不断的动力。太阳能、风能等可再生能源的利用效率不断提高，储能技术的创新使能源供应更加稳定可靠。电动汽车、智能电网等新兴技术的应用，让能源消费更加高效环保。同时，新材料的研发也为新能源产业提供了强大的支持。氢燃料电池、石墨烯等新材料的出现，为新能源汽车和储能设备带来了革命性的突破。总之，新能源技术的日新月异不仅为我们提供了更多的选择，也为保护地球家园贡献了巨大的力量。

2) 绿色金融体系逐渐完善

绿色金融体系逐渐完善是当今社会的一大趋势。随着人们的环境保护意识不断提高，绿色金融作为一种新兴的金融模式，正逐渐成为主流。完善绿色金融体系不仅有助于推动经济的可持续发展，还能为环保事业提供强大的资金支持。在这个过程中，政府、企业和金融机构都在发挥着重要作用。政府通过制定相关政策和法规，引导和鼓励绿色金融的发展；企业则通过投资和使用绿色金融产品，实现自身的绿色发展；金融机构则通过创新金融产品和服务，满足市场对绿色金融的需求。总之，绿色金融体系的完善是一个复杂而又充满希望的过程，它将为未来的我们带来更加美好的生活。

3) 国际合作日益紧密

国际合作日益紧密，各国之间的联系越来越密切。在全球化的背景下，国际合作已经成为推动世界发展的重要力量。无论是在经济、科技、文化还是政治等领域，国际合作都在不断深化，为世界带来了巨大的变革和发展。通过国际合作，各国可以共享资源、技术和知识，实现互利共赢。同时，国际合作也有助于解决全球性问题，如气候变化、贫困和恐怖主义等。总之，随着国际合作的不断加强，世界将变得更加和谐、繁荣和美好。

4) 环保产业市场潜力巨大

环保产业市场潜力巨大是一个不容忽视的事实。随着全球气候变化的加剧和人们对环境保护意识的提高，环保产业正逐渐成为各国政府和企业争相投资的热点领域。从清洁能源、节能减排到循环经济、绿色建筑，环保产业的各个领域都在迅速发展，为全球经济注入了新的活力。同时，环保产业也为解决就业问题、提高人民生活质量提供了广阔的空间。面对如此巨大的市场潜力，各国政府和企业应抓住机遇，加大投入力度，推动环保产业的创新发展，为人类创造一个更加美好的未来。

1.3.3　绿色低碳发展的目标与任务

化“危”为“机”需要政府这只“有形的手”积极干预、支持和引导。为建立健全绿色低碳循环发展经济体系，加快建立健全绿色低碳循环发展的经济体系，促进经济社会发展全面绿色转型，解决我国资源环境生态问题，2021 年，国务院发布了《关于加快建立健全绿色低碳循环发展经济体系的指导意见》[8]。

1. 主要目标

到 2025 年，产业结构、能源结构、运输结构明显优化，绿色产业比重显著提升，基础设施绿色化水平不断提高，清洁生产水平持续提高，生产生活方式绿色转型成效显著，能源资源配置更加合理、利用效率大幅提高，主要污染物排放总量持续减少，碳排放强度明显降低，生态环境持续改善，市场导向的绿色技术创新体系更加完善，法律法规政策体系更加有效，绿色低碳循环发展的生产体系、流通体系、消费体系初步形成。

到 2035 年，绿色发展内生动力显著增强，绿色产业规模迈上新台阶，重点行业、重点产品能源资源利用效率达到国际先进水平，广泛形成绿色生产生活方式，碳排放达峰后稳中有降，生态环境根本好转，美丽中国建设目标基本实现。

2. 主要任务

(1) 健全绿色低碳循环发展的生产体系。推进工业绿色升级，加快农业绿色发展，提高服务业绿色发展水平，壮大绿色环保产业，提升产业园区和产业集群循环化水平，构建绿色供应链。

(2) 健全绿色低碳循环发展的流通体系。打造绿色物流体系，加强再生资源回收利用，建立绿色贸易体系。深化绿色“一带一路”合作，拓宽节能环保、清洁能源等领域技术装备和服务合作。

(3) 健全绿色低碳循环发展的消费体系。促进绿色产品消费，严厉打击虚标绿色产品行为，有关行政处罚等信息纳入国家企业信用信息公示系统。倡导绿色低碳生活方式，厉行节约，开展绿色生活创建活动。

(4) 加快基础设施绿色升级。推动能源体系绿色低碳转型，开展 CO_2 捕集、利用和封存试验示范。推进城镇环境基础设施建设升级。提升交通基础设施绿色发展水平。改善城乡人居环境。

(5) 构建市场导向的绿色技术创新体系。鼓励绿色低碳技术研发，加速科技成果转化，深入推进绿色技术交易中心建设。

(6)完善法律法规政策体系。强化法律法规支撑，健全绿色收费价格机制，加大财税扶持力度，大力发展绿色金融，完善绿色标准体系、绿色认证体系和统计监测制度，培育绿色交易市场机制。

绿色低碳的重要性不言而喻，它关系到我们的生存环境、经济发展和子孙后代的福祉。实现绿色低碳发展，任重道远，需要我们共同努力，从政策引导、技术创新、产业升级等方面入手，推动绿色生产方式和生活方式的普及。

参 考 文 献

[1] 王韶华, 杨志葳, 张伟, 等. “双碳”背景下碳排放国内外文献研究综述——基于科学知识图谱可视化及发展脉络梳理, 生态经济, 2023, 39(12): 222.

[2] 陈迎. “双碳”目标与绿色低碳发展十四讲[M]. 北京: 人民日报出版社, 2023.

[3] 习近平在第七十五届联合国大会一般性辩论上的讲话[EB/OL]. 新华社(2020-9-22)[2023-10-21]. http://www.xinhuanet.com/politics/leaders/2020-09/22/c_1126527652.htm.

[4] 中共中央, 国务院. 关于完整准确全面贯彻新发展理念做好碳达峰碳中和工作的意见[EB/OL]. 中国政府网(2021-10-24)[2023-10-23]. https://www.gov.cn/zhengce/2021-10/24/content_5644613.htm.

[5] 赵腊平. 马克思主义生态观的最新成果——从生态文明建设角度看“两山论”的产生、发展与重大意义[J]. 青海国土经略, 2020(3): 25-27.

[6] 沈满洪. “两山”理念的科学内涵及重大意义[J]. 智慧中国, 2020(8): 25-27.

[7] 陆小成. 中国式现代化视域下低碳社区建设路径研究[J]. 扬州大学学报(人文社会科学版), 2024, 28(1): 50.

[8] 国务院. 关于加快建立健全绿色低碳循环发展经济体系的指导意见[EB/OL]. 中国政府网(2021-2-2)[2023-10-26]. https://www.gov.cn/gongbao/content/2021/content_5591405.htm.

第2章　绿色低碳教育

推动绿色发展，实现“双碳”目标，教育必须先行。高校是培养人才和促进科学技术进步的重要阵地，树立正确科学的绿色低碳理念应当从教育出发。将绿色低碳理念融入人才培养全过程，可为绿色低碳发展提供全方位的人才、智力和精神文化支撑，为全球生态治理和高等教育发展提供具有中国特色的本土化解决方案[1, 2]。在绿色低碳发展的时代背景下，在实现碳达峰碳中和国家目标下，探讨绿色低碳教育事业如何助力“双碳”目标实现具有重要价值和深远意义。

2.1　绿色低碳教育时代背景

2.1.1　我国生态文明建设迈上新台阶

1. 我国生态文明建设成果丰硕

生态文明是人类文明发展的重要阶段。我国早已将生态文明建设与经济建设、政治建设、文化建设、社会建设并列，做出“五位一体”的总体布局，推进中国特色社会主义事业。2018年5月18～19日，全国生态环境保护大会在北京召开。会议提出，加大力度推进生态文明建设、解决生态环境问题，坚决打好污染防治攻坚战，推动中国生态文明建设迈上新台阶。2023年7月，全国生态环境保护大会明确了我国生态文明建设实现的四个重大转变：由重点整治到系统治理的重大转变，由被动应对到主动作为的重大转变，由全球环境治理参与者到引领者的重大转变，以及由实践探索到科学理论指导的重大转变①。四个重大转变高度凝练了新时代生态文明建设取得的举世瞩目的巨大成就，彰显了新时代生态文明建设从理论到实践发生的历史性、转折性、全局性变化。近十年来，我国生态环境质量明显好转，改善幅度之大、速度之快、效果之好前所未有。针对过去多年积累的环境问题，我国坚持精准治污、科学治污、依法治污，着力扭转生态环境恶化趋势，为中国式现代化厚植绿色底色和质量成色，为美丽中国建设赢得了战略主动。加强党对生态文明建设的全面领导，全方位、全地域、全过程加强生态环境保护，推进一系列变革性实践，实现一系列突破性进展，取得一系列标志性成果，创造

---

① 自然资源部. 全面推进人与自然和谐共生的现代化[EB/OL]. 求是网[2023-11-16]. http://www.qstheory.cn/dukan/qs/2023-11/16/c_1129973776.htm.

了举世瞩目的生态奇迹和绿色发展奇迹。携手建设绿色"一带一路"，为建设清洁美丽的世界贡献中国智慧、中国方案、中国力量。

2. "降碳"成为生态文明建设的重点战略方向

2021 年 4 月 30 日，中共中央政治局第二十九次集体学习时确立了"双碳"在生态文明建设中的地位。《中共中央 国务院关于完整准确全面贯彻新发展理念做好碳达峰碳中和工作的意见》中明确提出，要将碳达峰、碳中和纳入生态文明建设整体布局，以降碳为重点战略方向，推动减污降碳协同增效。2023 年 6 月，第十四届全国人大常委会第三次会议表决通过决定将 8 月 15 日设立为全国生态日，指出生态文明建设是关乎中华民族永续发展的根本大计，保护生态环境就是保护生产力，改善生态环境就是发展生产力。党的二十大报告提出，要推进生态优先、节约集约、绿色低碳发展，推动形成绿色低碳的生产方式和生活方式。绿色低碳发展指的是以资源节约型、环境友好型、能源低碳型生产生活方式为核心的发展理念和模式[3]。

2.1.2　绿色低碳人才需求日益迫切

2020 年，我国提出采取更加有力的政策和措施，CO_2 排放力争 2030 年前达到峰值，努力争取 2060 年前实现碳中和。实现碳达峰目标和碳中和愿景，深入推进能源革命，加强煤炭清洁高效利用，加快规划建设新型能源体系，积极参与应对气候变化全球治理，是一场广泛而深刻的经济社会系统性变革[4]。面对新形势，原有人才队伍已无法满足社会发展需求。

绿色低碳发展涉及多个自然和社会学科，我国"双碳"目标需要一大批具备高素质、高水平的人才来支撑。据中国石油和化学工业联合会数据显示，"十四五"期间，中国需要的"双碳"人才在 55～100 万名左右[5]，主要分布于绿色低碳试点企业、碳排放交易所、第三方机构、部分金融机构、高校及研究院所等机构。碳排放管理相关人才的服务对象包括政府部门以及电力、水泥、钢铁、造纸、化工、石化、有色金属、航空等重点行业。而导致我国绿色低碳人才紧缺现状的主要原因包含以下方面。

1. 产业结构调整和技术变革改变人才需求

人才需求的改变，源于产业需求的变化。产业结构调整是推动绿色低碳发展的必经之路。优化产业结构，增强其环保性、可持续性和低碳化，淘汰污染严重的传统产业，可以促进绿色产业发展，有助于实现绿色低碳发展目标。绿色低碳发展和产业结构调整是相辅相成的关系。绿色转型可以提高产业链的环保性，减少资源浪费和能源消耗。绿色低碳发展要求产业结构从传统的重工业和资源密集型产业朝着高科技、高附加值和环保的方向发展。清洁能源产业发展和新能源汽车的推广便是产业结构调整的典型案例。鼓励创新、提高科技含量、加强环保监管等均为引导产业结构调整的有效方式。发展绿色产业不仅可以创造就业机会，还可以提高经济增长率和国际竞争力。然而，绿色低碳发展和产业结构调整也面临一些挑战。发展绿色产业需要大量技术支持，而技术的创新和应用是一个长期的过程。

教育部《加强碳达峰碳中和高等教育人才培养体系建设工作方案》(教高函〔2022〕3 号)等方案中指出，储能与氢能、碳捕集利用与封存、碳金融和碳交易等重点领域缺乏人才支撑。CO_2 捕集、利用与封存(CCUS)技术作为碳减排关键技术之一，可将 CO_2 从碳排放源中捕集并运输到特定地点，进行利用或封存。CO_2 捕集、CO_2 利用和 CO_2 封存技术早期作为独立技术分散于不同行业，随着降碳需求急剧增加，以及化石能源大规模低碳化利用的技术需求，CO_2 捕集、利用与封存技术被有机整合到一起。此外，行业对复合型人才的需求不断加剧，从业者需要掌握不同绿色低碳领域技能和知识的交叉融合，才能获得良好的就业机会。2021 年 3 月，具备碳排放监测、核算、交易、咨询等多项技能的碳排放管理员被列入《中华人民共和国职业分类大典》[6]。近年来，众多知名企业如小米、华润、美的、吉利等纷纷放出了“双碳”岗位需求。据统计，2021 年，中国碳排放相关新发职位需求同比增长 753.87%,平均年薪由 2019 年的 15.36 万元增至 2021 年的 25.55 万元[7]。碳排放管理员等新兴职业的出现反映出我国实现碳达峰、碳中和的决心，而产业结构调整和技术变革对绿色低碳人才有着迫切的需求，需要大量具备专业知识和技能的人才来推动可再生能源、节能减排、环境保护等领域的发展。

2. 高校加快低碳人才培养步伐

在持续推进绿色低碳发展的背景下，系统性培养专业化人才是当下教育领域的重中之重。面向“双碳”目标，通识教育难以满足复合型“双碳”科技人才的培养需求，导致高校“双碳”科技人才培养与市场需求不匹配。与此同时，“双碳”领域相关产学研合作不足，产业人才缺乏，这些都是导致“双碳”人才出现紧缺的原因。

2017 年，中国在《制造业人才发展规划指南》中提出，提升绿色制造技术技能水平，鼓励高等院校、职业学校根据绿色制造发展需求积极开设节能环保、清洁生产等相关学科专业。2020 年以来，我国部分高校在能源、电力、交通、建筑类等学科发展和校企合作的基础上，先后成立以碳中和为主题的学院、研究院。

依托既有学科和人才梯队组建碳中和学院、研究院，是高校碳中和人才培养和研究的主流。

2020 年，上海交通大学与国家电力投资集团有限公司共同成立上海交通大学国家电投智慧能源创新学院，并设立智慧能源专业。该学院集人才培养、科学研究、成果转化于一体，着力促进教育链、人才链和产业链、创新链有效衔接，培养引领现代能源产业发展的复合型、创新型、实践型人才，打造高校与企业高质量发展的新引擎。2021 年，清华大学成立碳中和研究院，作为学科交叉研究平台，该研究院整合清华大学相关领域学科优势，直面“双碳”领域复合型人才稀少等难题，协同打造低碳、零碳、负碳等颠覆性的核心技术，推动碳中和相关学科建设和高层次人才培养。目前，清华大学碳中和研究院有 8 个研究中心，涵盖低碳能源、新型电力系统、零碳建筑、零碳交通、工业深度减碳、减污降碳协同增效、气候变化与碳中和战略、气候治理与碳金融等交叉领域。同年，中国石油大学(北京)成立碳中和未来技术学院、碳中和示范性能源学院，并设置碳储科学与工程、储能科学与工程、油气资源绿色智能开发、低碳能源高效开发、智能油气勘探开发、智能炼化与新能源等学科方向，组建若干个多学科交叉的碳中和能源领域教学团队与科研团队。华东理工大学围绕碳中和技术创新和人才培养，成立了国内首个碳中和未来技术学院，旨在为低碳转型发展提供人才保障、专业支撑和技术储备，推动碳中和领域学科交叉创新和急需紧缺人才培养。2022 年，四川大学成立碳中和未来技术学院，并面向本科生开设碳中和技术创新班。同年，同济大学与上海市崇明区签署新一轮战略合作框架协议，共同建设同济大学碳中和学院和同济崇明碳中和研究院，探索新型碳中和领域人才培养模式，打造零碳技术与碳资源管理的国际化平台。2021 年 10 月，为深入贯彻国家关于碳达峰碳中和重大目标，浙江科技大学环境与资源学院和浙江省循环经济学会共同牵头，联合浙江省绿色科技文化促进会、浙江省中小企业协会、中德工程师学院、经管学院等单位成立碳中和创新研究中心，研究领域涵盖生物质高值利用与绿色低碳农业、数字化技术驱动低碳转型研究、绿色制造技术与传统产业减碳、绿色生态教育与绿色创业教育、产业低碳转型与双碳政策研究、双碳管理课程教学与培训认证和碳市场机制推广与排放权交易等。

绿色低碳发展和“双碳”目标的实现，不仅需要“双碳”专业技术人才的绿色低碳技术研发和成果转化，更需要绿色低碳型技能人才的绿色生产和绿色服务。职业院校培养具有绿色低碳发展理念与意识、绿色低碳知识与技术、绿色低碳生产生活态度与能力的绿色低碳型技能人才[8]。目前，职业院校纷纷开始打造以实现“双碳”目标为指导的课程体系。例如，唐山工业职业技术学院在机械制造与自动化专业技能课程上融入了废品回收、冷却液回收、精益管理、绿色制造等内容，以指导学生在从业过程中实现绿色生产。天津职业大学汽车工程学院的实训车间中，有一半以上的实训课程与新能源汽车相关，仅新能源汽车检测与维修技术专业，每年可向社会输送近百名人才[7]。为满足未来市场人才需求，培养掌握双碳技能的复合型人才，工信部教育中心启动双碳职业能力人才培养工程，涵盖碳排放管理技术、碳资产管理应用、碳监测管理技术、碳交易管理咨询等层面，开启了碳排放管理技术职业能力岗位培训及考核工作，明确了碳排放、碳管理、碳交易、碳监测领域的培训对象、培训目标、培训内容和分级考核标准，旨在帮助相关从业人员深入了解碳排放理论知识，学习碳排放管理策略，为“双碳”目标的实现提供人才支撑和智力支撑[5]。

3. “双碳”人才培养的战略引领

2021 年 10 月，《中共中央 国务院关于完整准确全面贯彻新发展理念做好碳达峰碳中和工作的意见》和《国务院关于印发 2030 年前碳达峰行动方案的通知》(国发〔2021〕23 号)的印发为绿色低碳发展和碳达峰、碳中和目标的实现提供了清晰的战略指引和行动纲领。此后，各领域“双碳”行动方案陆续出台，“双碳”科技人才培养的政策举措不断优化。2022 年 4 月 24 日，教育部印发《加强碳达峰碳中和高等教育人才培养体系建设工作方案》(教高函〔2022〕3 号)，从加快紧缺人才培养、促进传统专业转型升级、加强高水平教师队伍建设等 9 个方面，明确 22 条主要任务和重点举措。同年 8 月 17 日，科技部等九部门发布《科技支撑碳达峰碳中和实施方案(2022—2030 年)》(国科发社〔2022〕157 号)，提出推动国家绿色低碳创新基地建设和人才培养，培养和发展壮大碳达峰碳中和领域战略科学家、科技领军人才和创新团队、青年人才和创新创业人才，建设面向实现碳达峰碳中和目标的可持续人才队伍。

人才是行业发展的第一资源和驱动力，充足的人才保障是助力“双碳”目标实现的必要条件。从顶层设计到基层执行，相关政策的出台，带来的不仅是挑战更是机遇。未来面向“双碳”科技人才的培养需求，要建立“双碳”重点领域全球高层次人才动态监测机制，为“双碳”科技人才靶向引进和自主培养提供决策参考，还需加强符合“双碳”标准的复合型科技人才培养，在国际标准平台上扩大中国的影响力。

2.1.3 绿色低碳发展纳入国民教育体系

1. 绿色低碳发展国民教育体系建设意义

党的二十大报告里提到教育、科技、人才一体化，强调教育、科技、人才是全面建设社会主义现代化国家的基础性、战略性支撑。把这几个关键词连在一起，就是教育培养科技人才。“加强高质量教育体系建设”“制定实施教育强国建设规划纲要”“实施高等教育综合改革试点，优化学科专业和资源结构布局”等有关教育的内容被写入 2024 年政府工作报告。推动绿色低碳教育发展对当下公众理解与重构生态型的人与自然、人与人、人与社会的关系有着特别的意义，关乎我国经济社会系统性绿色变革的落实，关乎人类命运共同体的构建。“双碳”目标的提出和教育部相关文件的印发为我国实施绿色发展战略提供了绿色低碳人才培养的政策动力，可以促进人才结构调整，形成绿色低碳人才竞争优势，助推经济社会高质量发展。通过绿色低碳教育，帮助公众理解与认识气候危机的真实性、严峻性与紧迫性，以此为基础，引导公众展开一系列的绿色低碳行动，以更有效地应对环境危机。

绿色低碳发展国民教育体系的建设是切实开展绿色低碳教育的根本保证，需要优化学科专业和资源结构布局。而优化学科专业和资源结构布局要解决的是绿色低碳关键核心技术的“卡脖子”问题、高水平绿色低碳科技自立自强的问题，其目的是培养绿色低碳社会和产业发展需要的人才，解决民生关注的就业问题，确保社会稳定。

绿色低碳发展国民教育体系的建设具有重要意义。绿色低碳国民教育普及可确保每个人都能获得绿色低碳教育机会，有效培养公民环保意识，关注环境问题，增强国民的综合素质和社会责任感；培养绿色生活方式，引导人们形成低碳、环保的生活习惯；培养人们节约资源、合理利用资源的意识和能力，提高资源利用效率；将绿色文化传承给后代，形成可持续的价值观，有助于全民共同应对环境挑战，增强社会凝聚力。此外，绿色低碳国民教育有助于丰富教育内容，促进教育理念和方法的创新；为绿色科技的发展培养人才和提供创新动力，助力经济向绿色、低碳方向转型，增强国际竞争力，推动经济、社会和环境的协调发展，有助于构建生态文明社会，塑造美丽中国形象。

2. 绿色低碳发展国民教育体系建设要求

国民教育体系主要是指国家通过制度或法律的形式，向公民所提供的不同层次、不同形态和不同类型的教育服务系统[9]。实现绿色低碳发展和碳达峰碳中和，是一场广泛而深刻的经济社会系统性变革，对加强新时代各类人才培养提出了新要求。

2021 年 9 月，《中共中央 国务院关于完整准确全面贯彻新发展理念做好碳达峰碳中和工作的意见》提出，要把绿色低碳发展纳入国民教育体系。2022 年，教育部先后印发《绿色低碳发展国民教育体系建设实施方案》（教发〔2022〕2 号）

和《加强碳达峰碳中和高等教育人才培养体系建设工作方案》(教高函〔2022〕3号),要求将习近平生态文明思想和碳达峰碳中和重要论述精神充分融入国民教育中,开展形式多样的资源环境国情教育和碳达峰碳中和知识普及工作。把绿色低碳发展理念纳入国民教育体系,就是将绿色发展、低碳发展的理念全面融入学前教育、初等教育、中等教育和高等教育各个层次,贯穿普通教育、职业教育和继续教育各个领域,融入思想道德教育、文化知识教育和社会实践教育各个环节,培养胸怀绿色低碳理念、适应绿色低碳社会、引领绿色低碳发展的新一代青少年,发挥好教育系统人才培养、科学研究、社会服务、文化传承的功能,为推进碳达峰、碳中和做出教育行业的应有贡献。

为更好地将绿色低碳发展纳入国民教育体系,我国部分省、自治区制定了详细的工作方案。2023年8月,福建省教育厅印发《福建省绿色低碳发展国民教育体系建设实施方案》(闽教综〔2023〕11号),明确提出,到2025年,绿色低碳生活理念与绿色低碳发展规范在大中小学普及传播,绿色低碳理念进入大中小学教育体系,有关高校初步构建起碳达峰碳中和相关学科专业体系,科技创新能力和创新人才培养水平明显提升;到2030年,实现学生绿色低碳生活方式及行为习惯的系统养成与发展,形成较为完善的多层次绿色低碳理念育人体系并贯通青少年成长全过程,建设一批较具影响力和权威性的碳达峰碳中和一流学科专业和研究机构。2023年10月,广西壮族自治区教育厅印发《广西绿色低碳发展国民教育体系建设实施方案》,为推动绿色低碳发展融入教育教学、教育服务、校园建设三方面提出加强绿色低碳领域产教融合、推进新校区绿色低碳建设等14项具体举措,包含支持碳排放与碳汇等相关学科专业建设等内容。2024年4月,江苏省教育厅印发了《江苏省绿色低碳发展国民教育体系建设工作方案》(苏教发函〔2024〕42号),明确提出,到2025年,力争全省职业院校绿色低碳领域相关专业布点数达30个左右,绿色低碳发展理念融入全省大中小学教育体系,绿色低碳生活理念和发展规范在大中小学普及传播,高等教育阶段加强理学、工学、农学、经济学、管理学、法学等学科融会贯通,建立覆盖相关领域的碳达峰碳中和核心知识体系;支持有条件的高校和职业院校加快储能、氢能、碳捕集利用与封存、碳排放权交易、碳汇、绿色金融等领域相关学科专业建设,分层次、按领域布局建设一批服务碳达峰碳中和目标的相关学科,培育碳达峰碳中和目标高峰高原学科群;在高水平高职专业群和优质中职专业(群)等项目建设中,对碳达峰碳中和相关专业给予支持;加快推进传统能源动力类、电气类、交通运输类和建筑类等重点领域专业人才培养转型升级,适度扩大风电、光伏、水电和核电等学科专业人才培养规模。

2.2　绿色低碳教育内涵

2.2.1　绿色低碳教育科学含义

1. 绿色低碳教育的起源与发展

绿色低碳教育的起源可以追溯到公众对环境保护和可持续发展的最初关注时期。在20世纪60年代和70年代，随着环境问题的日益严重，一些教育工作者开始将环境教育纳入学校课程，以培养学生的环境意识和责任感，这可以视为绿色低碳教育的早期形式。近年来，随着全球气候变化问题的加剧，绿色低碳教育的重要性日益凸显。许多国家和地区将绿色低碳发展理念纳入国民教育体系，通过课程教材、教师培训、教育活动等多种途径，培养学生的绿色低碳意识和行为习惯。同时，绿色低碳教育也在不断发展和创新。除了传统的环境教育内容，如气候变化、能源节约、资源回收等，还逐渐涵盖了可持续发展、生态文明、绿色生活方式等更广泛的领域。教育形式也更加多样化，包括课堂教学、实践活动、项目学习、社区参与等。

随着时间的推移，绿色低碳教育的内涵和形式不断丰富和发展，成为培养具有环保意识和责任感的新一代公民的重要途径。绿色低碳教育可概括为通过各类教学、实践活动引导公众科学认识人与自然的关系，提高绿色低碳意识，掌握绿色低碳生产和生活的知识技能，树立正确的环境价值观。绿色低碳教育是以绿色思想为指导，促进能源、工业、建筑与交通等各行各业实现真正的绿色系统性变革。构建一个以绿色可持续发展为底色的可持续社会更符合我国生态文明社会建设发展的本质要求，也是一场广泛而深刻的绿色低碳文化运动。

发展中国式现代化绿色低碳教育的本质是要培养一个个具有生态素养的生态人，形成一个个生态家庭，发展好一个个生态型企业，构建一个个生态村与生态社区，形成一个个微共同体，破解人与人、人与社会、人与自然长期的对立关系，从而建成人与自然和谐共生的生态文明社会。如今，越来越多的人在关注利用技术保护环境和创造物质繁荣是否可以实现双赢的问题。技术落地需要兼顾环境、经济、社会等多方面因素，进而更好地服务于人类社会的发展。

2. 绿色低碳教育的目标

绿色低碳教育以形成人文向善、经济向善、企业向善、市场向善、社会向善、行为向善的绿色低碳系统性教育为宗旨。进行绿色低碳教育，引领学生绿色发展，最终目标是为了实现可持续发展。可持续发展观是适应终生发展和社会发展的必备品格，培养具有可持续发展观念的人，就是培养身心健康并且能够与自然、社会和谐共处的未来公民。绿色低碳教育的本质是素质教育，能够通过影响人们的思维，进而影响人们的行为习惯和生活方式。因此，高校可以用生态文明的观点培养教师，将绿色、低碳、循环等环保理念融入对学生的教育和影响中去，使学生更为有效地适应绿色低碳的发展，推动学生参与到生态文明建设中。绿色教育的核心在于促进人与社会的可持续和谐发展，其人文价值重在符合时代要求，体现时代精神，要求人与时代并肩同行，强调人与自然、人与社会和谐共处。高校作为社会文化和科学技术的高地，是绿色低碳教育工作的重要一环。高校绿色低碳文化建设不仅能够传播生态文明的知识技术，还承担着塑造生态文明价值观的重要职能。面对当下人民的切身利益，面对人类生存危机，坚定不移地推动绿色低碳教育，开展经济社会系统性的绿色变革，是新时代赋予我们的使命、责任和担当。

2.2.2 绿色低碳教育现状分析

1. 我国重视绿色低碳教育

我国高度重视绿色低碳教育。2021 年，生态环境部、中宣部、教育部等六部门联合发布《“美丽中国，我是行动者”提升公民生态文明意识行动计划》，勾画出未来 5 年内公民与社会组织参与“美丽中国”建设的路径。2022 年 11 月，教育部印发《绿色低碳发展国民教育体系建设实施方案》，明确提出，要把绿色低碳发展理念全面融入国民教育体系各个层次和各个领域。

绿色低碳学科涉及多个学科领域，如环境科学、能源科学、材料科学等。绿色低碳学科的发展已体现在学科交叉融合、技术创新和应用、人才培养和政策支持等方面。环境科学与工程和物理学、化学等交叉，可深入理解环境问题的本质和解决方案；能源与动力工程结合电气工程、材料科学等，可推动清洁能源的开发和利用；经济学与管理学为绿色低碳政策的制定和实施提供理论支持；大数据、人工智能等信息技术可助力绿色低碳的监测、评估和管理；生物学与生态学已用于探索生态系统与人类活动的相互关系，促进可持续发展。学科交叉融合促进了绿色低碳技术的创新和发展。绿色低碳学科的发展需要专业人才的支持，因此，许多高校和研究机构陆续开设相关课程和专业，旨在培养绿色低碳领域的专业人才。总的来说，绿色低碳学科的发展现状良好，未来仍有很大的发展空间和潜力。

此外，绿色低碳理念已广泛融入校园建设。我国各地教育部门已陆续推动节能减排、低碳环保工作落实，全面落实国家关于绿色低碳发展的工作部署，高度重视教育系统节能减排工作，始终抓住建设节约型校园、绿色校园和可持续发展校园这条主线。学校常通过安装节能照明设备、智能空调系统等节能减排措施降低能源消耗；设置分类垃圾桶，进行垃圾分类宣传教育，积极推广垃圾分类；校园绿色建筑日益增多，新建教学楼采用环保材料，提高能源利用效率；通过广泛开设环保课程，组织环保活动，增强学生环保意识；通过增加绿化面积，优化校园环境；重视水资源管理，安装节水设备，培养学生节约用水习惯；鼓励学生步行、骑自行车或乘坐公共交通工具上下学，倡导绿色出行；减少纸张使用，实现信息化办公。

然而，绿色低碳教育是一项系统工程，在推进绿色低碳教育的过程中，面临诸多问题与挑战。这些问题并非孤立存在，它们相互交织、相互影响，共同制约着绿色低碳教育的发展。研究绿色低碳教育面临的问题，理解其现状与困境，有助于找到解决方法，推动绿色低碳教育的发展。

2. 绿色低碳教育面临的问题

(1)被教育者绿色低碳理念不强。学校是绿色低碳意识形态的培养皿，多元化的价值观使绿色低碳建设面临巨大挑战。绿色低碳理念决定人们是否遵循绿色低碳的思维方式和生活方式。当前校园绿色低碳文化的缺失往往是因为绿色低碳理念不强所导致，首先表现在对绿色低碳相关概念、意义和重要性了解不足；其次表现为一种精致的“利己”主义。精致“利己”主义对青少年群体的渗透严重影响基本价值观架构，将自身的需求和利益作为价值判断标准。具体行为表现常包括浪费水电等公共资源、浪费纸张、大量使用一次性餐具和塑料袋、随意丢弃垃圾废物、对自然生态环境漠不关心等。过度消费是绿色低碳理念不强的重要表现。消费主义将消费享乐当作人生目的，通过占有物质和金钱来获得满足。在消费主义的引领下，大量的精神产品和物质产品导致超前消费和过度消费行为层出不穷，攀比消费、炫耀消费等异化行为同样盛行。这些现象的根本原因是被教育者绿色低碳理念不强。此外，我国的环境教育法规政策尚不完善，绿色低碳教育尚缺乏法定地位、缺乏专门管理机构和人员、缺乏确定的目标和评价标准，以致绿色低碳教育的理念引领未引起足够的重视。

(2)绿色低碳教育缺乏系统性。教育部《绿色低碳发展国民教育体系建设实施方案》强调把绿色低碳要求融入国民教育各学段课程教材。针对不同年龄阶段青少年心理特点和接受能力，系统规划、科学设计教学内容，改进教育方式，鼓励开发地方和校本课程教材，将践行绿色低碳作为教育活动重要内容。目前，学校绿色低碳教育课程设置缺乏连贯体系和有效抓手，相关教育普及多停留在低碳环保宣传或个别活动上。尤其是在升学和就业压力下，绿色低碳教育相关课程设置普遍较少。就教育内容来看，以生态文明理念和科技方法知识普及为主，缺少绿色低碳发展意识的素质培养和节能减排的实操机会。就教育方法来看，偏重理论讲授、灌输式教育，缺少启发式、体验式、渗透式教育，教育模式僵化，学生主观能动性不强。就受教育群体来看，以中小学生为主，学前教育、高中教育、高等教育对绿色低碳教育的重视程度不够。高校绿色低碳教育缺乏系统性主要表现在绿色低碳知识碎片化、传播途径和方式有限、缺少具备专业知识的师资队伍。绿色低碳知识碎片化使学生无法系统性掌握相关知识，影响学生绿色低碳生活的实际行动。高校应以绿色伦理、绿色哲学、绿色技术等作为绿色低碳知识传授的重点，但此类课程通常只在与环境有关的学科中开设，或被设置为通识课程，绿色低碳知识的传授严重缺乏系统性。最后，缺乏具备绿色低碳相关专业知识的师资队伍也是绿色低碳教育难以系统性开展的重要原因[10]。

(3)体验式实践教学亟待拓展。绿色低碳教育既需要培养学生的生态文明理念，也需要培养其绿色低碳实践能力。高校肩负培养高素质绿色低碳人才和良好公民的使命，但国内大部分高校在低碳教育实践环节也存在缺失。其根源主要在于对绿色低碳实践的重要性认识不足，无论学校层面还是社会层面，都认为实践课是为了培养学生的专业技能，非专业课不必设置实践环节。然而当前绿色低碳已与人类社会发展休戚相关，是国家经济与社会发展的重要基石，也是实现可持续发展的根本途径。绿色低碳实践环节亟待构建。高校通过实践活动，可以把意识教育和文化教育转化为绿色低碳校园建设的实际成果，达到知行合一，促进绿色校园的建设。目前，高校绿色低碳教育实践教学存在的问题主要表现在教学模式单一以及缺乏与现实生活的联系等。教师在上课时习惯照本宣科，教学内容多停留在理论层面，学生对绿色实践教育的具体内容不甚了解。教育形式单一及绿色低碳实践活动缺失造成大学生理论知识与实践行为相脱离，从而难以转化到个体的具体生态文明实践行动当中。

(4)教育主体资源单一。由于历史惯性等原因，绿色低碳教育的推进仍以政府和学校为主导。一些主题场馆虽然有绿色低碳相关的展陈内容，但未能充分发挥场馆的教育功能，馆、校、社、企合作流于形式，导致场馆教育资源闲置。相关企业的社会责任履行不到位，低碳科技发展与教育实践脱节。此外，绿色低碳教育缺乏专业的师资队伍，校内大多是由思政、德育或专业课教师承担，教育成效不显著，而当前以校园为主体的教育模式难以满足学生多元课程开展需要。

2.2.3 绿色低碳教育发展方向

1. 将绿色低碳发展融入教育教学

(1)加强绿色低碳创新发展课程建设。将习近平生态文明思想、碳达峰碳中和重要论述精神充分融入国民教育和人才培养全过程，结合课堂教学、专家讲座、实地参观、社会调研等活动，开展形式多样的资源环境国情教育和碳达峰碳中和知识普及工作，积极践行绿水青山就是金山银山的理念。针对不同年龄阶段青少年心理特点和认知水平，系统规划、科学设计教学内容，改进教育方式，鼓励和指导地方课程教材修订以及校本课程研发。学前教育阶段，着重通过绘本、动画启蒙幼儿的生态保护意识和绿色低碳生活的习惯养成。基础教育阶段，落实国家义务教育课程方案、普通高中课程方案和相关学科课程标准要求，结合本地发展需求，在科学、道德与法治(思想政治)、生物学、地理、物理、化学等学科课程教学中普及碳达峰碳中和的基本理念和知识。高等教育阶段，将绿色、低碳、生态文明、环保等理念融入专业课程和通识课程，建立覆盖多领域的碳达峰碳中和核心知识体系，加强在线教学资源和教学案例库建设，支持高校编写一批碳达峰碳中和领域精品教材。职业教育阶段，逐步设立碳排放统计核算、碳排放与碳汇计量监测等新兴专业或课程，利用实地调研、多维对标、模型分析等综合性方法，探索符合国情的“双碳”专业人才培养科学路径。

(2)加强教师绿色低碳发展教育培训。师范院校、教师培训承办单位创新培训模式，优化培训内容，把碳达峰碳中和最新知识、绿色低碳发展最新要求、教育领域职责与使命等纳入师范生课程体系和校长培训、骨干教师培训、新任教师规范化培训、教育管理干部培训等教师培训课程体系，推动教师队伍率先树立绿色低碳理念，提升传播绿色低碳知识能力。把党中央关于碳达峰碳中和的决策部署纳入高校思政工作体系。发挥课堂主渠道作用，结合思政课程和课程思政建设行动，将绿色低碳发展有关内容有机融入高校思想政治理论课。推动相关学科专家学者参与思政课专题教学研讨，落实国家统编教材和教育部印发的高校“形势与政策”课教学要点。通过形势与政策教育宣讲、专家报告会、专题座谈会等，引导大学生围绕绿色低碳发展进行学习研讨，提升大学生对实现碳达峰碳中和目标重要性的认识，推动绿色低碳发展理念进思政、进课堂、进头脑。

(3)绿色低碳相关专业学科建设。落实教育部《加强碳达峰碳中和高等教育人才培养体系建设工作方案》，鼓励有条件、有基础的高等学校、职业院校加强相关领域的学科、专业建设，创新人才培养模式，支持有条件的高校建设碳汇、绿色金融等绿色低碳新兴学科专业，加快传统生态学类、能源动力类等重点领域专业向绿色低碳转型升级，调整培养目标要求，修订培养方案，优化课程体系和教学内容。支持高校探索绿色低碳相关交叉学科与专业建设，加强绿色低碳与前沿学科方向深度融合。深化产教融合，鼓励校企联合开展产学合作协同育人项目，组建碳达峰碳中和产教融合发展联盟。

(4)创新绿色低碳教育形式。以全国节能宣传周、全国城市节水宣传周、全国低碳日、世界环境日、世界地球日等主题宣传节点为契机，组织主题班会、专题讲座、知识竞赛、征文比赛等多种形式，开展绿色低碳教育，多措并举提升大中小学生的生态文明素养。发挥省级中小学研学实践基地、劳动教育实践基地作用，持续开展节水、节电、节粮、垃圾分类、减塑限塑、爱绿护绿等课内外生活实践活动，引导学生树立人与自然和谐共生观念，自觉践行节约能源资源、保护生态环境各项要求。强化社会实践，组织大学生通过实地参观、社会调研、志愿服务、撰写调研报告等形式，走进厂矿企业、乡村社区了解碳达峰碳中和工作进展。

2. 以绿色低碳发展引领提升教育服务贡献力

(1) 支持高校碳达峰碳中和科研攻关。加强碳达峰碳中和相关领域重点实验室、工程研究中心等高水平科技创新平台培育和建设，组建一批攻关团队，推动高校加快绿色低碳相关领域基础理论研究和关键共性技术取得新突破。支持高校联合科技企业建立技术研发中心、产业研究院、中试基地、协同创新中心等，构建碳达峰碳中和相关技术发展产学研全链条创新网络，推进有组织的协同创新。会同科技、工信等部门，围绕绿色低碳领域共性需求和难点问题，开展绿色低碳技术联合攻关，推动科技成果落地转化，服务经济社会高质量发展。

(2) 加强高校碳达峰碳中和领域政策研究和社会服务。引导高校发挥人才智力优势，组织专业力量，围绕碳达峰碳中和开展前沿理论和政策研究，纳入高校哲学社会科学研究等科研项目课题指南，为碳达峰碳中和工作提供政策咨询服务。发挥习近平新时代中国特色社会主义思想研究中心高校研究基地作用，加强习近平生态文明思想研究阐释。支持高校协助有关行政管理部门做好重要政策调研、决策评估、政策解读等相关工作，积极参与碳达峰碳中和有关各类规划和标准研制、项目评审论证等，支持和保障重点工作、重点项目推进实施。

3. 将绿色低碳发展融入校园建设

(1) 完善校园能源管理工作体系。以能源资源降耗增效为目标，深挖节能潜能，建立涵盖节约用电、用水、用气、用油，以及倡导绿色出行、垃圾分类等全方位的校园能源管理工作体系，健全常态化监测机制，积极开展绿色学校、节水型高校等创建活动。加快推进移动互联网、云计算、物联网、大数据等现代信息技术在校园教学、科研、基建、后勤、社会服务等方面的应用，实现高校后勤领域能源管理的智能化与动态化，助推学校绿色发展提质增效、转型升级。

(2) 建设绿色低碳环保智慧校园。在校园建设与管理领域广泛运用先进的节能新能源技术产品和服务，引导校园新建建筑项目按照绿色建筑标准要求进行设计、建造，加快推动学校建筑用能电气化和低碳化，深入推进可再生能源在学校建设领域的规模化应用。有序逐步降低传统化石能源应用比例，提高绿色清洁能源的应用比例，从源头上减少碳排放。加快推进超低能耗、近零能耗、低碳建筑规模化发展，提升学校新建建筑节能水平，淘汰不符合节能标准的设备和器具。大力推进学校既有建筑围护结构、照明、电梯、老旧管网等节能改造，全面推广节能门窗、绿色建材等节能产品，提升能源资源利用效率。鼓励采用自然通风、自然采光等被动式技术；因地制宜采用高效制冷机房技术，智慧能源管控平台等新技术手段降低能源消耗。开展供水管网节水诊断，应用节水新技术、新工艺和新产品，提高节水器具使用率，探索采取合同节水模式推进节约用水工作，倡导水循环利用，鼓励开展空调冷凝水和雨水收集利用。重视校园绿化工作，鼓励采用屋顶绿化、垂直绿化、增加自然景观水体等绿化手段，增加校园自然碳汇面积。

2.3　绿色低碳教育实施路径

2.3.1　绿色低碳教学体系构建

1. 加快紧缺专业人才培养

①加快储能和氢能相关学科专业建设，以大规模可再生能源消纳为目标，推动高校加快储能和氢能领域人才培养，服务大容量、长周期储能需求，实现全链条覆盖。②加快碳捕集、利用与封存相关人才培养，推动高校尽快开设相关学科专业，促进低碳、零碳、负碳技术的开发、应用和推广，为未来技术攻坚和产业提质扩能储备人才力量。③加快碳金融和碳交易教学资源建设，鼓励相关院校在共建共管共享优质资源基础上，充分发挥现有专业人才培养体系作用，完善课程体系，强化专业实践，深化产学协同，加快培养专门人才[11]。

2. 优化调整人才培养方案

增加与绿色低碳相关的课程，如新能源技术、环境科学、可持续发展概论、碳足迹核算等。强化绿色低碳实践教学，融入绿色低碳实践项目，例如组织学生参与节能减排方案设计、绿色建筑调研与改造等实践活动。鼓励不同专业间的交叉融合，如将环境工程与传统工科专业结合，培养具备多领域知识的人才。明确绿色低碳发展的培养目标，强调学生在该领域应具备的专业素养和创新能力。与绿色低碳相关企业合作，建立实习基地，让学生了解行业最新动态和需求。鼓励学生参与绿色低碳相关的科研项目，培养其研究和解决问题的能力。广泛采用绿色低碳领域的实际案例进行教学，增强学生的应用能力。开展与国外高校在绿色低碳教育方面的交流合作，拓宽学生视野。进一步加强风电、光伏、水电和核电等人才培养，适度扩大专业人才培养规模，保证水电、抽水蓄能和核电人才增长需求，增强“走出去”国际化软实力。拓展专业的深度和广度，推进新能源材料、装备制造、运行与维护、前沿技术等方面技术进步和产业升级。

3. 产教融合协同育人

①强化校企合作联合培养，支持高校与国内能源、交通和建筑等行业的大中型和专精特新企业深化产学合作，针对企业人才需求，联合制定培养方案，探索各具特色本专科生、研究生和非学历教育等不同层次人才培养模式[12]。②打造国家产教融合创新平台，完善产教融合平台建设运行机制，针对关键重点领域加大建设投入力度，积极探索合作机制，提升人才培养质量，推动科技成果快速转化。③组建碳达峰碳中和产教融合发展联盟，鼓励高校联合企业，根据行业产业特色加强分工合作、优势互补，组建一批区域或者行业高校和企业联盟，适时联合相关国家组建跨国联盟，推动标准共用、技术共享、人员互通。

4. 创新人才培养模式

瞄准碳达峰碳中和发展需求，针对不同类型和特色高校，创新人才培养模式；建设绿色低碳领域未来技术学院、现代产业学院和示范性能源学院等，分类打造能够引领未来低碳技术发展、具有行业特色和区域应用型人才培养实体，发挥示范引领作用。启动碳达峰碳中和领域教学改革和人才培养试点项目。打破学科壁垒，构建跨学科培养体系，建立跨学科导师团队，提升学生跨学科思维与实践能力。强化实践教学，提升学生动手能力。开展实验教学改革，增加设计性、综合性实验，鼓励学生自主设计实验方案、分析实验结果，培养学生的创新意识和实践能力。利用信息技术，创新教学手段。利用在线课程平台、虚拟实验室等信息技术手段，丰富教学资源。通过人工智能技术实现个性化教学，根据学生的学习情况提供针对性的学习建议和辅导。开展国际交流，培养国际化人才，拓宽学生的国际视野，提升学生的国际竞争力。

2.3.2 绿色低碳教育教学评价

1. 明确绿色低碳教育教学评价目标

以学科特色为出发点，确定绿色低碳教育的目标和期望成果。包括但不限于培养学生的绿色低碳意识，使其理解绿色低碳的重要性；传授绿色低碳的知识和技能，提高学生的相关素养；引导学生养成绿色低碳的生活方式和行为习惯；培养学生的环境责任感和社会责任感，激发学生对绿色低碳领域的兴趣和创新精神等，使学生具备一定的绿色低碳知识和技能，能够解决实际问题；培养出具有创新精神的绿色低碳领域人才；增强学生的环境责任感，关注环境问题并积极参与环保活动，能够积极参与绿色低碳行动，成为绿色低碳生活的倡导者和实践者。进而在社会层面推动社会向绿色低碳发展转型，促进可持续发展。

2. 制定绿色低碳教育教学评价标准

在教学内容、教学方法、学生表现等方面制定绿色低碳教育教学评价标准。例如，①教学内容是否涵盖绿色低碳的相关知识、理念和实践方法；②教学方法能否有效激发学生的学习兴趣和参与度；③通过测试评估学生对绿色低碳知识的理解和掌握程度；④观察学生在生活中实践绿色低碳行为的情况；⑤考察学生对绿色低碳教育资源的合理利用程度；⑥课程设计和活动设计是否符合绿色低碳教育的目标；⑦考察教师在绿色低碳领域的知识水平、教学能力和专业素养；⑧考查学生在课堂和课外活动中的积极参与程度；⑨教学过程中是否有创新的方法或实践；⑩对学校、社区和社会产生的积极影响；⑪教育效果的长期维持和推广能力；⑫了解学生对教学的满意度和建议；⑬与其他学科相互渗透和融合的程度。这些评价标准可以帮助评估绿色低碳教育教学的质量和效果，促进教学的不断改进和提高。

3. 强化绿色低碳教育教学评价反馈

强化绿色低碳教育教学评价反馈具有多方面的重要性。教学反馈可以让教师及时了解教学活动与既定目标是否一致，促进教育目标的达成；有助于教师了解自己的绿色低碳教育教学效果，明确优势与不足，从而有针对性地改进教学方法和策略，提高教学质量；有助于优化绿色低碳教育教学内容，提升教学水平和质量，更好地适应学生的学习特点和需求；使学生感受到自己的意见被重视，从而提高他们的学习积极性和参与度，加强师生之间的沟通与互动，增进彼此的了解与信任；有助于教师不断提升自己的教学能力和专业素养，促进教师专业发展；通过持续改进，提高教学的有效性和效率。此外，强化绿色低碳教育教学评价反馈可以为学校管理部门提供有关教学工作的决策参考，监测教学质量，在此基础上，学校可有针对性地鼓励教师尝试新的教学方法和手段，推动教育的改革与创新。

2.3.3　绿色低碳教师队伍建设

1. 提高绿色低碳师资素养

各级教育行政部门和师范院校、教师继续教育学院要结合实际，在校长培训、教师培训和师范生课程体系中，加入碳达峰碳中和最新知识、绿色低碳发展最新要求、教育领域职责与使命等内容，推动教师队伍率先树立绿色低碳理念，提升传播绿色低碳知识能力。鼓励教师开展绿色低碳教学研究，提高专业水平。教育主体应为教师提供系统的培训课程，包括绿色低碳相关的理论知识、实践技能等；邀请专家分享最新的研究成果和实践经验；组织实地考察，如参观绿色低碳项目、企业等；组织教师开展绿色低碳教学育人案例分析；提供优质的网络资源，帮助教师提升绿色低碳素养；在师资培训中设定明确的培训目标，便于评估培训效果；建立培训反馈机制，根据教师的反馈不断改进培训内容；提供持续的支持和指导，确保教师在培训后能将所学应用到教学中。

2. 实施绿色低碳人才政策

为绿色低碳师资建设提供充足的经费支持用于培训、科研等活动；建立合理的薪酬体系，吸引和留住优秀绿色低碳师资人员；创造良好的工作环境，优化绿色低碳办公设施、教学资源等；制定完善的激励机制，奖励在绿色低碳教学育人工作中有突出表现的优秀教师，提高工作积极性；为绿色低碳师资人员提供更多的发展机会，如晋升、参与项目等；搭建教师交流平台，促进绿色低碳教育经验分享与合作；建立科学的评价体系，客观评价教师在绿色低碳教育工作中的表现；重视从事绿色低碳教育工作的专职教师的职业生涯规划，帮助教师制定个人发展计划；建立教师反馈机制，及时了解教师在绿色低碳教育工作中的需求和意见。

3. 形成规模合理、梯次配置的师资体系

对绿色低碳理念与不同学科、专业融合所需要的师资进行评估，制定合理的规模规划；根据需求，招聘或培养优秀绿色低碳教育人才；确定不同层次的教师梯队，如骨干教师、青年教师等；不同年龄段、经验的教师合理搭配，形成良好的协作氛围；提前储备潜在的绿色低碳优秀教师，确保师资的连续性等。

2.4 国际学生绿色低碳国情教育

2.4.1 国际学生绿色低碳国情教育现状

国际学生国情教育是指通过教育手段使国际学生了解中国的政治、经济、历史、地理、民族、文化等方面的基本情况和特点，培养国际学生具备包容、认知和适应文化多样性的意识、知识、态度和技能，能够在不同民族、社会和国家之间的相互尊重、理解和团结中发挥作用，助力人类命运共同体构建[13]。国际学生绿色低碳国情教育旨在通过教育手段培养国际学生的绿色低碳意识，促进绿色低碳国际理解，在人与自然的关系上确立正确的态度，树立绿色低碳价值观，形成正确的消费观和发展观，实现绿色低碳可持续发展。

随着来华留学教育的稳步发展，来华留学教育政策不断调整与细化。2017 年，教育部、外交部、公安部发布的第 42 号令《学校招收和培养国际学生管理办法》明确规定，“中国概况”是来华留学生高等学历教育的必修课，高等学校应当对国际学生开展中国国情校情、中华优秀传统文化和风俗习惯等方面的教育。2018 年教育部印发的《来华留学生高等教育质量规范(试行)》对来华留学生高等学历教育作出明确的规定和要求，提出来华留学生应当熟悉中国历史、地理、社会、经济等中国国情和文化基本知识，了解中国政治制度和外交政策，理解中国社会主流价值观和公共道德观念，形成良好的法治观念和道德意识。

随着国家对来华留学国情教育的高度重视，各省市教育主管部门纷纷行动，其中浙江省教育厅行动迅速，2021 年 8 月 30 日出台指导文件，并启动国际学生国情教育名师工作室建设工作。各高校积极响应国家和省市主管部门号召，加强国际学生国情教育，修订国际学生人才培养方案，立足当代中国现实，开设中国道路与中国模式类课程，增进国际学生对中国道路与中国模式的了解和认同，促进国际学生对“一带一路”倡议、中国发展理念和发展道路的情感认同。

2022 年 4 月，教育部出台《加强碳达峰碳中和高等教育人才培养体系建设工作方案》，要求把习近平生态文明思想贯穿于高等教育人才培养体系全过程和各方面，加强绿色低碳教育。绿色低碳作为中国重要发展理念之一，被纳入国际学生国情教育“三个课堂”。高校纷纷在国际学生国情教育第一课堂理论课程中开设绿色低碳导论专题或模块课程，开展形式多样的绿色低碳第二课堂与第三课堂实践活动等。

2.4.2 国际学生绿色低碳国情教育内容

1. 开展绿色低碳国情教育理论课程

在国际学生国情教育课程中开设绿色低碳导论专题或模块课程或专门的绿色低碳相关理论课程。同时，以绿色低碳理念与自然科学、人文和社会科学等学科综合性知识相结合的课程为依托，开展绿色低碳教育，促进国际学生对绿色低碳的认识，培养国际学生绿色低碳意识。

2. 开展绿色低碳国情教育实践课程

以践行绿色低碳理念为指导，创新绿色低碳教育形式，采用线下与线上相结合的方式，开展各类实践活动，普及相关知识。利用好世界环境日、全国生态日等主题宣传日，组织主题班会、专题讲座、知识竞赛、征文比赛等多种形式教育活动，持续开展节能、节水、节粮、节材和垃圾分类、绿色出行等实践活动。建立一批高质量绿色低碳教育社会实践基地，为国际学生走进厂矿企业、乡村社区开展实地参观、社会调研、志愿服务、学科竞赛等提供便利，推动国际学生深度感知绿色低碳发展“中国方案”及其成效，并鼓励国际学生参与讲好中国绿色低碳发展故事。

3. 开展绿色低碳国情理解教育

通过绿色低碳理论与实践课程，使国际学生能够真切感受保护赖以生存的共同家园是世界各国人民的共同责任，促进世界各国青年更好理解人类命运共同体理念，推动世界各国青年携手共建清洁美丽的世界的国际理解教育。组织国际学生现身说法，分享全球气候变化给各国带来的深刻影响，分享世界各国绿色低碳工作先进经验与做法等。鼓励国际学生通过联合国全球气候变化青年行动、全球青年气候周等国际平台、国际会议以及海内外媒体、社交媒体等平台发声，分享具有国际借鉴意义的中国绿色发展案例，参与“绿色丝绸之路”创新合作，向世界展示中国生态文明建设的成果及中国深度参与全球环境治理的实践。

2.4.3 国际学生绿色低碳国情教育案例分析

在国家教育主管部门的引领下，在各省(直辖市、自治区)教育管理部门的大力支持下，近年来高校国际学生绿色低碳国情教育在体系构建、内容建设、课程实践、教师发展、国际传播等多方面取得一定成效。浙江科技大学作为一所国际化办学特色鲜明的一流应用型省属本科高校，在国际学生绿色低碳国情教育工作中率先垂范，取得初步成效，较具代表性。

浙江科技大学高度重视国际学生绿色低碳教育，在教育部出台《加强碳达峰碳中和高等教育人才培养体系建设工作方案》后，学校率先从工作理念、体系构建、内容建设、实践设计、考评改革、教师发展等多角度开展全方位教学改革，构建了以“中国能力”培养为导向、突出绿色低碳教育特色的中国国情教育育人体系，增加国际学生中国国情知识储备，提升国际学生跨文化与全球胜任力，促进国际理解，推动绿色低碳可持续发展。

1. 注重顶层设计，强化人才培养理念

学校注重顶层设计，强化培养具有良好“中国能力”和较强绿色低碳意识的高素质“知华友华助华”国际学生的人才培养理念。围绕人才培养理念，结合各专业国际学生人才培养目标与绿色低碳教育要求，进一步完善专业人才培养方案，优化课程体系，增加国情教育课程必修课至 10 学分，改变“重专业知识与语言能力、轻国情教育”的现状。

2. 强化协同育人，推进国情教育体系构建

学校着力推进以“中国能力”培养为导向、突出绿色低碳教育特色的国际学生国情教育课程体系构建。一是丰富教学主阵地“第一课堂”，增加“第一课堂”课程，并根据不同时期学生语言水平与跨文化能力需要，以有效衔接、分层实施、

循序渐进为原则，实现课程之间相互联系、相互影响，如一年级开设始业教育类《始业教育》《心理健康教育》和《中国概况》课程，二年级开设中国道路与模式类《今日中国》通识课程，三年级开设偏于专业领域的《中国商务文化》与《中国社会与风俗》课程；二是打通教学主阵地"第一课堂"、校内育人资源"第二课堂"、校外社会实践"第三课堂"，发挥"第一课堂"主渠道作用，强化"第二课堂"文化育人功能，提升"第三课堂"实践育人实效，实现三课堂横向贯通，相互补充，建立一套符合科学认知的国情教育协同育人体系。

3. 重视"课堂"设计，打造国情教育特色

国际学生国情教育的三个"课堂"均围绕提升"中国能力"、突出绿色低碳教育特色设计。在国情教育"第一课堂"课程中开设绿色低碳导论专题或模块课程。如《始业教育》认识篇中，设置美丽浙江模块；适应篇中，设置数字生活、绿色出行等模块；成长篇中，设置绿色低碳相关社团建设等内容；《今日中国》设置"生态文明"、乡村振兴等绿色低碳专题。校内"第二课堂"开展校园活动、学科竞赛时，绿色低碳教育始终是其关注的特色主题之一。打造"Go Green"绿色环保品牌，鼓励国际学生参加全球青年气候周、低碳循环科技创新大赛等社会活动和学科竞赛，以及引导国际学生设计与绿色低碳教育相关主题的竞赛作品等。建立"余村""下姜村""浙江夏王纸业"等校外"第三课堂"社会实践基地，重视绿色低碳社会实践教育。经过几年建设，以"中国能力"培养为导向、绿色低碳教育为特色的国情教育品牌逐步形成。

4. 强化实践锻炼，促进各国国际理解

学校充分认识实践活动的重要意义，构建了融专业实践、科研训练、学科竞赛、社团建设、职业规划与国情教育于一体、协同发展的社会实践教学体系，将绿色低碳教育理念贯穿于国际学生人才培养和实践育人全过程。以校内社团活动、科研训练、学科竞赛、专业课程实践、校外社会实践为抓手，通过课堂学习、研讨交流、现场体验等方式，注重绿色低碳教育理念的融入，最终以参加竞赛、撰写报告、发表作品等形式检验实践成果。

同时，与美丽乡村、绿色企业、政府机关等共建一批高质量绿色低碳教育社会实践基地，如"两山"理念诞生地安吉余村、中国美丽休闲乡村淳安下姜村、浙江绿色企业浙江夏王纸业、杭州西湖区行政服务中心（"最多跑一次"）等，为国际学生走进厂矿企业、乡村社区、政府部门，开展绿色低碳主题实践活动提供实践便利，推动国际学生深度感知"中国方案"及其成效，为国际学生讲好"中国方案"提供更多素材和体验。

5. 推进考评改革，关注国际传播产出导向

改变以往“平时成绩+期末闭卷考试”以信息记忆类为主的考评评价模式，推动课程考评评价向以“中国能力”培养为导向、以推动国际传播为目的的开放式评价转换。以学生自主采用图文并茂的形式完成高质量实践报告或以所见所感的视频方式讲述中国故事，作为平时作业与期末考核作业，并鼓励学生在社交媒体或官方媒体公开发表自己的作品作为考核形式，让学生在“闻”后有所思，有所感，进而向世界讲述真实、立体、全面的中国。尤其鼓励学生选择“绿色低碳”等易实现共情、共通的主题发表作品，形成“共通的意义空间”，达到良好的国际传播效果。仅 2023 年，浙江科技大学国际学生在社交媒体发表图文千余篇，海外国家级媒体等发表高质量学生作品近 20 篇。

6. 强化教师培训，培养绿色低碳意识

将绿色低碳教育纳入国情教育师资队伍培训，邀请美丽乡村管理干部、绿色企业高管等加入师资指导队伍，发挥国家级省级教学团队、教学名师和一流课程的示范引领作用，提升一线教师在教学中融入绿色发展、资源节约、减碳固碳、环境保护等知识的教学能力。鼓励和支持教师开展绿色低碳教育教学研究工作，学校教学部门与国际教育研究中心立项了一批绿色低碳相关主题的教学改革与研究项目，培育了突出绿色低碳教育的国情教育示范课程、一流课程、重点教材等。

浙江科技大学经过近几年的实践，构建了以“中国能力”培养为导向、突出绿色低碳教育的国际学生中国国情教育育人体系，在加深国际学生对中国正确认知的基础上，在人与自然的关系上确立正确的态度，树立绿色低碳价值观，助推绿色低碳可持续发展，为构建人类命运共同体贡献力量。

参考文献

[1] 许为宾，李欢. 高校绿色低碳教育的问题与对策研究[J]. 科学咨询(教育科研)，2023(11)：42-44.

[2] 赵忠秀. 发展低碳教育事业，助力实现“双碳”目标[J]. 可持续发展经济导刊，2021(9)：34-36.

[3] 何岸. 天津绿色低碳发展国民教育体系现状，问题和建议[J]. 中国轻工教育，2022，25(5)：6-11.

[4] 李高，凝聚全社会力量 推进碳达峰目标实现[J]. 环境与可持续发展，2021，46(2)：5.

[5] 王井怀和邓晗. 一张“双碳”证背后的培训风云[J]. 瞭望，2022(3)：48-49.

[6] 史志鹏. 新职业提供更多人生出彩机会[J]. 云南教育：视界，2021(10)：43.

[7] 任叁.“双碳”人才现缺口“科班出身”在路上[J]. 中国对外贸易，2023(1)：71-73.

[8] 任悦.“双碳”目标下将绿色低碳型技能人才培养模式纳入职业院校专业课程体系的路径探索[J]. 职业，2022(21)：35-38.

[9] 李红恩. 国民教育体系与终身教育体系的关系[J]. 辽宁教育，2012(11X)：25.

[10] 戚佳玲. 新时期加快构建绿色低碳发展教育体系[EB/OL]. 城市怎么办[2023/02/03]. http://www.urbanchina.org/content/content_8464084.html.
[11] 李力, 王帅, 邱瑞. 中国“双碳”人才发展现状与培养路径研究[J]. 发展研究, 2023, 40(3): 45-51.
[12] 彭必得. 为实现“双碳”目标提供人才与科技支撑[J]. 中国人才, 2022(8): 44-46.
[13] 张地珂, 肖莎, 车伟民. 欧盟绿色低碳教育探析[J]. 中国高等教育, 2023(15): 77-80.

第 3 章　绿色低碳教育国际比较

绿色低碳教育作为国际性主要话题和未来发展趋势，在全球众多国家引起了教育领域的深刻变革。基于各个国家特有的历史文化背景和社会发展程度，其绿色低碳教育呈现出多元化的理念与多样化的实践。多样化的突出表现之一是各国对绿色低碳教育的具体称呼有所不同，或称环境教育，或称可持续发展教育。实际上，从教育内容和教育目标来看，环境教育和可持续发展教育无一不是紧紧围绕绿色、低碳这两个关键元素展开的，因此，本章将环境教育、可持续发展教育纳入绿色低碳教育范畴进行探讨。本章主要就在绿色低碳教育领域发展程度较高、具有代表性的一些国家进行阐述和分析，譬如东亚的韩国和日本、中北欧的德国、瑞士和丹麦、北美的美国和加拿大以及大洋洲的澳大利亚和新西兰等。这些国家与所在区域的其他国家相比，经济和社会的发展水平较高。根据教育经济学的观点，经济越发达，越有可能提供较多的教育费用，促进教育的发展。众所周知，上述国家的教育水平较高，可见其绿色低碳教育也走在所在区域国家的前列。同时本章通过比较中外绿色低碳教育的实施路径与发展趋势，得出对我国的启示和建议，为我国绿色低碳教育和生态文明建设提供参考和借鉴。

3.1　东亚部分国家的绿色低碳教育

东亚是亚洲东部的简称，包括中国、韩国、日本、朝鲜、蒙古国等 5 个国家。东亚国家在推广绿色低碳教育方面的努力是对全球气候变化挑战的积极回应，也是推动本国可持续发展的重要举措，其中较为典型的是韩国和日本。

韩国和日本绿色低碳教育的核心理念是可持续发展。这一理念强调经济发展与环境保护相互协调。在经济发展过程中人类不能只注重经济效益，还要注重保护环境，因为人类的生存环境一旦遭到破坏，在短期内将很难恢复，可持续发展的愿景将难以实现。

3.1.1　韩国的绿色低碳教育

韩国政府高度重视环境教育。韩国历经 8 年对国内外相关法律进行研究，于 2008 年 3 月颁布《环境教育振兴法》，由此通过立法提升环境教育的地位，并成立诸多专业组织，如环境教育协议组织等。韩国政府还制定了一系列教育政策，将其归入学校教育的核心内容，以推动环境教育的发展。譬如韩国的中学每周提供两个课时的环境教育课程，内容有环保知识普及、环保实践活动、环保研究项目等[1]。学生通过选修的形式参加课程学习。本科课程方面，建国大学树木学系具有代表性。该系开设了一系列有关生态和环境问题的本科课程，毕业生可入职韩国森林厅、森林研究所和森林公园等部门。建国大学还开发了一门课程，内容是如何应对气候变化、可持续管理和资源枯竭等问题。汉阳网络大学的 Green Tec MBA 课程提供生态友好型企业培训，该课程的目的是培养学生掌握能源和环境技术方面的知识，并将所学知识融入企业的运营过程。此外，韩国的大学重视培养环境教育人才。譬如韩国国立师范大学专门培养能够在小学和初中讲授可持续发展和绿色发展的教师。自 1996 年起，该校开设课程“城市问题”“人口流动与未来社会”“人类与环境”“可持续发展”等，培养具有环境保护知识的教师。结合韩国学校配备专业环境教育教师的需求，该校毕业生能够专门承担环境教育课程。校园建设方面，韩国的学校积极推动绿色校园建设。技术创新方面，韩国的大学鼓励创新绿色技术，开展绿色技术研究，培养环境保护人才。

具体而言，韩国实施了一系列环境教育典型行动，包括生态友好学校、节能项目、绿色社团及绿色奖学金[2]。

1. 生态友好学校

自 2008 年 11 月以来，由延世大学发起的韩国绿色校园倡议协会已成为促进和支持韩国各大学实施生态友好行动和开展绿色低碳活动的中心。该协会的成立主要是为了实现四个目的：建设环境友好型校园，维护大学可持续管理；开设可持续发展教育课程，培养具有绿色思维的学生；减少温室气体排放，节约校园能源；支持与国内外大学之间建立绿色网络。延世大学还开发了绿色校园评估系统，韩国各大学可将其用于评估学校的生态实践。

韩国的大学重视环境绿化。2002 年，由中央大学发起倡议，延世大学和国民大学等用树木和花卉代替了原来封闭的校园围墙。东国大学沿南山铺设了步行道，修建了屋顶花园。朝鲜大学实施“大学公园”项目，在市中心建设生态公园，项目经费来自教职员工和附近居民的捐款。

韩国的大学为了解决停车困难问题，采取的措施之一是在地下室建停车场。譬如梨花女子大学建造了名为“梨花校园中心”的韩国最大地下校园。地下一层设有阶梯教室、会议室等，地下其他三层由阅览室、信息技术服务中心、学生服务中心、银行、便利店和停车场等组成。

韩国的大学鼓励师生骑自行车上学，譬如在校园里安装自行车架的庆尚大学、开展“无车校园”运动的国民大学以及在校园内开设自行车修理店的永南大学。岭南大学回收闲置自行车进行修理，再免费发放给学生，这一举措受到学生们的欢迎。

2. 学校节能项目

为了减少电力消耗和温室气体排放，公州国立大学在阶梯教室和实验室安装了传感器。一旦人离开后，传感器每隔 10 分钟就会自动关闭灯光、暖气或冷气。公州国立大学的节能措施还体现在洗手间和宿舍的照明设备。有人进入洗手间，一盏灯才会亮起来。宿舍采用和酒店一样的钥匙技术系统。学生只需将钥匙插入感应器，灯就会亮起。朝鲜大学在校内成立了可再生能源研究所，并通过产学合作在校园周边建设了"绿色村庄"，研究所利用光伏系统产生太阳能供"绿色村庄"的居住者使用。尚志大学则率先安装了光伏发电系统和地热发电系统。

3. 学生绿色社团活动

除了大学自上而下地采取环境教育措施外，学生也自愿参与环保活动。国民大学的"绿色战士"(Green Guards)是由学生组成的小组，每个小组 5 名学生，由一名指定的教授指导学生进行相关研究和撰写环境报告。学期内，每个"绿色战士"还需实施一个绿色项目，譬如"使用自己的杯子""记录一周内我丢弃的垃圾""食堂空盘"等项目。

4. 绿色奖学金

祥明大学设立了绿色奖学金，鼓励学生参与"如何在校园节约能源"方面主题的竞赛，如对关灯和电梯使用提出建议。祥明大学把因采取学生建议而节约的资金作为绿色奖学金。

此外，韩国政府还实施了一系列与可持续发展相关的政策，如提倡国民食用本地食品，从而减少食品运输中的碳排放；形成能源对策机制以节约并限制能源的使用；推行减排优惠政策等。这些政策虽然不是直接进行环境教育，但能够为环境教育提供有力的政策支持和制度保障。

总的来说，韩国的绿色低碳教育旨在培养学生的环保意识，传授环境知识，鼓励可持续发展行动，以应对全球环境问题的挑战。这一举措有助于为未来的领导者和决策者提供必要的知识和能力，以实现更低碳、可持续发展的社会。

3.1.2 日本的绿色低碳教育

日本环境教育始于 20 世纪 70 年代。1993 年，日本制定了《环境基本法》。1997 年，日本文部省重新修订中小学教学大纲，同时委托高等院校开展"环境科学""环境教育方法论研究"等课题研究，以满足中小学环境教育发展的需要。日本中小学在校内课程中纳入了环境教育内容，包括气候变化、能源使用、资源管理和环境保护等主题。在课外，日本学校大力种植树木和花卉，以改善校园环境；

鼓励垃圾分类和循环利用，以减少垃圾的产生，并教育学生如何正确处理垃圾；学校还组织学生参与课外环境保护活动，如河流清理、海滩清理、树木种植和野生动植物保护等。1997 年，日本政府签署《京都议定书》，此后日本开始设立面向公众的环保宣传教育中心。日本的大学在理学、工学及农学中开设与专业相关的环境教育课程，确保不同学科和专业的学生都能够接触环境教育课程。2002 年，日本文部省在其报告中界定了绿色学校的含义，并通过介绍国内外绿色学校的建设情况以加快日本绿色学校的建设进程。2003 年，日本颁布《增进环保热情及推进环境教育法》，目的在于推进环境教育，提高公民的环境意识与环保积极性。2012 年，日本颁布《环境教育促进法》，指出“调动各个社会主体协同合作，运用环境教育开展环境保护工作”[3]。2020 年 10 月，日本制定了 2050 年实现碳中和、2030 年碳排放实现在 2013 年的基础上削减 46%的目标。

在日本绿色低碳教育发展的历史过程中，产生了一系列环境教育典型行动，包括绿色学校、生态图片日记项目和绿色竞赛。

1. 绿色学校

日本学校积极开展环境教育和进行绿色学校建设。日本的绿色学校建设主要基于以下理念：①学校建设和设施应有益于学生、社区和环境。②学校建设和设施应耐久、合理，譬如保障和延长建筑物的使用寿命；充分、有效地利用自然资源，杜绝浪费。③学校建设和设施要有利于学生学习，有利于提高师生和学校所在社区居民的环境意识[4]。

位于冲绳的那霸国际高中是日本知名的绿色学校。这所高中科学、充分地结合当地情况，采取了切合自身实际情况的绿色学校建设举措。①利用雨水。由于位置原因，该县年均降雨量远超别的地区，此外河流不长，雨水很快随河流向大海，因此有必要有效利用雨水。那霸国际高中在室外运动场下方安放 500 吨的雨水储蓄槽，用于汇集、过滤并净化雨水，净化后的雨水用于冲洗厕所、浇灌草坪等。②雨水地下还原。将雨水还原于地下具有积极意义，一方面充实地下水源，另一方面防止产生洪水。因此，那霸国际高中种植了大量草坪，并使用浸透性能良好的地面铺设材料。③建造遮光房檐。遮光房檐能够降低空调的负荷，从而降低空调的能源消耗。④注意采光与通风。那霸国际高中的旧校舍集中在一栋楼里，采光和通风不畅。新校舍为此做了专门设计，改善了采光和通风情况。⑤利用太阳能发电。学校安装了太阳能发电装置。这不仅最大限度地节约用电，而且该装置还用于开展环保实践教学。

2. 生态图片日记项目

该项目由横滨市的民间社会组织 Recycle Design 开发和引入，旨在向学生、其家庭成员和其他公众介绍横滨市的环境问题和对应策略，例如减少温室气体排放以及实现一项或多项联合国可持续发展目标(Sustainable Development Goals，SDG)。教师指导学生用文字和图画创作生态图片日记，表达他们对横滨市未来面貌的期待，以及他们可以付出什么行动来实现横滨市的理想未来。参与该项目的申请表将于每年 6 月底分发至横滨的所有小学。如果教师同意参与该项目，则学生在暑假期间完成生态图片日记。

生态图片日记由第三方进行评估，评估后的日记将在每年 9 月初被返回学校。评价最高的日记得以在相关展览中亮相。生态图片日记实际上是一种生态教学方法。日记作者通过在创作过程中的批判性反思和在现实生活中采取实际行动来解决环境问题；同时写作和绘画的相互作用有助于激活学生的有效反思等多种认知能力。

在项目初期，每年只有不到 1000 名学生参加。随着项目的影响力越来越大，参加人数迅速增加。2000～2018 年，已有超过 250000 名小学生参与该项目。假设每个学生至少有 1 名家庭成员，则有超过 250000 名家庭成员参与了该项目。此外，截至 2018 年底，约有 110000 名读者阅读生态图片日记。据估计，截至 2023 年底，超 700000 人或 18%的横滨市民直接或间接参与该项目。该项目增强了公众的环保意识，提升了公众的环保行为，帮助横滨市减少了大量垃圾。尤其是在 2010 年，项目帮助横滨市减少了 43%的垃圾[5]。

3. 绿色竞赛

日本举办各种绿色竞赛，如环保海报比赛、节能创意设计竞赛和环保演讲比赛等。日本环境部曾发起一项名为“清晨的挑战”活动。该活动宣传“早睡早起一小时可大大减少日本低碳足迹”的理念，鼓励人们早睡早起，以减少家庭的 CO_2 排放量。同年，日本环境部门发起“清凉商务”活动，倡导员工在夏季合理着装，办公室的空调温度调至适中，以减少能源消耗。

总的来说，日本绿色低碳教育致力于建立学生的环保意识，提高学生的环保行动能力。政府、学校和社会团体都在积极推动绿色低碳教育，以确保更好地应对全球气候变化的挑战。

3.2 中北欧部分国家的绿色低碳教育

欧洲绿色低碳教育起步较早、效果显著，框架较完善。2015 年，欧盟推动联合国大会签署《2030 年可持续发展议程》，提出了包括绿色教育在内的 17 个可持续发展目标。2020 年，欧委会启动“欧洲教育区 2025 行动计划”，要求各成员国加强绿色教育、推进教育基础设施绿色化等。欧盟委员会随后启动了“绿色教育行动计划”，推动教育领域为绿色转型做贡献。2019 年，新一届欧盟委员会发布《欧洲绿色协议》，又称“绿色新政”，如图 3.1 所示[6]。“绿色新政”旨在促进欧盟经济的可持续发展，将气候及环境挑战转化为所有领域的机会，实现整体转型期间的正义与包容性。“绿色新政”涵盖了所有经济领域，包括研究创新、无毒环境、生物多样性、健康饮食、节能建筑、循环经济、能源清洁与安全、欧盟 2030 及 2050 年碳中和目标等。“绿色新政”还强调要为欧洲的绿色转型融资，且转型过程中不会遗落任何人。

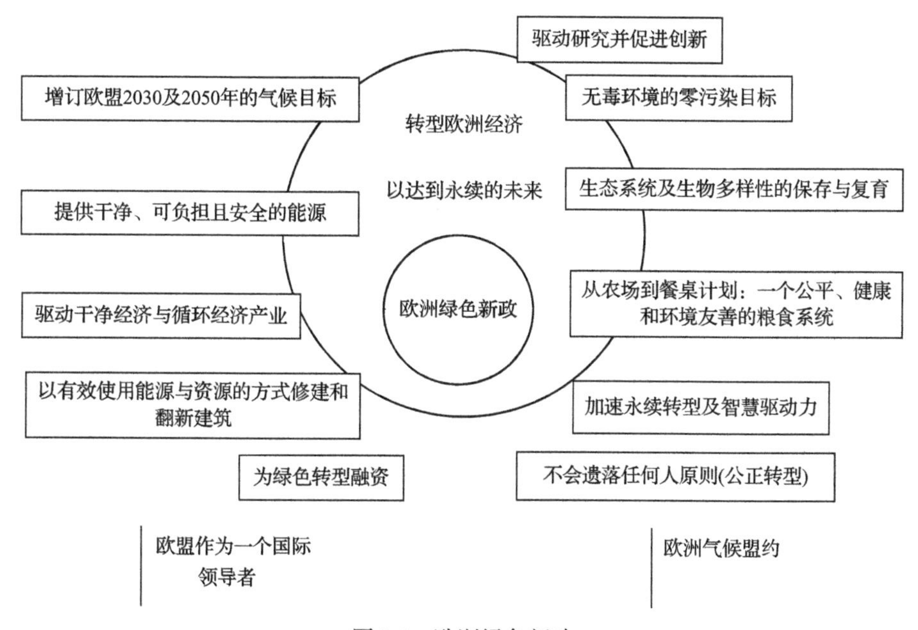

图 3.1　欧洲绿色新政

推行“绿色行政”的过程中，欧盟委员会将可持续发展教育作为优先事项，要求各成员国将可持续发展理念纳入国民教育课程体系。近年来，欧盟相继出台《欧洲技能议程：促进可持续竞争力、社会公平和抗逆力》《关于欧洲绿色协议的大学愿景》《关于绿色转型与可持续发展学习的理事会建议提案》《欧洲绿色可持续性能力框架》《关于环境可持续发展的学习建议》等政策文件，推动构建欧盟可持续发展教育体系。在教育资助方面，新伊拉斯谟计划（Erasmus+）的实施是欧盟推行可持续发展教育的主要路径。该计划（2021～2027 年）将“环境和气候变化”列为四个优先事项之一，先后支持了 5000 多个与绿色低碳相关的教育交流与科研项目[7]。在新伊拉斯谟计划框架下，师生可依托欧盟搭建的气候教育联盟进行广泛交流。

欧盟区内，中北欧是中欧和北欧的简称，其中北欧有丹麦、瑞典、芬兰等 5 个国家，中欧有德国、奥地利、瑞士等 8 个国家。总的来说，中北欧的自然环境独特，其经济发展水平在欧盟区偏高。与此相对应的是，中北欧的可持续发展教育体系在欧盟区也更完善，发展程度也更高。德国、瑞士和丹麦位于中北欧，其可持续发展教育成效显著，在中北欧地区占据样板地位。

3.2.1 德国的绿色低碳教育

德国一直以来都积极推动可持续发展教育。德国推崇自然与环境的关系，从幼儿园到大学，各级各类学校普遍关注可持续发展教育。德国尤其注重在自然环境中进行可持续发展教育，使学生从小接触并了解自然、亲近自然，这种教育方式有助于尽早培养学生的环保意识和对自然的尊重和喜爱。德国中小学校将可持续发展理念和知识纳入课程，内容包括环境科学、可持续发展、气候变化、可再生能源等。学校还注重培养学生的批判性思维和创新能力，使他们能够独立思考并解决低碳、环保问题。此外，教师在可持续发展课程中通常会使用教材和教具，它们通常与生活中的环保问题相关，能够帮助学生理解和研究相关环保问题。

早在 2010 年，期刊《乌托邦》进行了一项调查——“寻找德国最环保的大学”。德国 344 所大学接受了调查，6000 多名学生填写了调查问卷，就绿色交通、资源管理和环境问题等对自己就读的大学进行评分。最终，位于波恩附近阿尔弗特的阿兰努斯艺术与社会科学大学荣获“德国最环保大学”称号。该调查体现了德国大学对可持续发展教育的重视。实际上，德国大学在自然资源、环境和可持续发展领域开设了逾百门课程，通过《景观生态学》《农业和林业》《废物管理》《材料研究》等多门学科进行可持续发展教育。通过课程学习学生可以从不同角度研究与环境相关的问题。汉诺威大学开设了土木与环境工程学士学位课程，学生通过课程学习如何运用计算机辅助洪水预报。在弗伦斯堡应用科学大学，学生学习机械和电气工程领域的基础知识，以便优化风能和利用太阳能。洪堡大学的学生学习农业科学，包括农业工程、生态学和畜牧学。亚琛应用科学大学的学生可以学习应用化学，重点是化学工程和环境技术。西鲁尔应用科学大学开设的能源与水资源管理无疑是一个前景广阔的专业，学生可以学习如何以可持续发展的方式供能和供水。

德国学校还非常注重将可持续发展理念融入日常学习生活中。垃圾分类、循环使用和节约能源等都是重要的实践。学校鼓励学生参与环境保护和可持续发展相关项目，如植树活动、废物回收、清洁能源研究等。同时德国家庭也与学校紧密合作，家长不仅会在家庭中实践环保理念，还会与学校一起共同推动可持续发展教育的发展[8]。

总的来说，德国可持续发展教育致力于培养学生的环保意识、可持续思维和技能，以帮助他们更好地理解和应对气候变化和环境挑战。德国为了塑造未来的环保领袖和推动可持续发展，实施了一系列绿色低碳教育行动。

1. 森林幼儿园

受瑞典森林学校项目的启发，丹麦第一所森林幼儿园于 20 世纪 50 年代中期成立。1991 年，两位德国准幼儿园教师对丹麦森林幼儿园产生了浓厚的兴趣，他们在森林幼儿园旁听。回到德国后，他们成立了一个与森林幼儿园相关的协会。在该协会的推动下，德国第一所由国家批准的森林幼儿园于 1993 年在弗伦斯堡开办。森林幼儿园与普通幼儿园最显著的区别是孩子们在大自然中(通常是在森林中)花费的时间很多——通常每周 5 天，每天 4～5 个小时。孩子们可以用松果、树叶、苔藓和其他天然材料制作手工艺品，可以在森林中捉迷藏，可以仔细观察、了解新的植物和动物。即使在冬天和小雨天，教师也会带孩子们到大自然中去活动；只有遇到特别强烈和危险的天气，如雷暴、暴风雨或冰雹等，孩子们才会在室内活动[9]。

2. 欧洲环境学校

“欧洲环境学校/国际可持续发展学校”是全球生态学校网络的一部分，由国际环境教育组织——环境教育基金会发起，该组织在德国的代表机构是德国环境教育协会(Deutsche Gesellschaft für Umwelterziehung，DGU)。德国学校如果能够实施其可持续发展项目并满足相关评价标准，则获得为期一年的“欧洲环境学校”称号。可持续发展项目包括绿色教育、学校设备改造、校舍翻新等。

“欧洲环境学校”开展“学校设备的小变化——大影响”活动。活动内容丰富，比如在教室里种植物，重复使用饮料瓶，快速洗手；检查所有的水龙头是否漏水，用能效最高(A 级)的高质量新型号电器替换旧型号电器，双面打印，改用再生纸，使用二手教材，教室采用间歇通风设计替代空调，使用 LED 灯泡，窗户配备避免热辐射的防眩光系统，墙壁、屋顶、地板和天花板的隔热性能较好，使用三层玻璃的窗户，使用高效能源，食堂提供素食餐，提供学生票或组织学生拼车，普及垃圾分类，提供自行车维修服务等[10]。

3. 可持续性研究

一些德国大学如波恩大学等设立了可持续性发展研究中心。2021 年，慕尼黑工业大学成立了可持续发展学院，致力于开展跨学科的可持续性研究，推动学术界深入探讨环境和可持续发展问题，并为学生提供参与研究的机会。

4. 蓝天使标志

1977 年，德国提出“蓝色天使计划”，推出“蓝天使”环保标志商品。民意调查显示，100%的德国公众愿意购买蓝天使产品，68%的公众甚至愿意支付较高价格购买和支持这类产品。

这些案例凸显了德国在绿色低碳教育方面的先进做法和努力，目的是培养具备环保和可持续发展意识的新一代领导者和专业人才。

3.2.2　瑞士的绿色低碳教育

瑞士环境部支持将环境教育纳入瑞士教育体系，还采取了一系列举措促进环境教育。环境部向从事职业教育和培训的人员提供职业发展培训，以加强其专业实践能力；环境部促进以影响为导向的创新教育项目的规划、实施和评估；环境部构建瑞士各个环境教育组织之间的合作网络，并支持其取得合作成效；环境部保障环境教育质量，提升瑞士环境教育的影响力，大力支持环境教育的进一步发展[11]。

在环境部的主导和促进下，瑞士实施了一系列环境教育典型行动。

1. Pusch 课程

Pusch 是一家致力于环境教育的、独立的非营利机构，其历史可以追溯到 1949 年。Pusch 为社区、学校和企业提供解决环境问题的实用知识和具体指导，包括提供课程、组织会议、推出出版物等，每年有超过 52000 的人从中受益。Pusch 的主要工作是提供课程，学校可以通过向 Pusch 申请以获得 Pusch 课程。Pusch 为教师提供支持，帮助教师将当前的环境问题纳入课堂，讲授自然、社会及跨学科等方面的环保内容[12]。

2. 自然中心

瑞士共有 37 家自然中心，包括日内瓦自然中心、拉索格鸟类自然中心、克林瑙水库等。自然中心利用自身的自然资源给公众提供环境教育的机会，使公众通过在自然中的体验和学习建立绿色意识[13]。

3. 生态学校

瑞士学校通过加强与自然保护区、湿地和植物园联系和合作等方式，为学生提供与自然环境互动的机会，从而培养他们的环保意识。瑞士学校还积极实施校园环保项目，包括能源节约、水资源管理、废物分类和校园绿化等。一些学校在校园内建立太阳能发电系统和风能发电系统，以提供可再生能源，同时为学生提供环保实践体验。

4. 绿色校园认证

瑞士学校通过满足一系列环境标准来获得绿色校园认证。这些标准包括节能措施、水资源管理、废物分类、环境教育和绿色交通等。这有助于学校降低能源成本和碳排放量。瑞士学校还鼓励学生积极参与环境保护活动。

总的来说，瑞士的政府、学校和社会各界积极推动绿色低碳教育，激发学生的环保行动能力，使学生更好地理解和应对气候变化和环境挑战，旨在培养具备环保意识和可持续发展价值观的下一代。

3.2.3 丹麦的绿色低碳教育

丹麦将绿色低碳发展和可持续发展概念纳入法律和规章。高等教育领域较早引入可持续发展理念。在中小学教育领域，自 2005 年以来，丹麦教育部在修订中小学教育计划的目标、课程和教学指导原则时，已将可持续发展内容纳入高中生物、物理、自然、地理、科学等课程。自此，丹麦将可持续发展教育引入基础教育、中等教育和高等教育的所有相关课程，以便以可持续发展教育为纽带，在自然科学、社会科学和人文科学之间建立联系。除此以外，丹麦教育部通过宣传确保“可持续发展”这一概念发展为公众所熟知，特别是使所有教育工作者都熟悉这一概念。

丹麦还加强教育部门与环境部门之间的合作，教育部门和环境部门共同编写可持续发展方面的教材。2014 年是丹麦可持续发展教育发展的分水岭。2014 年以后，丹麦的可持续发展教育进入平稳发展的轨道。在 2014 年，丹麦接受和实施可持续发展理念的教育机构数量增加了 25%，超过 50%的学校参与了国际生态学校建设。该计划旨在推动学校的绿色建设和可持续发展教育，并提高青少年参与可持续发展行动的能力。在绿色低碳发展逐渐成为全球共识的过程中，教育部门的这些举措无疑有助于提升丹麦在国际上的绿色国家形象[14]。

丹麦在可持续发展教育领域采取了一系列措施，包括与联合国合作、国际生态学校项目以及推广绿色低碳生活方式。

1. 与联合国合作

丹麦教育部和环境部与“联合国可持续发展教育十年”合作，共同制定了与国家可持续发展教育相关的策略，主要包括：建构将教育领域与可持续发展教育联系起来的组织框架；将可持续发展教育纳入法律、法规和课程；召开面向青年的气候变化峰会；为可持续发展教育工作者提供继续教育和培训的机会。

2. 参与国际生态学校项目

1992 年里约热内卢地球首脑会议之后，环境教育基金会于 1994 年在丹麦颁布了“生态学校计划”[15]。丹麦的可持续发展教育通过国际生态学校项目(Eco-schools)在学校层面得到推广。国际生态学校项目是一个校园生态环境管理和可持续发展教育项目，由国际环境教育基金会(Foundation for Environmental Education，FEE)发起，学校自愿参与，旨在通过学习与实践相结合，提升学生自主发现并解决校园及周边环境问题的能力。表现优异、成效显著的学校将获得由国际环境教育基金会授权的国际生态学校绿旗认证，为期三年，到期后需申报复评。该项目不仅使学生受益，也使教师受益。丹麦环境教育工作者可以通过参加专业教师协会获得自我发展，还可以通过国际生态学校计划提供的培训机会获得专业发展。除学校之外，丹麦户外委员会也通过国际生态学校计划促进社会层面的可持续发展教育[16]。

3. 推广绿色低碳生活方式

丹麦是自行车的王国，每个城市都设有自行车车道。哥本哈根市所有交通灯的变化频率都按自行车的平均速度设置，这无疑推动了丹麦人骑自行车出行的习惯。丹麦还通过各种公益活动推广绿色低碳生活方式。例如丹麦认定了 6 个生态城市，通过电视公益宣传节目反复宣传这些城市推行绿色低碳生活的措施。又如丹佛斯(Danfoss)公司为年轻人举办了“气候和创新”夏令营，引导青年一代为气候变化建言献策。

总的来说，丹麦绿色低碳教育强调可持续发展的重要性，以确保丹麦的下一代具备应对全球环境问题的能力。

3.3 北美部分国家的绿色低碳教育

北美，又称北美地区，主要指美国和加拿大两个国家。这两个国家同根同源，经济、社会发展水平都很高。

就该地区来说，美国和加拿大的绿色低碳教育极具代表性。两国在绿色低碳教育方面采用了多种教学方法，包括课堂教学、实践活动、社区服务等。这些教学方法使学生能够在不同的场景中学习和实践环保知识，从而加深对环保问题的理解和认识，培养学生的环保行动能力和社会责任感。

3.3.1 美国的绿色低碳教育

美国的绿色低碳教育可以追溯到 20 世纪 70 年代，当时美国面临着严重的环境污染和能源危机，为了应对这些挑战，美国政府开始重视环境教育。到了 20 世纪 90 年代，随着全球气候变化问题的日益突出，美国政府加强了对环境教育的关注。这一时期的美国出台了一系列政策，鼓励学校开设环保和能源相关课程，并加强与企业和社会组织的合作。进入 21 世纪，环境教育在美国得到了更加广泛的推广和实施，不仅中小学开始普及环保课程，大学等教育机构也加强了在环境教育领域方面的研究和教育。美国许多小学、中学和大学在某种程度上都是绿色办校，通过自身努力采取各种措施降低碳排放量。据估计，如果 1 所绿色学校正常运转，它的能源消耗量和碳排放量每年至少降低 20%，每年的公用事业费用可减少 2 万～6 万美元，也减少用水量，还可以回收多达 90%的固体废物。据保守估计，美国的绿色学校通过节能减排措施每年可以节省 3 亿美元[17]。

美国学校在其课程中纳入环境和可持续发展内容。这些课程涵盖了气候变化、能源利用、垃圾管理和生态系统保护等主题。学生通过这些课程了解环境问题，并学习如何采取可持续的生活方式。美国学校鼓励学生进行校外学习、实地考察和野外旅行，例如参观自然保护区、农场、可再生能源设施和环保组织等，以增强他们对环境问题的理解。学校经常与当地社区和非营利组织合作，实施环保项目和提出环保倡议。这种合作有助于学校将环境教育融入社区生活，同时为学生提供更广泛的参与机会。

总的来说，虽然美国的环境教育因所在州和学区的不同而有所不同，但实施行动具有共同之处。

1. 绿色认证

美国众多学校参与了绿色校园认证项目，如美国绿色建筑委员会(U.S. Green Building Council, USGBC)的 LEED 认证(Leadership in Energy and Environmental Design)。这些认证项目鼓励学校推行可持续建筑和实践可持续运营，包括节能、水资源管理、废物减少和环境教育等。一些学校已经获得了 LEED 金牌或白金牌认证，这表明他们在可持续建筑方面取得了显著的成就。2011 年，美国教育部发起了一项新的绿丝带学校项目，给致力于绿色发展和绿色环境的学校授予“绿丝带学校”称号。绿丝带项目效仿美国教育部一直推行的蓝丝带学校项目，蓝丝带学校是指学校在领导力、课程、教学、学生成就和家长参与方面具有杰出表现的学校。

2. 学校花园

绿色学校里的学校花园越来越常见，美国 13 万所学校中有 3.5 万～4.5 万所学校拥有学校花园。这些花园大多种植水果和蔬菜，教师可以用来给学生讲授相关的自然知识。校外机构还在学校里开辟动物栖息地，如美国国家野生动物联合会出台了“校园栖息地计划”；还有一些校外机构利用户外空间和自然场地为学生创建自然游乐场，使其充分接触绿色植物和体验大自然[17]。

3. 绿色学校倡导组织

美国有一些非营利组织，如“绿色学校联盟”(Green Schools Alliance)和“全国环境教育基金会”(National Environmental Education Foundation)，这些组织致力于促进学校的环境教育工作，并提供与之相关的资源、工具和培训。

这些典型案例展示了美国在绿色低碳教育领域的一些成功举措。案例实施的举措有助于培养学生的环保意识和可持续发展价值观，鼓励他们采取积极的环保行动，使他们有可能成为未来的环保倡导者，能够为解决环境问题提供方案。

3.3.2 加拿大的绿色低碳教育

加拿大环境教育可以分为 3 个阶段。起步阶段是 20 世纪末至 21 世纪初，加拿大将环保和可持续发展概念引入到教育体系中。发展阶段是 21 世纪初中期，随着全球气候变化问题的加剧，加拿大政府加大了对环境教育的投入。学校开始设置更多的环保课程，并注重跨学科教学，将环保知识与其他学科相结合。成熟阶段是 21 世纪末至今，加拿大的环境教育已经形成了较为完善的教育体系。

加拿大政府出台了一系列政策，支持环境教育的发展。例如：政府提供资金支持学校开展环保项目；政府与企业和社会组织合作，共同推动环境教育的普及。加拿大中小学普遍开设了环保和可持续发展方面的课程，注重培养学生的环保意识和技能。同时，加拿大的大学也加强了环境领域的研究和教育，为学生提供很多学习机会。一些学校还教授绿色科技和可再生能源技术，如太阳能和风能。加拿大学校注重将环境教育与实践相结合，开展各种实践活动，如环保项目、社区服务等，让学生在实践中学习如何保护环境、降低碳排放量等。此外，加拿大自然环境美丽宜人，森林、湖泊和自然保护区众多。这些环境给学生提供了与大自然互动的机会，加深了他们对环境的认识。

加拿大推行环境教育的措施涉及绿色学校、环境教育中心、气候行动和绿色校车等。

1. 绿色学校

加拿大学校积极参与绿色学校计划，这个项目旨在帮助学校减少能源消耗、降低碳排放量，改善空气质量，提高水资源管理，并促进环境教育。这些学校采取了各种措施，如安装能源效率设备、建设绿色屋顶、推广废物回收和鼓励可持续出行等。

2. 环境教育中心

加拿大拥有众多环境教育中心，这些中心为师生提供了与自然互动和学习的机会。例如多伦多的安大略科学中心(Ontario Science Centre)和不列颠哥伦比亚省的环境发现中心(Environmental Discovery Center)等提供了丰富的环境教育项目，内容涵盖了气候变化、生态系统、水资源和可持续发展等主题。

3. 加拿大青少年气候行动项目(Canadian Youth for Climate Action)

这个项目鼓励年轻一代的加拿大人参与气候行动和环保项目，旨在培养未来的气候领袖，使其能够应对和解决未来的气候问题。

4. 绿色校车项目

一些加拿大学校参与了绿色校车项目。项目将校车升级为使用清洁能源，如电池电动或氢燃料电池。这有助于减少校车的碳排放量，同时也为学生提供了可持续出行的示范。

这些措施展示了加拿大在绿色低碳教育领域的努力，有助于加拿大学生更好地理解和应对气候变化和环境挑战，旨在为未来的环保倡导者提供培训和机会，培养学生的环保意识和可持续发展价值观，激励他们积极参与环保行动。

3.4 大洋洲部分国家的绿色低碳教育

大洋洲有16个国家，各国经济发展水平差异显著。澳大利亚和新西兰是发达国家，其他国家多依赖农业，经济较落后。

澳大利亚和新西兰的绿色低碳教育代表了大洋洲地区在该领域的最高水平。两国政府都出台了相关政策，以支持绿色低碳教育的发展，包括资助环保项目、推动绿色校园建设等。两国都致力于通过教育推广环保理念，将低碳、节能、环保知识融入各级教育体系，鼓励公民，特别是年轻一代，积极参与环保活动，培养绿色低碳生活习惯。

3.4.1 澳大利亚的绿色低碳教育

澳大利亚绿色低碳教育可以追溯到20世纪70年代的环境保护运动。随着环保理念的推广，澳大利亚政府和教育机构开始将环境教育纳入课程体系。进入21世纪，澳大利亚政府加大了对环境教育的投入，推动了一系列相关政策和计划。需要注意的是，澳大利亚的气候政策和绿色低碳发展方案在不同政府的领导下可能会有不同，还可能因政治和经济因素而受到影响。

澳大利亚环境教育不仅仅局限于环境科学领域，还与其他学科进行整合，如物理、化学、地理等。这种跨学科的教学方式有助于学生更全面地了解环保问题，并培养他们在不同领域应用环保知识的能力。澳大利亚的环境教育注重学生的实践和体验，通过亲身参与和实际操作，学生能够更深入地了解环保的重要性。澳大利亚的一些大学和研究机构致力于绿色科技和可再生能源研究。这些机构开展了各种研究，内容涵盖太阳能、风能、生物质能源和能源储存等领域，为学生提供了与最新环保和创新技术互动的机会。澳大利亚的环境教育强调社区参与和合作。学校与社区、企业、非政府组织等建立合作关系，共同开展环保项目和活动。

澳大利亚在环境教育领域推行 CERES 环境教育中心、绿色校园和绿色校车等。

1. CERES 环境教育中心

CERES 是墨尔本的一个环境教育中心，致力于推广可持续发展和环境教育。该中心拥有一个生态园区，为学生和教师提供与大自然互动和学习的机会。CERES 开展了各种环境教育，包括废物管理、水资源保护、可持续农业和绿色建筑等方面的课程和实践工作坊。

2. 绿色校园

许多澳大利亚学校积极参与绿色校园项目，通过实施能源节约、废物分类和环境保护等措施来推动可持续发展。一些学校还安装了太阳能发电系统和雨水收集设备，以减少能源消耗和水资源浪费。

3. 绿色校车

一些澳大利亚学校采用清洁能源校车，如电动校车，以减少学生上学和放学时的碳排放。这有助于帮助学生理解关于可持续交通和清洁能源的知识。

总的来说，澳大利亚绿色低碳教育致力于培养学生的环保意识和行动能力，鼓励他们采取绿色低碳生活方式，以减轻气候变化带来的危害和环境压力。政府、学校和社会各界都在积极推动这一领域，以确保澳大利亚的下一代能够更好地理解和应对全球环境问题。

3.4.2 新西兰的绿色低碳教育

新西兰绿色低碳教育可以追溯到 20 世纪 70 年代，当时环境教育的主要目的是唤起公众对环境问题的关注和理解。随着全球气候变化和环境问题的日益凸显，新西兰政府和教育机构逐渐认识到环境教育的重要性，开始积极推动相关政策和计划的实施。1990 年，新西兰政府推出了《环境教育框架》，使环境教育成为教育体系的重要组成部分，并与《教育法》和《教育标准》相互补充，形成了较为完整的环境教育体系。这一框架为新西兰的环境教育奠定了基础，推动了相关课程和活动在各级教育系统中的普及。进入 21 世纪后，新西兰的环境教育得到了进一步的发展。政府、学校和非政府组织之间建立了广泛的合作关系，共同推动环境教育的实施。

新西兰学校将环保理念融入课程教学中，培养学生的环保意识和责任感。同时，各种环保主题活动和节日庆典也得到了广泛的开展，进一步增强了公众对环保的认知和参与。新西兰拥有丰富的自然资源和美丽的自然景观，这为校外环境教育提供了丰富的学习机会。新西兰还积极与世界各国分享经验和技术，这种国际合作不仅为新西兰提供了更广阔的视野和资源，也推动了全球绿色低碳教育的发展。新西兰的环境教育特别强调尊重和包容性，包括尊重毛利文化和价值观，以确保环境教育活动不会对抗毛利文化或疏远毛利学生。事实上，毛利文化中有许多与自然和环境保护相关的传统知识。新西兰学校经常邀请毛利长者或毛利文化顾问来分享他们的环保知识和环保智慧。毛利社区也在绿色发展方面发挥重要作用，比如一些毛利社区积极参与环保项目，包括森林保护、水资源管理和可持续发展农业等。

新西兰在推行环境教育的过程中，出现了一些值得我国学习和借鉴的案例，譬如环境学校、Toimata 基金会、可持续海岸线及 BLAKE NZ-VR 课程。

1. 环境学校

该计划是新西兰的一项重要举措，鼓励学校和社区推动环保行动，强调学生的参与和领导作用，旨在提高学生对环保和可持续发展的认识，推动可持续发展和环境教育。新西兰的许多学校参与该计划。

2. Toimata 基金会

该非营利组织专注于推广可持续发展和环境教育，提供了一系列资源和工具，以帮助学校和教师将环境教育融入课程中。Toimata 基金会还支持学生参与环保项目和倡导活动。

3. 可持续海岸线

该组织致力于保护新西兰的海岸线和海洋环境，通过组织校园和社区活动，包括海滩清理和海洋保护项目，提高公众对海洋环境问题的认识，并通过其他项目向学生传授有关海洋污染和环保的知识。

4. BLAKE NZ-VR 课程

该课程使用虚拟现实（VR）耳机和 360°水下视频，通过给学校提供课程来激发年轻人对海洋环境的兴趣。NZ-VR 使用吸引年轻人的技术，为学生提供身临其境的学习体验，旨在让他们更深入地了解海洋，并教育他们可以采取哪些行动来保护海洋环境。愿意参与的学校可在线注册 NZ-VR 计划并预定课程，每所学校每天最多预订四节课，每节课持续 1 小时。NZ-VR 教师在访问学校之前会联系注册教师，以确认开课日期和时间。在课程开始之前，NZ-VR 教师将向学校大致介绍课程的运行方式，协助学校检测是否满足展开课程所需的技术条件，帮助学校设置展开课程的理想教室。NZ-VR 课程全免费，自 2019 年初推出以来，学校对该课程的需求不断增长，课程每年吸引约 20000 名学生，NZ-VR 教程在每个学期都被提前预订一空。2021 年，BLAKE NZ-VR 推出了适合毛利人学习的 NZ-VR 版本，该版本融合了毛利语和毛利人的世界观[18]。

总的来说，新西兰绿色低碳教育旨在培养学生的环保意识、可持续发展价值观，并强调保护自然环境的重要性。此外，新西兰绿色低碳教育尊重毛利文化和传统，将毛利的环保知识和价值观纳入教育活动中。毛利文化和绿色低碳教育之间的融合可以促进跨文化理解和尊重，能够为学生提供更全面的教育体验。

3.5 绿色低碳教育中外比较分析

3.5.1 绿色低碳教育中外实施路径比较分析

我国的绿色低碳教育可以追溯到 20 世纪末期，当时我国开始意识到环境问题的严重性，并着手普及环境教育。进入 21 世纪，随着全球气候变化问题的加剧，我国政府对环境教育的重视程度不断提升。近年来，我国在应对气候变化和环境问题方面更是展现了坚定的决心和积极的行动。实践表明，我国的绿色低碳教育在推动生态文明建设和社会可持续发展方面发挥了重要作用，是推动我国经济和社会可持续发展的重要助推器。

1. 共同路径

在绿色低碳教育的路径方面，与东亚的韩国和日本，中北欧的德国、瑞士和丹麦，北美的美国和加拿大以及大洋洲的澳大利亚和新西兰相比较，我国实施了类似的举措，主要体现在制定绿色低碳教育政策、开设绿色低碳校内课程、实施绿色低碳行业认证、推动绿色低碳多重实践、开展绿色低碳多样合作和鼓励绿色低碳科学研究等方面。

1) 制定绿色低碳教育政策

全球气候变化和环境问题日益严重，对人类的生存和发展带来了巨大挑战。地球上的所有国家都有责任应对气候变化和环境问题。政策的制定是为了解决特定的问题或满足社会的需求，各国制定绿色低碳教育政策首先是应对气候变化和环境问题，旨在通过教育引导公众关注环境问题，提高环保意识，积极参与环保行动，共同应对全球环境挑战。再则，绿色低碳教育政策能够促进经济社会的可持续发展。此外，制定绿色低碳教育政策能够培养公民的环保意识和责任感。通过绿色低碳教育政策引导公众关注环境问题，了解环保知识，培养环保习惯，使公民能够积极参与环保行动，为保护环境贡献力量。最后，只有政府层面制定了政策，中小学、大学等各级各类教育机构才有实施绿色低碳教育的依据和标准。

2002年，我国政府发布了《中国21世纪初可持续发展行动纲要》，明确提出了加强环境教育的目标。2022年5月，教育部印发《加强碳达峰碳中和高等教育人才培养体系建设工作方案》，提供坚强的人才保障和智力支持。2022年8月，教育部印发《关于实施储能技术国家急需高层次人才培养专项的通知》，聚焦培养和储备储能技术领军人才。为了进一步普及绿色低碳发展理念，2022年11月，教育部印发《绿色低碳发展国民教育体系建设实施方案》。可见，我国在绿色低碳教育政策方面已出台完备的政策，为各层级绿色低碳教育指明了方向。尤其是在2022年，我国密集出台相关政策，这更是显示了我国在绿色低碳教育方面的紧迫性和决心。

2）开设绿色低碳校内课程

绿色低碳课程能够帮助学生了解环境问题的严重性和紧迫性，掌握绿色低碳发展的理念和方法，从而积极参与环保行动，共同应对全球环境挑战。绿色低碳课程能够培养学生对环境问题和可持续发展的认识，使其具备绿色发展的理论基础和实践技能，成为低碳绿色经济领域的专业人才。绿色低碳课程通过传授绿色技术和创新案例，培养学生的创新思维和解决问题的能力。通过课程学习绿色低碳知识，学生将认识到自己在环境保护中的责任和使命，积极参与环保行动，推动社会的绿色发展。

在教学内容方面，我国的绿色低碳课程涵盖了环境保护、资源节约、气候变化等领域，旨在让学生全面了解环境问题的严重性和紧迫性。在教学目标方面，我国的绿色低碳课程注重培养学生的环保意识和实践能力。在教学方法方面，我国的绿色低碳课程采取多样化教学手段，视授课对象的具体情况，或课内传授与课外实践并重，或学习与研究并行。

3）实施绿色低碳行业认证

绿色学校认证可以激励学校更加积极地采取环保措施，提高其可持续发展意识和行动。学校可以向外界展示其在环保和社会责任方面的努力和成果，从而提升其品牌价值和声誉。这不仅有助于提高学校在招生和就业市场上的竞争力，也能吸引更多的环保合作伙伴和资金支持。绿色学校认证机构通常会提供一系列的指导和建议，这些建议可能涉及教学、研究、管理等多个方面，有助于学校全面提升其环保水平和综合实力。绿色学校认证注重减少学校对环境的不良影响，提倡回收可再生资源和减少碳排放量，给师生营造绿色低碳、优美宜人的校园环境。总之，学校可以更加系统地管理其环保工作，确保其长期、稳定、有效地进行。

我国实施绿色学校、绿色校园和低碳高校等认证，目的是促进学校在教育过程中融入可持续发展和环境保护的理念，提高学生的环保意识，优化学校的资源利用，降低能源消耗，实现教育与环境的和谐共生。绿色学校认证强调学校在实现其基本教育功能的基础上，以可持续发展理念为导向，将环保意识和行动贯穿于学校的管理、教育、教学和建设的整体性活动中。绿色学校的认证内容包括环境管理、环境教育和资源节约等。绿色校园的认证标准包括规划与生态、能源与资源、环境与健康、运行与管理等。低碳高校认证关注高校在降低碳排放、提高能源利用效率等方面的表现。需要注意的是，这些认证的实施需要具体、明确的评估标准和操作流程，以确保认证的有效性和公信力。

4) 推动绿色低碳多重实践

绿色低碳教育不仅仅是传授知识，更重要的是培养学生的实践能力和综合素质。通过多重实践，学生能够将理论知识与实际应用相结合，更好地理解和掌握绿色低碳的理念和方法。此外，推动绿色低碳多重实践有助于教育创新。通过引入绿色低碳项目式学习、实践活动和实验课程等，可以丰富绿色低碳教育内容，提高学生的学习兴趣和参与度。绿色低碳教育多重实践还可以推动教育资源的均衡分配，提高教育质量和效率。同时，绿色低碳教育多重实践也有助于培养学生的社会责任感和公民意识，促进社会的可持续发展。

我国的绿色低碳教育强调实践性和体验性。学校通过组织各种环保主题活动、社会实践和志愿服务等，让学生在实践中体验绿色低碳发展的重要性，培养他们的绿色低碳意识和责任感。

5) 开展绿色低碳多样化合作

我国的绿色低碳教育开展多样化合作。一是与社区合作。社区作为人们生活的聚集地，是实践绿色低碳生活的重要场所。社区合作能够引导居民养成绿色低碳的生活习惯，提高其环保意识和责任感，同时促进社区的可持续发展。二是与企业行业合作。合作推广绿色产品和服务能够促进绿色消费，推动绿色产业的发展和创新。三是加强国际合作与交流。绿色低碳多重实践是全球性的议题，需要各国共同努力。通过加强国际合作与交流，各国可以分享经验、技术和资源，相互学习和借鉴先进经验和技术，共同推动绿色低碳科学研究的创新发展。

6) 鼓励绿色低碳科学研究

绿色低碳科学研究有助于引导公众深入理解和解决环境问题，更好地认识气候变化的原因、影响，提出相应的应对策略，推动绿色低碳发展，从而减缓气候变化带来的负面影响。绿色低碳科学研究可以发现新的绿色低碳技术、材料和工艺，是推动科技创新和技术进步的重要途径。绿色低碳科学研究还有助于推动经济社会的可持续发展。研发和推广绿色低碳技术可以提高能源利用效率，降低温室气体排放，促进资源的循环利用，推动经济社会的绿色转型。此外，绿色低碳科学研究可以培养更多的科技人才，从而为绿色低碳发展提供智力支持和人才保障。

发展绿色经济、推广清洁能源、促进循环利用等是可持续发展的重要方向，也是我国绿色低碳科学研究的重点方向。我国注重将绿色低碳教育与科学研究相结合，鼓励学生参与环保科研项目和创新实践，培养其绿色低碳技术创新能力和解决环境问题的能力。

2. 路径借鉴

基于国际比较的角度，我国在绿色低碳教育方面存在不足，可以借鉴国外的一些做法。

1）注重绿色低碳理念宣传

尽管绿色低碳教育的重要性逐渐得到显现，但实际上传统的教育理念仍占据主导地位，绿色低碳教育在我国社会的认知度相对较低，仍然有不少人对其缺乏了解。这间接导致自然教育难以得到广泛的社会支持和参与。我国需要注重绿色低碳理念宣传，利用以网络为载体的新媒体加强宣传，使绿色低碳教育理念深入人心，成为全社会的共识，为推行绿色低碳教育创设良好的社会环境。

2）加强绿色低碳政策引领

绿色低碳教育作为一个新兴领域，在教育体系中的定位不明确，缺乏统一的标准和规范。针对这一不足，我国需要加强绿色低碳政策引领。目前我国也采取了一些重要举措。2022 年 10 月，教育部颁布《绿色低碳发展国民教育体系建设实施方案》，提出把绿色低碳发展理念全面融入国民教育体系各个层次和各个领域，培养践行绿色低碳理念、适应绿色低碳社会、引领绿色低碳发展的新一代青少年，在教育教学、社会服务、校园建设等方面提出了具体要求和措施。该方案的推进速度和实施效果备受期待。

3）建立绿色低碳教育体系

一是创新自然教育方式。国外独具特色绿色低碳教育特色的是自然教育，即在自然中加深学生对环境的认识，比如加拿大和新西兰拥有美丽的自然学习环境，如森林、湖泊等，这些环境提供了学生与大自然互动的机会。我国在这方面的表现不尽如人意。事实上，我国的自然环境非常丰富，拥有各种风格和形态的自然资源。各级各类学校、各个环保组织、相关环保机构等应充分利用天然资源，将绿色低碳教育放置在更广阔的天地中，既能节约教育成本，又能提高教育成效，还能体现教育领域对社会的经济贡献。

二是建设绿色低碳教育资源。教材、师资、场地等资源在我国相对匮乏，绿色低碳教育的开展必定受到限制。我国教育主管部门需要加大对绿色低碳资源建设的顶层设计与资金、人力的投入，提供全方位的教材建设、师资培训、场所建造等。场所方面，我国需要利用好现有博物馆、植物园、湿地公园等已有资源。

三是加强绿色低碳教育师资培养。我国应开设相关课程、提供在职培训和研修机会，培养一支具备专业知识和技能、教学方法和策略、跨学科整合能力以及责任感和使命感的优秀师资队伍，为绿色低碳教育提供师资保障。学校和教育管理部门应建立师资交流和合作的平台，促进师资交流和合作，还要鼓励和支持教师参与环保实践，提高他们的实践能力。

3.5.2 绿色低碳教育中外发展趋势比较分析

1. 趋势分析

绿色低碳教育的国际发展趋势表现在政策引导与支持、社会责任与低碳意识、跨学科融合、实践与创新、国际合作与交流等方面。这些趋势为绿色低碳教育的全球推广和实施提供了重要方向和动力。

1) 国家引导与支持

各个国家纷纷出台政策和规划，明确绿色低碳教育的目标和要求，提供资金和资源支持，以引导和支持绿色低碳教育的发展。国家的引导和支持为绿色低碳教育的推广和实施提供了有力保障。如 2021 年 5 月，韩国教育部发布了“绿色智慧未来学校”推进计划，包括空间变革、绿色学校等核心元素。又如新西兰于 2019 年启动了“新西兰生活标准”“关心自然和人类福祉”，以此全面取代 GDP，成为衡量经济社会发展的新指标体系。

2) 社会责任与低碳意识

绿色低碳教育强调培养公众的社会责任和公民意识。通过其教育和引导，公众能够认识到自己在环境保护中的责任和使命，从而积极参与环保行动，推动社会的绿色发展。如加拿大多伦多的地区环境保护组织开展与绿色低碳相关的户外课程项目，每年接待各个年龄段超过 185000 名学习者，培养公众的绿色低碳意识。

3) 跨学科融合

各国绿色低碳教育正逐渐融入各个学科领域，实现跨学科的融合，环境科学、工程学、经济学等学科都涉及绿色低碳的理念和实践。这种跨学科的融合有助于培养学习者的综合素养和解决环境问题的能力。如美国的“长期生态研究”网络仅在北美就有 28 个研究站点，研究者是来自各个领域的 1800 名科学家和学生，该网络在全球有 800 多个站点。

4) 实践与创新

国际上的绿色低碳教育注重实践能力和创新能力的培养。通过组织各种实践活动、实验项目和创新竞赛等，学生能够亲身参与绿色低碳实践，养成创新能力和解决问题的能力。如澳大利亚新南威尔士州的韦克赫斯特公立学校组织学生就学校建筑物的方位、隔热效果、遮光程度等环境情况进行了调查，学生在实践调查后提出了改善环境的建议。

5) 国际合作与交流

绿色低碳教育需要全球合作与共同努力，国际的合作与交流成为绿色低碳教育的重要趋势。各国之间可以分享经验、技术和资源，共同推动绿色低碳教育的发展和创新。如我国的清华大学设立了包括全球环境人才培养项目在内的多个国际化人才培养项目，采取了多项措施加强国际交流与合作。

2. 启示建议

东亚的中国、韩国和日本，中北欧的德国、瑞士和丹麦，北美的美国和加拿大，大洋洲的澳大利亚和新西兰等国在绿色低碳教育方面具有引领性，但还存在一些共同的不足，如表 3.1 所示，主要体现在以下 4 个方面。

表 3.1　各国绿色低碳教育不足

序号	不足之处	不足表现	现状
1	政策支持不足	相关政策在数量上和广度上有所欠缺	各国已出台一些政策来支持绿色低碳教育
2	公众认知不够	部分公众仍然对环保和可持续发展的重要性缺乏足够的认识，或者虽然认识到重要性但没有采取切实行动，参与积极性不高	绿色低碳教育在各国已得到一定范围的推广
3	教育资源不均	不同地区和学校的教育资源存在较大差异，特别是在经济比较落后的地区	各国大学都提供绿色低碳教育课程
4	行业合作不深	合作的深度和广度仍然有限	各国大学与企业之间的合作项目有所增加

借鉴上述各国在绿色低碳教育方面的已有经验，观察各国在绿色低碳教育方面的发展趋势，并分析其不足，我国能够获取以下启示和建议。

(1) 应加强政策引导。相关部门应制定绿色低碳宣传教育行动计划，明确宣传教育目标、措施等，构建全社会共同支持、全民共同参与的绿色低碳宣传教育生动局面。

(2) 应重视社会教育。相关部门和机构应通过多种平台发布绿色低碳教育内容、制作绿色低碳教育短视频、引导受众互动、做好公益广告投放等，这些措施能够增加绿色低碳话题的社会普及率，从而更有效、更广泛地提高公众对绿色低碳的认知水平。

(3)应建立投入机制。相关部门应加大财政资金投入力度，将绿色低碳教育纳入财政资金重点支持范畴，形成稳定、多元化的资金保障。在此基础上，我国还应合理调配师资等教育资源，提供专门的教育经费，促进绿色低碳教育的全面推广和发展。

(4)应提升跨学科融合教育水平。大学应不仅增设并优化绿色低碳相关学位与课程体系，还强化跨学科融合，培养具备创新思维与社会责任感的绿色低碳人才。

(5)应推进有影响力的项目合作。地方政府、企业、非政府组织等建立合作关系，共同设计并实施具有社会影响力的项目，促进社会各界对绿色低碳教育的关注与参与。大学尤其要重视校企合作。校企合作有助于绿色低碳技术的研发和应用，推动绿色低碳技术的普遍运用；同时校企合作能够帮助企业创新绿色技术，减少对环境的破坏和污染；校企合作还能为学生提供更多的实践机会和更好的职业发展。

展望未来，人类立足于自身发展和繁衍的根本安全需要，国际绿色低碳教育必将深入开展和蓬勃发展，绿色低碳教育的重要性、创新性和国际全球交融性必将日益加强。作为世界大国之一，我国的绿色低碳教育必将在其中继续发挥重要作用。对于我国自身来说，随着生态文明建设的深入推进和可持续发展目标的不断提升，绿色低碳教育将成为培养公民环保意识和推动社会绿色低碳发展的主要举措和重要保障。

参 考 文 献

[1] 张孟华. 韩国如何利用环境教育培养公众环境意识[J]. 世界环境, 2017(5): 76-79.

[2] KIM B E. 绿色校园中的绿色创意：韩国高校为创建生态友好的环境而付出的努力[C]//北京论坛(Beijing Forum). 北京论坛(2010)文明的和谐与共同繁荣——为了我们共同的家园：责任与行动："信仰与责任——全球化时代的精神反思"哲学分论坛论文集. 北京：北京大学出版社, 2010: 19.

[3] 王丹丹. 我国高校生态教育发展策略研究[D]. 南京：南京林业大学, 2019.

[4] 周玮生, 李勇. 日本零碳目标和绿色发展战略及对中国的启示[J]. 世界环境, 2023(1): 87-89.

[5] GEEP(Global Environmental Education Partnership). Popularizing an environmental education project: A case study of the eco-picture diary in Yokohama City, Japan[EB/OL]. [2024-1-17]. https://thegeep.org/learn/case-studies/popularizing-environmental-education-project-case-study-eco-picture-diary.

[6] Europäische Kommission. Der europäische Grüne Deal [EB/OL]. (2012-2-29)[2024-1-17]. https://commission.europa.eu/strategy-and-policy/priorities-2019-2024/european-green-deal_en.

[7] 张地珂, 肖莎, 车伟民. 欧盟绿色低碳教育探析[J]. 中国高等教育, 2023(Z3): 77-80.

[8] Stiehle A. Grüne Bildung an deutschen Hochschulen [EB/OL]. (2012-2-29)[2024-1-17]. https://uni.de/redaktion/gruene+Bildung-an-deutschen-hochschulen.

[9] Hagemann C. Im Waldkindergarten: So fördert Naturerfahrung die kindliche Entwicklung [EB/OL]. (2012-2-29)[2024-1-17]. https://www.backwinkel.de/blog/waldkindergarten/.

[10] Gébl K. Grüne Schule: Auf dem besten Weg zur Nachhaltigkeit [EB/OL]. (2023-6-20) [2024-1-18]. https://www.lehrer-news.de/blog-posts/gruene-schule-auf-dem-besten-weg-zur-nachhaltigkeit.

[11] Bundesamt für Umwelt BAFU. Umweltbildung[EB/OL]. (2023-12-22) [2024-1-18]. https://www.bafu.admin.ch/bafu/de/home/themen/bildung/umweltbildung.html.

[12] PUSCH. Pusch in Kürze[EB/OL]. (2023-12-22) [2024-1-18]. https://www.pusch.ch/ueber-pusch/pusch-in-kuerze.

[13] NSNZ (Netzwerk Schweizer Naturzentren). Naturzentren der Schweiz[EB/OL]. [2024-1-18]. https://www.naturzentren.ch.

[14] Børne- og Undervisningsministeriet. Education for Sustainable Development [EB/OL]. (2020-1-10) [2024-1-18]. https://www.uvm.dk/publikationer/engelsksprogede/2009-education-for-sustainable-development.

[15] Association J'aime ma Planète. Was ist das Eco-Schools-Programm? [EB/OL]. [2024-1-18]. https://ecoschools-ch.org/de/was-ist-das-eco-schools-programm/.

[16] GEEP (Global Environmental Education Partnership). Denmark[EB/OL]. [2024-1-18]. https://thegeep.org/learn/countries/denmark.

[17] Gough A, Lee C K, Tsang E P K. Green Schools Globally Stories of Impact on Education for Sustainable Development: Stories of Impact on Education for Sustainable Development. Switzerland: Springer Cham, 2020.

[18] GEEP (Global Environmental Education Partnership). Blake New Zealand Virtual Reality: Using Virtual Reality to Educate about New Zealand's Marine Environment[EB/OL][2024-2-22]. https://thegeep.org/learn/case-studies/blake-new-zealand-virtual-reality-using-virtual-reality-educate-about-new.

第 4 章 绿色低碳教学

教学是高等学校绿色低碳育人的重要环节之一。如何把绿色低碳理念融入各个教学环节，是新时代高等教育教学值得深入探讨的问题。绿色低碳教学相比于传统的教学，在课程体系、教材使用、教学内容、教学手段、教学评价等方面均要有创新和提升。本章详细介绍当前国内外有关绿色低碳教学的发展历程、绿色低碳教学的定义、绿色低碳教学的实施路径，同时探讨在高等学校开展绿色低碳教学过程中绿色低碳课程的设置、绿色低碳教材的开发、绿色低碳教学方法以及绿色低碳教学质量评价与保障体系等内容。

4.1 绿色低碳教学概述

4.1.1 绿色低碳教学的发展历程

绿色低碳教学作为普及可持续能源转型的技术方法与教育理念的直接手段，在帮助学习者为可持续未来做好准备、培养气候素养和促进包容性发展方面发挥至关重要的作用[1, 2]，同时为世界各国发展在解决能源需求的同时减少碳排放，平衡经济增长和环境保护奠定基石。

1. 国际绿色低碳教学的发展历程

绿色低碳教学的概念早期由英国曼彻斯特城市大学(MUU)提出。MMU 是联合国在英国的成员机构，是“碳扫盲项目”的合作伙伴，该项目的目标是促进以温室气体排放最少的低碳能源为基础的经济。MMU 在高等教育中开创了“碳素养”教学目标的先河，通过其创新的点对点师生碳素养模式培训了 1400 多名学生。该培训被作为课外活动纳入学术课程，主要包括气候教育、绿色技能和职业教育、机制建设、绿色金融、关键技术研发等方面的教学内容，以确保该机构的所有成员都准备好支持向低碳经济的过渡。在 2019 新冠病毒病大流行期间，该大学还开发了碳素养网络课程，使学生能够在线上培训，课程中大家可以完成一系列互动模块的自学、小组讨论和基于游戏的活动。目前，该大学已培训了 2400 多名学员和 240 名培训师，他们也共同为 7500 多名社区学员提供了碳素养培训。该类课程培训旨在建立对碳影响和碳足迹的共同基线认识，这种碳素养模式已与英国其他大学和学院共享。“碳素养项目”这样的倡议可以扩大规模，并在各个部门和各行各业实施。此后，绿色低碳教学也逐渐成为国际社会关注的议题，各国纷纷探讨和实践相关绿色低碳教学方法和政策。

欧盟是全球气候治理的主要推动者之一，因此也较早开始探索和实践绿色低碳教学。2020 年欧盟委员会启动“欧洲教育区 2025 行动计划”，在教育领域发起并推动系列综合性改革，明确提出了各成员国围绕绿色发展推进教育转型的目标，要求加强绿色低碳教学改革、推进教学基础设施绿色化等。据欧盟预测，未来十年 35%～40%的工作岗位将和绿色转型相关，需要大量培养双碳人才。欧盟随后启动了绿色教育行动计划，将绿色低碳教学作为优先事项，要求成员国将绿色低碳理念纳入国民教育课程体系，推动教学改革为绿色转型作出贡献，加快培养人才的绿色可持续发展能力等。其中，新伊拉斯谟计划（Erasmus+）是欧盟未来几年发展绿色低碳教学的主要资助体系，用于绿色教学转型与研究，实施欧洲大学战略，如在大学内设立在新材料、氢能太阳能技术和循环经济等新兴学科和专业，培养绿色低碳转型的创新型人才。以瑞典隆德大学的环境研究与可持续发展国际硕士课程为例，该课程融合社会和自然科学视角，关注从当地到全球层面绿色转型带来的挑战，为学习者提供参与促进绿色低碳发展的实践机会。该课程研究计划主要包含五个主题：①气候变化与复原力；②土地使用、治理与发展；③城市治理与转型；④能源公正和能源系统的可持续性；⑤生物多样性与自然资源管理。通过这门课程的学习，学生可以依托项目与当地政府、社会组织、企业等进行互动学习实践，帮助他们利用多领域知识解决综合性的绿色转型与发展问题。此外，“伊拉斯谟+”计划还通过资助系列游戏研发提升儿童和青少年的绿色技能，广受欢迎的手机端游戏“企鹅保护地球”被学校作为翻转课堂的一部分，该游戏基于目标学习方法，通过娱乐让中小学生了解环境和气候问题，如环境污染、废物和回收，教师可以根据不同的学习群体在后端调整特定主题和游戏难易度，有助于帮助青少年养成绿色发展理念[3]。

除了以上典型案例以外，美国波尔州立大学在绿色低碳教学的环节中将可持续性规划视为一种不断发展的实践，该校通过学习、研究、服务和行政共同合作，建立绿色低碳校园，将校区作为当地物种生存的栖息地和实验室，便于学生研究社会、经济和环境对于可持续性政策实践的影响，以此鼓励学生参与到可持续发展的教育、研究和创新活动中，使毕业生能够通过终身学习和服务充实事业，丰富生活的意义[4]。

2. 我国绿色低碳教学的发展历程

对我国而言，绿色低碳教学仍然是新生事物，相关的理论研究和实践探索还十分有限，在发展过程中有必要借鉴其他国家和地区的做法与经验。欧盟的绿色低碳教学理念、目标和行动实践在一定程度上尊重人才培养规律、适应绿色转型需求、紧跟国际社会动向，可为我国发展绿色低碳教学提供有益借鉴。

当前，绿色低碳教学在我国的发展历程体现了生态文明的思想。在 2021 年，生态环境部、中宣部、教育部等六部门联合发布了《“美丽中国，我是行动者”提升公民生态文明意识行动计划》，将生态文明教育纳入国民教育体系。教育部于 2022 年 4 月和 11 月分别印发了《加强碳达峰碳中和高等教育人才培养体系建设工作方案》和《绿色低碳发展国民教育体系建设实施方案》。这些方案旨在将绿色低碳理念融入教育教学和校园建设，实现学校发展方式和师生生活方式的全面转型，培养适应绿色低碳社会的新一代人才。同时，高校也应支持和培育碳达峰碳中和科研项目，引导学生参与相关科研项目，培育或孵化大学生绿色低碳发展科研和创新成果。这些举措对推动中国式现代化绿色低碳教学发展具有重要意义。

将绿色低碳理念全面融入国民教育体系，开展绿色低碳教学，可以有效提升学生的环保意识、节约习惯、创新能力、就业竞争力，为实现碳达峰碳中和目标提供智力支持。目前，我国对绿色低碳教学发展的落地工作也在进行多方面的努力，部分学校也有一些较成功的案例，主要的落地工作体现在以下几个方面。

(1) 融入课程教学：将绿色低碳要求融入各学段课程教材，从学前教育到高等教育，培养学生的绿色低碳意识和行为习惯。

(2) 教师培训：加强教师绿色低碳发展教育培训，使教师能够传播绿色低碳知识和理念。

(3) 校园建设：建设绿色学校，推动节能减排，开展校园绿化、能源管理等工作。

(4) 宣传教育：通过多种形式，如政策宣讲、专题讲座、社交媒体等，普及绿色低碳知识，引导学生形成绿色低碳生活方式。

以香港科技大学广州校区为例，该校区位于广州南沙庆盛高铁站附近，占地 1.13 平方公里。在绿色低碳校园建设中项目工程总投资约 150 亿元。校园内采用地源热泵、环保设计等，从第一天起就减少 54%碳排放，其目标是在 2060 年之前实现碳中和。此外，江苏省无锡市经开区清晏路零碳小学是无锡市首个“零碳校园”，校园内采用太阳能光伏系统、空气源系统、雨水收集系统等，从小学教学中为学生普及绿色低碳技术与素养，为教学创造生态低碳环境，同时为周边市政设施提供用电。这些案例可为今后高校的低碳转型提供一些借鉴与参考，也展示了绿色低碳教学的实际成果。

4.1.2　绿色低碳教学的定义与内涵

1. 定义

绿色低碳教学的定义可以从不同的方面来阐述，包括从教育教学方式和从社会环境需求等方面。

从教育教学方式上定义：绿色低碳教学是一种以低时耗、低消耗、低损耗为基础的个性化教育模式，通过培养学习兴趣、改善学习习惯、提高学习效率、完善学习性格、健全学习方法、强化考试能力等多种手段，尽可能地减少学生学业负担，减少学生和家长对学习各种不确定因素的担忧，达到学生学习能力与社会需求的素质教育双赢的一种教育发展形态[5]。

从社会环境需求来定义：绿色低碳教学是指将环境意识、可持续发展和气候变化教育融入课程的一种教育方式，旨在让学习者掌握应对气候变化和促进可持续发展所需的知识、技能、价值观和态度。它采用全系统的方法，强调教育在帮助每位学习者应对相互关联的全球挑战方面的关键作用[6]。

总体而言，绿色低碳教学是指在教学的各个方面采取措施，促进教育教学活动的各个环节降低能耗、减少污染、减少碳排放，并将绿色低碳理念纳入学校教学体系的一种教学模式，引导学生科学认识人与自然的关系，提高绿色低碳意识，掌握绿色低碳生产和生活的知识技能，树立正确的环境价值观。

2. 内涵

碳素养的养成是绿色低碳教学的重要目标和本质，确保受教育者对碳影响有一个共同的基本理解，使个人具备减少碳足迹的知识，并有信心与他人讨论、思考并解决诸如“碳排放与气候效应、能源效率和生物多样性”等全球关注的人类共同面临的问题[7]。绿色低碳教学对大学生的职业发展将产生积极影响，主要体现在以下几个方面。

(1)环保意识与责任感：绿色低碳教学培养学生对环境保护和可持续发展的认知，使他们更有环保责任感。

(2)专业技能：学生在经过绿色低碳教学全过程后，能够掌握相关技能，成为适应绿色产业发展的专业人才。

(3)就业机会：随着碳达峰碳中和目标的推进，绿色产业需求增加，学生在新能源、环保、可持续发展等领域有更多就业机会。

(4)国际竞争力：具备绿色低碳知识和技能的学生在国际市场上更具竞争力。

总之，在人与自然的关系上树立正确的态度，确立低碳价值观、低碳消费观和低碳发展观等碳素养，有助于学生成为未来推动绿色低碳发展的中坚力量。

4.1.3　绿色低碳教学的建设路径

关于如何有效地实施绿色低碳教学一直是值得探讨的问题，不同的国家和地区根据自身绿色低碳发展特色，提出相应的绿色低碳教学建设路径。联合国教科文组织强调扩大公共数字学习，建立全球课程标准，为不同年龄组的学习者制定关键学习成果的全球标准，包括终身学习，并且支持会员国将气候变化教育纳入其国家课程主流。

欧盟为学习者和教育工作者提供更绿色、更可持续的经济和社会所需的知识、技能和态度，相应的实施路径与传统的教学内容、方式和手段有明显的区别。例如，传统教学往往侧重于基础知识和技能的传授，而欧盟的绿色教学强调跨学科知识的整合，如经济、农业、能源和环境，帮助学习者全面理解绿色经济和可持续发展的挑战。传统教学方式通常是课堂中心的，而欧盟倡导的教学方式不仅包括课堂教学，还包括创造支持性的实习和实践环境，以及通过社交媒体和游戏软件等隐性方式进行广泛宣传和教育，使学习者在日常生活中接受绿色可持续发展理念。此外，与传统教学相比，欧盟的绿色低碳教学更加注重使用数字技术和创新工具来促进学习，例如，通过在线平台和数字资源来支持教育和培训，以及鼓励高校参与环保认证计划。这些区别体现了欧盟对于教育的现代化和对可持续发展重要性的认识，旨在为学习者和教育工作者提供必要的知识、技能和态度，以适应更绿色、更可持续的经济和社会[7, 8]。

我国北京教育科学研究院生态文明与可持续发展教育创新工作室开展了主题访谈和调研，探讨了学生对“双碳”知识的认知和学习来源，总结了学校开展绿色低碳教学的主要渠道包括绿色低碳课程融入、考试与评价、绿色学校建设等。

(1)绿色低碳课程融入。学校将绿色低碳理念融入各个学科的教学，探索如何有机融合绿色低碳与学科知识，培养学生的生态思维模式和综合能力。

(2)考试与评价。近年来，全国和北京市在思政、地理、生物、化学等多门学科的中考和高考试题中融入习近平生态文明思想，表明绿色低碳发展已全面融入国民教育体系的课程教学与考试评价等各个环节。

(3)绿色学校建设。北京市构建绿色学校质量标准与实践体系，推出名校工程、名师工程、优秀学生社团、绿色科技创新示范校园等系列化品牌项目，致力于打造绿色低碳学校。

对于高等学校而言，绿色低碳教学的主要有以下几个方面的实施路径。

1)修订专业培养方案

组织相关教学指导委员会、行业指导委员会，围绕绿色低碳育人目标要求，构建全校性的绿色低碳理念育人体系，调整并修订专业培养方案。根据学校绿色低碳理念育人体系的要求，重点优化课程体系和教学内容，加强互联网、大数据、人工智能、数字经济等赋能技术与专业教学紧密结合。

2）开设绿色低碳课程

面向全校学生开设绿色低碳导论课程，加强理学、工学、农学、经济学、管理学等学科融合，面向全校学生开设覆盖气候系统、能源转型、产业升级、城乡建设、国际政治经济、外交等领域“碳达峰碳中和”核心知识的导论课或通识课。根据学科专业特色，开设与绿色低碳方向交叉融合的专业课程。

3）开设“双碳”专业

根据自身发展需要，开设碳储科学与工程、新能源科学与工程、储能科学与工程、智能电网信息工程、能源与动力工程、智慧能源工程、氢能利用技术、资源综合利用技术等“双碳”专业。

4）教材选用

在理学、工学、农学、经济学、管理学等学科专业课教学中，选用一批绿色低碳精品教材。应优先考虑内容涵盖环保知识、可持续发展理念、节能减排技术等绿色低碳主题的教材，不仅要有丰富的理论知识，还应包含实际案例分析，以便学生能够将理论与实践相结合。此外，教材的制作和印刷也应符合环保标准，如使用再生纸张、环保油墨等。电子教材和在线资源的使用也是推广绿色低碳教育的有效途径，它们能够减少纸质教材的使用，降低碳足迹。

5）课程教学

专业教师在绿色低碳课程的教学方法上，创新和实践是关键。应将绿色低碳理念融入每一次课程教学中，选用符合绿色低碳发展的课程案例，不选用或慎重选用高耗能、高排放的产品、技术或服务作为课程案例。

6）思想政治教育

发挥课堂主渠道作用，将绿色低碳发展有关内容有机融入思想政治理论课和专业课的课程思政教学。通过形势与政策教育宣讲、专家报告会、专题座谈会等，引导大学生围绕绿色低碳发展进行学习研讨，推动绿色低碳发展理念进思政、进课堂、进头脑。

7）教学模式构建

采用实验、实践和探究学习，加强数字化技术在绿色低碳教学中的应用，探索建立基于数据驱动与5G网络融合的全息教、学、研空间，打造新形态智能互动的绿色低碳课堂教学模式。

8) 教学研究

加强绿色低碳育人领域的教学研究工作，每年立项一批绿色低碳相关主题的教学改革与研究项目，培育一批绿色低碳课程思政示范课、一流课程、重点教材和教学团队。鼓励采用跨学科的研究方法，促进不同学科之间的知识和技能交流，以培养学生的系统思维能力。同时，教育研究者应与政府、企业和非政府组织合作，共同开展实证研究项目，探索有效的绿色低碳教学实践。

9) 教学资源建设

加大绿色低碳领域课程、教材等教学资源建设力度。分领域协同共建绿色低碳领域的知识图谱、教学视频、电子课件、习题试题、教学案例、实验实训项目等，形成优质共享的绿色低碳教学资源库。重点开发和利用符合可持续发展原则的教学材料，不仅要减少对纸质材料的依赖，还应提供更加灵活和个性化的实践学习和体验，如建立生态校园、实验室和教学基地，增加学生能够直接接触和了解自然环境和可再生能源技术的平台。

10) 教师培训

加强教师（含辅导员）绿色低碳发展教育培训，指导师范院校、教师培训承办单位创新培训模式，优化培训内容，在培训课程体系中加入“碳达峰碳中和”最新知识、绿色低碳发展最新要求、教育领域职责与使命等内容，推动教师队伍率先树立绿色低碳理念，提升传播绿色低碳知识能力。

11) 教学质量评价

加快绿色低碳教学质量评价在教育政策和课程改革、学生培养和发展、教学改进和教师发展、学校管理和运营以及公众教育和交流合作等多方面的应用，提高教育质量，促进教学可持续发展。为了保障教学评价体系的有效实施，需要转变教育观念，优化教师培训，加大经费投入，规范教学管理，并加快教学信息化平台建设，以深化教学改革并鼓励绿色低碳教学研究。

此外，应大力支持高校碳达峰碳中和科研攻关，提高高校社会服务能力，以科研反哺教学工作。引导高校发挥人才智力优势，组织专业力量，围绕碳达峰碳中和开展前沿理论和政策研究，纳入高校哲学社会科学研究等科研项目课题指南，为碳达峰碳中和工作提供政策咨询服务。

4.2 绿色低碳课程开发

4.2.1 绿色低碳课程定义

教育部印发的《加强碳达峰碳中和高等教育人才培养体系建设工作方案》

(2022 年 4 月)指出：①将绿色低碳理念纳入教育教学体系。加强宣传，广泛开展绿色低碳教育和科普活动。充分发挥大学生组织和志愿者队伍的积极作用，开展系列实践活动，增强社会公众绿色低碳意识，积极引导全社会绿色低碳生活方式。② 启动碳达峰碳中和领域教学改革和人才培养试点项目。针对能源、交通、建筑等重点领域，在国内有条件的综合高校和行业高校中，加快建设一批在线课程、虚拟仿真实验课程的培育项目，启动一批专业、课程、教材、教学方法等综合改革试点项目。

基于我国未来对碳中和人才的需求，高等学校需加强碳达峰碳中和人才培养体系建设，结合现有《工程教育认证标准(2024 版)》的要求[9]，对各专业的人才培养目标进行适时调整，实现学生能力培养定位合理化。现有课程体系应结合国家新时期建设的总目标进行完善，体现学生培养的首要任务是服务于生态文明建设、服务于国家重大战略实施的人才需求，体现培养具有多学科交叉的“双碳”人才。因此，为了助力“双碳”目标的达成，本科教育绿色低碳课程体系亟待开发。

绿色低碳课程可以定义为以绿色低碳知识为基础，围绕碳减排、碳零排、碳负排等关键技术，系统开设的旨在培养绿色低碳发展人才的课程。高等教育绿色低碳课程体系应加强理学、工学、农学、经济学、管理学、法学等学科融会贯通，建立覆盖气候系统、能源转型、产业升级、城乡建设、国际政治经济、外交等领域的碳达峰碳中和核心知识体系。在课程建设中，需要将这些新知识、新技能、新思维组织成课程模块，同时对课程模块库中一些旧的、不符合时代需求的知识模块进行动态重构。

4.2.2　绿色低碳课程分类与设置

为适应当前国家“绿色低碳”人才的培养需求，高等教育需进行课程体系的改革和升级。在教学改革中，如果一个专业不能根据社会发展及时做出改变就会被时代抛弃[10,11]。因此，绿色低碳课程体系需要重点考虑三方面的建设。第一，明确课程体系的价值取向，凸显“双碳”目标内涵；第二，基于专业特点，实现专业知识与“双碳”目标融合；第三，围绕“双碳”目标，落实低碳本科实践教学，培养出“双碳”目标下的高素质专业人才。

根据我国普通高等学校现有学科类别进行绿色低碳课程设置，以理论课程为依据，各学科、专业可有针对性地开设实验、实习等实践课程，全面培养学生的生态文明理念与技能，夯实绿色低碳教育。下面就现有学科类别和新增专业拟开设的绿色低碳课程给出一些建议，供参考。

1)现有学科类别绿色低碳课程设置

根据国家碳达峰碳中和工作需要，有条件、有基础的高等学校可以在储能、氢能、碳捕集利用与封存、碳排放权交易、碳汇、绿色金融等相关领域加强绿色低碳方向建设。表 4.1 列出了部分现有学科专业领域与绿色低碳方向交叉融合的相关课程参考名录，此外，鼓励高校开设碳达峰碳中和导论课程。

表 4.1　部分学科专业领域与绿色低碳方向交叉融合的相关课程参考名录

学科专业领域	“绿色低碳”方向交叉课程
机械、自动化	《绿色低碳制造》《工业节能》《绿色设计与制造》
材料	《可持续发展理论与实践》《低碳材料》《新能源材料》《碳捕获与利用》《储能材料与工程》《绿色石化与低碳技术》《双碳目标下高分子材料研究》《生物质材料科学》
能源动力	《氢能概论》《互联网+智慧能源》《碳中和与能源系统管理》《新能源及其利用》《智慧油气工程》《低碳能源技术》《清洁能源》《能源经济学》《可再生能源技术与应用》《能源系统分析与优化》
经济管理	《能源工程管理》《低碳清洁与未来》《碳资产与碳金融》《碳排放统计核算》《低碳经济与政策》《可持续与绿色金融》《气候金融市场》《碳会计》《可持续发展经济学》《环境经济学》《循环经济与低碳发展》
人文法律	《能源治理与法律》《碳中和战略和能源政策》《碳储法规与环境保护政策》
化学化工	《新能源与碳储能技术概论》《新能源化工》《低碳化工》《绿色生产》《碳中和技术》《绿色化学》
生态环境	《可再生资源绿色回收技术》《废弃生物质循环利用工程》《碳排放与碳汇计量监测》《气候变化科学》《生态系统与碳汇》《碳中和技术》《温室气体排放监测与评估》《循环经济与低碳发展》《碳减排项目管理》《环境信息化管理》《智能监测技术》《碳核算与碳足迹》
交通运输	《绿色交通基础设施》《运输工具装备低碳化》《低碳交通与物流》
土木、建筑	《低碳绿色建筑》《建筑节能新技术》《低碳城市与社区规划》《低碳建造与评价技术》
电子信息、计算机类	《管理信息系统》《环境信息系统》《碳足迹评估与管理》《先进封装》《存储器技术》
电气、自动化	《油气储运》《智能电网》《电储能应用技术》《储能系统检测与评估》《新能源发电技术》《人工智能导论》
艺术、设计	《绿色低碳发展导论》《低碳景观设计》
法学	《碳达峰碳中和概论》《环境与能源法》

2）新增绿色低碳本科专业课程设置

2022 年 4 月，教育部颁布的《加强碳达峰碳中和高等教育人才培养体系建设工作方案》中指出要加快紧缺人才培养。2022 年 11 月，教育部进一步印发《绿色低碳发展国民教育体系建设实施方案》[12]，提出到 2030 年要形成一批具有国际影响力和权威性的碳达峰碳中和一流学科专业和研究机构。党的二十大报告中提出要加强基础学科、新兴学科、交叉学科建设。当前国内社会对碳达峰碳中和领域的专业人才需求巨大，社会上存在诸多鱼龙混杂与“碳”相关的培训课程，但是短期培训只能短期内解决双碳人才供应短缺，无法系统性培养合格的双碳人才，只有系统性地建立人才培养体系才是保障碳达峰碳中和目标最“治本”的人才培养途径，因此，开展“双碳”领域专业建设具有十分重要的意义。

根据《教育部高等教育司关于开展2024年度普通高等学校本科专业设置工作的通知》，2024年度普通高等学校本科专业申报公示材料显示拟新增20个绿色低碳（双碳）领域专业，分别是氢能科学与工程（工学）、智慧能源工程（工学）、碳储科学与工程（工学）、生物质能源与材料（工学）、集成电路科学与工程（工学）、生物质技术与工程（工学）、绿色低碳化工（工学）、碳汇科学与技术（工学）、生物质能源科学与工程（工学）、碳中和科学与工程（工学）、数字孪生水利（工学）、环境碳科学与技术（工学）、碳减排科学与工程（工学）、碳管理（管理学）。这些专业均为新兴领域，符合党中央、国务院要求增设的碳达峰碳中和学科类型，为推动“双碳”目标有效落实提供重要支撑。表 4.2 列出了上述新增专业拟设置的主干课程。

表 4.2　新增绿色低碳（双碳）领域本科专业的主干课程名录

新增专业	主干课程
氢能科学与工程（工学）	《氢能概论》《制氢技术及利用》《氢储运技术》《氢安全》《氢能及燃料电池》《氢能及综合能源系统》《氢动力循环系统》《氢燃气轮机》《燃料电池技术》《电化学基础》《材料固体理论基础》《材料科学与工程基础-双语》《物理化学》
智慧能源工程（工学）	《互联网+智慧能源》《人工智能与应用》《智慧能源理论与应用》《热能存储技术与应用》《抽水储能原理与技术》《能源装置全寿期管理》《机器学习与模式识别》《工业互联网》《碳排放权交易概论》《能源经济学与碳核算》
碳储科学与工程（工学）	《碳捕集原理与技术》《CO_2利用与转化》《碳监测与安全》《CO_2化学转化》《碳储开发与经营管理》《碳循环与足迹+生态系统碳汇》《碳储地质学》《CO_2输运技术》《碳检测与碳核》《低碳经济学与管理》《矿产资源综合利用》《CO_2提高采收率原理》《CO_2地质封存技术》《碳中和智能化技术与管理》
生物质能源与材料（工学）	《生物质化学》《生物质资源学》《生物基化学品技术》《生物质材料科学》《生物质工程发展战略》《生物质热解气化工程》《先进生物质材料与应用》《碳基能源化学品》《生物质生化转化与利用》
集成电路科学与工程（工学）	《半导体物理》《模拟电子线路》《数字集成电路设计原理》《集成电路工艺原理》《器件模型与 SPICE 仿真》《集成电路纳米技术》《集成电路封装与测试》《先进封装》《存储器技术》《新型计算范式概论》
生物质技术与工程（工学）	《生物质原料学》《生皮蛋白质化学及组织学》《制革工艺学》《鞣制化学》《生物质过程工程》《生物质材料》《生物质能源技术》《生物质化学品》《生物质精炼及过程智能控制》
绿色低碳化工（工学）	《无机化学》《分析化学》《物理化学》《化工原理》《绿色化学》《新能源材料》《生物质转化及利用》《低碳经济学》《化学工艺学》《绿色低碳化工综合试验》

续表

新增专业	主干课程
碳汇科学与技术（工学）	《气候变化科学概论》《土壤学》《环境化学》《植物学》《碳中和前言》《碳排放核算方法学》《碳汇科学导论》《低碳农业理论与技术》《碳中和概论》《增汇减排技术与应用》《生态系统碳源汇监测技术》《全球变化与生态系统碳汇》《碳中和经济与环境管理》《碳评估与模型应用》《环境经济学》
生物质能源科学与工程（工学）	《生物质化学》《工程热力学》《生物质能源利用原理与技术》《生物质热化学转化技术》《生物基材料及化学品》《生物质发电技术》
碳中和科学与工程（工学）	《化工原理》《环境工程学》《热能动力学》《碳监测与碳核算》《碳捕集与封存》《碳交易与碳金融》《节能原理与技术》《流程工业碳中和》《碳排放权交易法律与制度》《综合碳管理与可持续发展技术》《低碳冶金原理与技术》《二次资源回收与再利用》《材料低碳设计与制备原理》
数字孪生水利（工学）	《摄影测量学》《虚拟现实与水利数据可视化》《数字孪生流域》《Python 程序设计》《系统建模与数值仿真》《机器学习与人工智能》《多模态知识平台理论与技术》《水资源管理与调配》《水利工程 BIM 技术与应用》
环境碳科学与技术（工学）	《碳中和技术概论》《碳转化原理》《物质转化原理》《多介质污染协同控制化学》《环境土壤固碳》《环境地学》《环境生态学》《低碳环境化学》《减污降碳原理与技术》《环境碳资源规划与智慧管理》《低碳经济学》《资源环境法学》
碳减排科学与工程（工学）	《碳中和概论》《循环经济与低碳发展》《碳核算与管理》《碳交易与政策》《流域碳排放模拟》《环境工程全生命周期评估》《碳减排技术与工程》
绿色建材与低碳制品（工学）	《机械设计基础》《材料科学基础》《无机非金属材料工学》《胶凝材料学》《房屋建筑学》《混凝土学》《混凝土结构设计原理》《混凝土制品工艺学》《建材制品厂工艺设计与生产》《低碳建造与评价技术》《烧结制品工艺》《建材工业企业管理》《工业生产智能控制技术》《建筑节能检测技术》
碳管理（管理学）	《碳管理学》《碳金融学》《碳交易理论与实务》《清洁能源与智慧能源》《碳中和技术经济学》《碳会计与碳核算》《气候经济学》
新能源科学与工程（工学）	《风力发电原理与技术》《储能原理与技术》《太阳能发电与热利用》《生物质转化与利用》《流体机械转化原理与技术》
储能科学与工程（工学）	《储能技术与应用》《可再生能源》《储能与电力》《储能电池技术》《氢能技术与应用》《储能与综合能源系统》《储能人工智能》《储能电站系统》《储能材料技术》
低碳建筑（工学）	《低碳建筑专业导论》《建筑环境与能源测试技术》《低碳建筑能源技术》《可持续建筑设计》《低碳建设设计方法》《低碳建筑材料》《工业化与智慧建造》《建筑环境低碳基本原理》《低碳医疗建筑环境设计》
低碳经济与管理（管理学）	《环境经济学》《资源经济学》《环境科学导论》《碳排放权交易概论》《环境与资源法学》《能源经济学》《低碳经济学》《碳市场经济学》《温室气体统计与核算》
低碳科技与管理（管理学）	《碳核算会计》《供应链碳足迹核算》《企业低碳战略管理》《低碳技术创新》《新能源开发管理》《低碳生产运作与管理》《碳排放交权交易机制》《碳交易与管理》《碳抵消管理》《碳信息批露》《低碳营销》《碳审计》《企业低碳国际化》

续表

新增专业	主干课程
气候变化经济学（经济学）	《气候变化经济学》《能源经济学》《环境经济学》《能源金融》《能源技术概论》《技术经济学》《投入产出经济学》《计量经济学》《能源经济模型应用》《微观经济学》《宏观经济学》《中级微观经济学》《中级宏观经济学》《通信经济学》《金融学》《财政学》

3）职业教育绿色低碳课程设置

职业教育培养的是生产、建设、管理和服务第一线需要的高技能人才，高职院校的专业设置，要充分考虑产业发展对各类人才的需求[13]。例如，对于氢燃料电池汽车、新能源汽车整车装调与测试专业技术人员同样十分匮乏， 所以培养出适应企业需要的氢燃料电池汽车、新能源汽车高技能型人才是中国汽车产业发展的趋势。《绿色低碳发展国民教育体系建设实施方案》提出加强绿色低碳相关专业学科建设，既要加大高层次专业化人才培养力度，建设一批绿色低碳领域未来技术学院、现代产业学院和示范性能源学院，也要引导职业院校增设相关专业。目前，氢能技术应用、储能材料技术、太阳能光热技术与应用、水电站与电力网技术、工业节能技术、新能源材料应用技术、节电技术与管理、资源综合利用技术、绿色低碳技术等专业已经列入《职业教育专业目录(2021年)》。

构建科学合理的课程体系是实现人才培养目标的重要保证，应当支持职业院校根据需要在低碳建筑、光伏、水电、风电、环保、碳排放统计核算、计量监测等相关领域加大专业课程设置，规划建设100种左右有关课程教材，适度扩大技术技能人才培养规模。然而，目前这些专业开设时间晚且开办职业院校较少，课程体系缺乏合理性与完善性，专业课程在整体的知识面上存在范围相对狭窄，缺乏职业导向性和针对性。这就要求学校充实师资力量，推动生态文明与职业规范相结合，职业资格与职业认证绿色标准相结合，系统完善课程体系和实践实训条件，在构建专业人才培养体系时，应当充分实现绿色低碳技术应用核心理论知识与职业技能实践同步交替推进的基础原则，以实际职业岗位需求为驱动核心设置任务系统化的课程体系，同时注重培养学生分析、解决问题的能力等，保证学生就业后可以尽快适应工作岗位。

总之，高职院校应当充分抓住时代机遇，积极担负起应有的社会责任和教育责任，密切关注绿色低碳技术应用行业发展，进一步加强应用教育建设，积极解决专业在发展过程中存在的问题，为我国早日实现碳达峰碳中和目标培育出一批高素质技术技能型人才。

4.2.3　绿色低碳教材开发

教材是教学思想和培养目标的载体，也是教学内容和课程体系改革的主要标志，高水平的教材是提高教学质量和学生创新能力的重要保证。当前，我国生态文明建设已经进入以降碳为重点战略方向，推动减污降碳协同增效、促进经济社会发展全面绿色转型、实现生态环境质量改善由量变到质变的关键期，能源、交通、材料、管理等相关专业教育应肩负起历史责任，在课程体系建设中将碳中和理念和目标融入课程中，加强绿色低碳教育，深入研究碳中和战略的核心理念，培养学生对全球碳平衡与绿色可持续发展的全面认识并成长为具备碳中和知识和技能的专业人才，助力产业转型升级。因此，教材建设要适应时代的改革与发展，贯彻绿色教育思想，从更新教材内容与打造新形态教材两个方面对传统的教材进行绿色化改造。

首先，组建老中青结合的教材建设梯队，融入绿色低碳理念，更新内容形态，不断提升传统教材的生命力和影响力。一方面，根据课程的实际效果及专业需求的变化，及时对课程模块中的授课内容进行更新和旧知识的淘汰；另一方面，需要对课程模块的组织结构进行及时更新。比如：①将温室气体排放与监测、碳中和技术、可再生能源、碳市场与碳交易、减污降碳、碳中和项目管理等相关内容融合到相关专业教材中；②《施工原理与方法》课程内容经典，但是传统的施工方法和工程材料已经被新型施工技术和工程材料取代，而且绿色材料的使用是土木工程行业减少碳排放重要手段。另外，常规的施工方法会对其特殊脆弱地区(冻土区、湿地区、林区等)稳态环境造成扰动并引起碳排放。所以，在此教材的编写过程中，非常有必要增加绿色创新的知识内容，及时更新一些最新发现，尤其是技术案例；③传统《固体废弃物处理》教材阐述，对于固体废物优先考虑的是将其处理、处置好，对环境的危害降低到最低程度，而后再考虑其可能的资源化方法。然而“双碳”目标更侧重于关注废弃物的资源属性和利用价值。所以，《固体废弃物处理》教材应该将固体废弃物资源化利用方式方法的比重提高，对知识模块进行重构。

其次，充分利用新一代信息技术，整合优质资源，以数字教材为引领，建设一批理念先进、资源内容丰富、拓展性好的新形态教材。这是因为，在教学中要密切跟踪社会和“双碳”理念，注重培养学生的环保意识、创新能力和实践能力，不仅要对课程的培养方案、教学大纲及教学内容进行改革，而且要随着科技发展、知识的更新，这导致纸质教材有限的篇幅越来越制约课程，教师经常需要不断增加知识点，制作补充讲义等，尽量做到与时俱进。同时，随着智能终端的发展和普及，大学生作为教材使用的主体，持有手机、平板、电脑等的比率接近 100%，各种学习 APP 和移动互联网的广泛使用，促进了学生学习行为的转变。这些促使纸质教材与数字化资源一体化的新形态教材成为教育信息化发展的必然。例如：①在纸质教材编写过程中，在相对应的内容，用二维码引入课程微课视频，读者可以使用智能终端链接到相关内容。这些微课视频既有助于学生对知识点的掌握，随时随地地利用智能终端进行线上学习；也有利于教师在使用教材的过程中线上和线下资源混合，适应当前线上线下混合式教学模式的发展新趋势。②建设与教材配套的网络资源，包括的栏目应有师资队伍、教学大纲、授课计划、案例库、多媒体课件、实验操作与实验内容录像和学生优秀实验报告展示等，并实时更新。此外，二手教材的循环使用减少了学生对新教材的需求，有效减少教材反复印刷的频率，从而使新教材的生产量减少，对自然资源起到了一定的节约作用。

最后，高水平教材包含学生专业理论知识外，还应该充分补充课程思政教学内容，根据具体章节内容有针对性地凝练出具体的思政元素，把握思政元素融入的节点、时机、方式和渠道，实现课程思政的价值引领目标，在每个章节精心策划思政专题，将课程理论知识、工程应用、前沿技术与当前社会提倡的节能减排价值目标有机融合，实现知识传授、能力提升、价值引领“三位一体”的课程思政教学模式。

4.3　绿色低碳教学方法

4.3.1　绿色低碳教学设计方法

在传统的学生培养方案及目标中，尽管部分专业也涉及可再生能源利用、节能减排等课程内容，但往往没有明确的“双碳”导向的培养目标，也没有制定相应的培养内容。传统的培养方案往往很少涉及学生的“碳循环思维”及“低碳思维”的培养。

OBE(成果导向教育，outcome based education)目前已成为国际上很多国家教育改革的主流理念[14]。在授课过程中，面临着绿色低碳转型的宏大命题，依据 OBE 理念，通过反向设计，将能源、环境、可持续发展和绿色低碳的理论知识融入学科的建设中，并及时调整和丰富课程内容，建立具有学科特色的绿色低碳教学内容体系。将低碳思维融入培养目标及课程体系，使得学生能够建立起设计、运维、改造等全生命周期的低碳思维，使其能够适应未来低碳技术大规模应用的行业环境，服务于国家的“双碳”目标。

传统教学方法主要存在 3 个问题[15]：①常采用满堂灌的教学方式，只是教师讲，学生听。这种模式下，教师只是走过场讲课，抑制了学生的主观能动性；②绿色低碳发展的课程思政不能与专业理论课有机融合，没有有效反映低碳教育理念；③教学手段单一，难以做到线上线下融合教学，学生学习进程难以把控。

4.3.2　绿色低碳理论课程教学方法

为了早日实现“双碳”目标，绿色低碳理论教学设计应遵循以学生为中心、深入融入思政内容、线上线下融合学习三大原则，从而既发挥教师启发、指导作用，又充分体现学生的学习主动性、积极性与创造性，开展因材施教，最终提高课堂效率，形成“绿色课堂”。这些原则的应用可体现在学习设计和教学实施的各环节。

1. 营造绿色课堂

传统的教学以理论讲授为主，教学方法与手段单一，学生参与度低，教学效果差。“低碳教学”是指在“双碳”思维的引导下，摒弃过去那种“高能低效”的教学，追求一种以最低的师生消耗来获取最大的教学模式。“绿色课堂”应注重学生的发展，改革传统的教学模式，运用高效的教学方法和途径，让学生能够有效地利用时间，积极、主动地参与学习，从而做到有效教学。

首先，应增强教师的教学责任意识，确定目标，让有限的教学投入尽最大可能地产出。它不仅要求教师在教学中充满热情，能全身心地投入教学，热爱学生，努力追求提高教学效率，而且它还促使教师在教学实践中不断更新、提高自身的专业素养与专业水平。

其次，要讲究数学课堂教学效率的策略，充分发挥学生的自主性，以学生为中心，采用研讨式教学，变被动为主动，让学生意识到“我要学”（必须要），进而“我想学”（想进阶），还要给他们创造“我能学”的条件（网络平台课程）。每个人都有自己的学习习惯和风格，要给学生提供多元化的学习渠道和方式，学生能够自主进行选择，让学生有归属感、成就感。因此，学校应向学生提供多种学习方式和途径，甚至包括测评、作业形式等；也可以允许设置自主进阶式学习，学生选择自己预期的目标，通过自我努力来达到。借助信息技术和网络平台，提供课前预习及检测条件，课中采用研讨式多元混合教学模式，提高学习效果，形成固定人数学习小组，讨论和互帮，课后采用探究式学习，复习和拓展。课程考核可以采用多元评价和学生互评，形成多途径过程性评价和自主进阶，挖掘学生的自主能动性。

2. 实施绿色低碳课程思政

一方面，为加强高等教育中的绿色低碳发展教育，高校应将党和国家关于绿色低碳发展的决策部署和碳达峰碳中和目标相关内容融入高校思想政治理论课。教师在工程案例的专业知识主线中穿插融入课程思政元素，建立双主线间的逻辑关系，引导学生从典型的“双碳”工程案例中抽提出关键要素，如专业基础知识，关键科学、技术和工程问题，我国技术水平，科学精神及工程责任等，以培养学生的创新思维和工程责任意识。高校可通过形势与政策报告、专题讲座、党团活动、主题班会等多种形式进行绿色低碳发展相关政策和知识的教育宣讲，让大学生在日常学习和生活中不断接触、了解和思考绿色低碳发展相关问题。

另一方面，高校可通过公众号、短视频等更受大学生欢迎的方式传播绿色低碳发展知识，让大学生在轻松愉快的氛围中接受绿色低碳发展理念的教育。例如，可以组织绿色低碳发展知识问答、碳足迹记录挑战等有趣的活动，让大学生积极参与其中，形成关注绿色低碳发展的良好习惯。同时，可通过“学生生涯碳足迹”或“绿色低碳积分”等创新形式建立大学生的“绿色档案”，记录大学生在校期间参与的绿色低碳行动和实践，让大学生不同阶段的绿色低碳发展学习有效衔接，形成持久的影响。

总之，高等教育中加强绿色低碳发展的举措应当是多样的。高校可通过思政教材和相关课程的有机结合，引导大学生深刻理解碳达峰碳中和目标的重要性，并将这些理念与实际行动相结合，进而在日常生活和未来的职业生涯中践行绿色低碳发展理念。同时，高校可通过创新教学形式和手段，充分利用互联网和新媒体，让绿色低碳发展知识深入人心。在学科教育和专业教育中融入思政元素，协同培养担当民族复兴大任的时代新人，使大学生为推动绿色低碳发展、实现碳达峰碳中和目标贡献青春力量。

3. 提升绿色低碳教学手段

创新绿色低碳教育形式，充分利用智慧教育平台开发优质教育资源、普及有关知识、开展线上活动。课堂中坚持“以学生为中心”，基于代表构思(Conceive)、设计(Design)、实现(Implement)和运作(Operate)的 CDIO 工程教育理念，在各个环节融入新媒体技术。例如充分运用基于云班课、雨课堂、慕课(MOOC)和学堂在线的教学手段和资源，通过合理设计教学内容和形式，使学生投入课堂并积极参与其中。

(1)云端辅助课前预习。在课程开始前，教师制作与课程内容相关的图片或视频、课程小文或网络资源扩展等，并建立互动反馈平台，将以上资源提前上传至云班课作为云端共享资源，供学生课前以较轻松的形式提前了解课程内容，并可在互动反馈平台留言互动、讨论等，为课前预习注入活力，给学生预留自由思考的空间。

(2)线下课堂。线下课堂由“课前回忆和摸底—授课(包含案例分析、小组讨论)—课尾梳理和巩固”组成，具体如下：①在课前回忆和摸底环节，利用云班课进行在线手势签到，通过提示关键词引导学生回忆上节课程要点，并利用随机点名小程序随机抽取学生互动，在提高课堂活跃度的同时梳理和复习上节课内容，并导出本节课程。②在授课过程中，利用雨课堂在 PPT 中插入随堂小测，开展多频次的随机互动；引入相关“双碳”案例分析，基于课堂知识点设置与不同专业之间的交叉论点，进行小组讨论；避免传统线下教学中枯燥单一的呈现形式和学生置身事外的学习态度。③在课尾梳理和巩固环节，教师梳理教学内容中的关键词，利用随机点名小程序抽取学生回忆重要知识点，允许学生指明求助同学，通过师生间互动、学生间求助和互动，再次巩固课堂内容。

(3)课下兴趣驱动性云端回顾。充分利用新兴的云端慕课平台课程资源，例如清华大学发起建立的慕课平台“学堂在线”上提供了来自清华大学、北京大学、麻省理工学院、斯坦福大学、加州大学伯克利分校等国内外高校的超过 8000 门优质课程，覆盖 13 大学科门类。在云端共享课程相关图片、视频、链接等，学生可以在任意时间和地点根据个人兴趣点击了解，并可在互动平台发表感言或进行互动交流，利用这些课外拓展将课堂内容延伸至课下，给予学生更多的理解角度和思考空间。

4.3.3 绿色低碳型实验与实践教学

1. 绿色低碳型实验教学

在实验教学过程中，必须贯彻低碳绿色环保的理念，逐步规划和完善实验教学内容，优化实验教学体系，对传统实验内容进行绿色化改造，同时，引导学生在实验过程养成良好的环保素质，遵循减量化(reduce)、重复使用(reuse)、回收再循环(recycle)的 3R 原则。

化学实验中常用到的强酸、强碱、有毒有害、易燃、易挥发溶剂较多，不仅存有安全问题，还会产生废气、废液，给环境带来污染，因此在实验安排中应当改进或减少这类实验项目，以环保型实验代替。比如用溴苯与水蒸气进行蒸馏分离时，使用到的刺激性溴苯可以改为水蒸气法从橙皮中提取柠檬烯，减少了有毒物质的使用，同时学生的兴趣也调动起来。

在推行微型化学实验的基础上，进行小量化、减量化改革也是实现绿色低碳的重要途径。例如，对葡萄糖含量的测定实验，在小容量仪器基础上进行减量化实验改造，把样品溶液用量减少至原来的五分之一。实践表明，该实验改进前后其相对均差和相对标准偏差差异不具有统计学意义上的差异，减量法测定葡萄糖含量的准确度和精密度完全可达到实验教学的要求，比传统实验方法节约经费 80%以上[16]。

有些实验教学要求条件苛刻、对实验技能要求高，常规实验室内难以达到，又或者材料、制造业高速发展自动化、智能化的生产流程限制了现场教学，学生即使到了生产一线也只能走马观花，无法进行材料生产过程关键工艺参数的采集与分析，现有材料制备与性能实践平台无法与实际材料制造过程有效结合。这种情况下可以采用线上线下、虚实结合的实验教学方法，增大课程容量，不产生环境污染。例如，虚拟仿真实验可采用虚拟仿真现实、人机交互、数字化、智能化技术等手段，根据理论与实验教学的需求设计出用于辅助教学的虚拟场景、虚拟环境、虚拟仪器设备、实验线路或回路、实验器件及构件库、演示和判别理论，以及实验过程和标准等内容，创设符合教学目标的情境问题，调动学生参与实验教学的积极性，并主动总结和验证结果。针对实体实验与虚拟实验的教学目标要求不同，形成多元化的实验报告。

2. 绿色低碳型实践教学

为了让大学生更深入地了解和实践绿色低碳发展，高校应为大学生创造更多参与绿色低碳发展的社会实践机会。高校可以通过参观、调研、实习、志愿服务等方式，组织大学生走进政府部门、企业和社区，亲身参与碳达峰碳中和的工作实践，让大学生了解绿色低碳发展和生态文明建设的实际情况，感受绿色低碳发展的重要性。高校还应支持和培育碳达峰碳中和科研和实践项目，通过研究性学习、假期返乡实践、社会调研、模拟创业等形式，鼓励大学生在绿色低碳发展领域形成研究和实践成果。此外，高校可以在不同层次的科技创新赛、创业大赛等活动中设置绿色低碳发展“专项赛道”或组织更多专门赛事活动，鼓励大学生开展相关研究型学习和创业项目，引导大学生将绿色低碳发展领域作为科学研究和职业发展的方向。

除了推动实践教育，高校还应积极营造绿色低碳发展校园文化。结合绿色低碳发展教育，高校可以组织开展节能、节水、垃圾分类、绿色出行等主题校园活动，通过这些活动将绿色低碳理念融入大学生的日常生活，引导大学生践行绿色低碳的生活方式。

4.4　绿色低碳教学评价与保障

4.4.1　绿色低碳教学碳排放量核算方法

《高等学校校园碳排放核算指南》(T/CABEE 053-2023)提供了绿色低碳教学碳排放量核算的相关方法[17]。参考该指南，可建立一套完整、科学、系统的绿色低碳教学碳排放量核算体系。通过收集和统计历史碳排放数据、确定基准值、结合未来发展计划，再由此测算未来碳排放的潜力，反映和监督教学教研等主体低碳现状和过程，为制定绿色低碳教学发展计划、改进绿色低碳科研教学活动提供依据。

1. 教学碳排放核算边界范围

针对温室气体核算与报告设定了三个范围：范围 1 指直接碳排放，范围 2 为间接碳排放，范围 3 指业务活动产生的碳排放。绿色低碳教学碳排放核算包括教学基础碳排放核算与教学全范围碳排放核算两个层级。教学基础碳排放核算为各专业、学科及课程碳排放核算都应具备的基础共同项。考虑到体现不同专业、学科及课程在碳减排进程中的发展程度的差异性，设定教学全范围碳排放核算。

(1) 教学基础碳排放核算范围包括教学教研建设、执行过程中的直接碳排放、间接碳排放及自来水消耗引起的碳排放。其核算清单及分类方法如表 4.3 所示。

表 4.3　教学基础碳排放核算范围及清单

按教学场景分类	核算清单内容	按国际标准体系分类
教学能源消耗	直接能源消耗（燃气、燃油、燃煤）	范围 1
	间接能耗消耗（电力、热力）	范围 2
教学水资源消耗	自来水消耗	范围 2

(2) 教学全范围碳排放核算范围包括教学设施、校内科研教学活动、校外科研教学业务产生的碳排放量、可再生能源减排量以及教学碳汇。核算清单及分类方法如表 4.4 所示。

表 4.4　教学全范围碳排放核算范围及清单

核算类别	按教学场景分类	核算清单内容	按国际标准分类
碳排放核算	教学设施	直接能源（建筑供热用能源燃烧）	范围 1
		间接的能耗消耗（教学用电、用热等）	范围 2
		自来水消耗	范围 2
		纸张	范围 2
		教学废弃物	范围 2
	校内科研教学活动	建筑实验排放	范围 1
		生化实验排放	范围 1
		电子实验排放	范围 1
		其他教研活动排放	范围 1
	校外科研教学业务	校外科研基地能耗	范围 3
		教职工差旅	范围 3
碳减排核算	可再生能源利用	科研基地光伏发电等	/
碳汇核算	科研教学活动碳汇	室内绿植碳汇	/
		科研基地碳汇	/

2. 教学碳排放核算方法

1) 一般规定

教学碳排放核算包括碳排放量、碳减排量及碳汇固碳量的核算。

(1) 碳排放量：根据各专业、学科及课程实际情况，选择教学基础碳排放范围或教学全范围碳排放核算范围进行核算。

(2) 碳减排量：科研教学活动中可再生能源应用带来的减排量。

(3) 碳汇：科研教学活动中固碳量。

宜选取排放因子法作为教学碳排放计算方法，其计算公式如下式所示：

$$碳排放量 = 活动数据(AD) \times 排放因子(EF) \tag{4-1}$$

式中，AD 为导致碳排放的科研教学活动的活动量；EF 为单位科研教学活动量的碳排放系数。

2) 教学碳排放核算分项内容及计算方法

(1) 碳排放量：根据教学全范围碳排放核算范围，其碳排放核算分项内容包括教学设施、校内科研教学活动、校外科研教学业务产生的碳排放量。计算公式如下所示：

$$C = C_1 + C_2 + C_3 \tag{4-2}$$

$$C_1 = \sum A_i \times \mathrm{EF}_i \tag{4-3}$$

$$C_2 = \sum A_j \times \mathrm{EF}_j \tag{4-4}$$

$$C_3 = \sum A_k \times \mathrm{EF}_k \tag{4-5}$$

式中，C 为教学全范围的 CO_2 排放量；C_1 为教学设施的 CO_2 排放量；C_2 为校内科研教学活动的 CO_2 排放量；C_3 为校外科研教学业务的 CO_2 排放量；A_i 为对应 C_1 的碳排放清单活动量；A_j 为对应 C_2 的碳排放清单活动量；A_k 为对应 C_3 的碳排放清单活动量；EF_i、EF_j、EF_k 分别是对应 A_i、A_j、A_k 的碳排放因子，按表 4.5 取值。

表 4.5　教学碳排放核算的碳排放因子数据一览表

按教学场景分类	碳排放核算清单	活动量单位	对应的碳排放因子	因子量纲
教学设施	集中供热热量	MJ/年	0.000110	t CO_2/MJ
	集中供冷能	MJ/年	0.000094	t CO_2/MJ
	耗电量(外购电力)	kW · h/年	0.00058	t CO_2/kW · h

续表

按教学场景分类	碳排放核算清单		活动量单位	对应的碳排放因子	因子量纲
教学设施	自来水消耗		t/年	0.000168	t CO_2/t
	教学用纸		t/年	2.750	t CO_2/t
	教学废弃物		t/年	1.137	t CO_2/t
校内科研教学活动	实验教学排放（实验产生危险废弃物）		t/年	0. 2136	t CO_2/t
	其他教研活动排放*1		t		t CO_2/t
校外科研教学业务	校外科研基地能耗*2		kW · h/年	0.58	t CO_2/kW · h
	教职工差旅*3	航空	km/年	0.0000952	t CO_2/km
		高铁	km/年	0.000048	t CO_2/km
		自驾车	km/年	0.000043	t CO_2/km

注：*1. 其他教研活动主要包含实践类及竞赛类等不同类型活动安排，具体按单次活动能耗碳排放粗略估算；

*2. 设置在校园外部的科研基地，在核算碳排放时只考虑用电引起的碳排放；

*3. 在核算差旅碳排放时只考虑由差旅起点至目的地终点过程中乘坐交通工具的碳排放。

(2)碳减排量：教学碳减排主要是通过利用可再生能源产生的减排量。可再生能源主要包括太阳能(光伏、光热)利用、浅层地热(地源热泵)、空气源热泵(替代化石能源供热、电加热热源)、中层地热(地热供热)、生物质能利用等；教学碳减排宜采用下式进行计算：

$$C_R = P \times F \tag{4-6}$$

式中，C_R为可再生能源发电的碳减排量，t CO_2/年；P为可再生能源发电量中并网教学自用部分，kW·h/年；F 为当地电网电力碳排放因子，其中光伏发电减排量为 0.000581t CO_2/(kW·h)(注：应在太阳能发电量中区分自用部分和上网被电网收购(售电)部分，后者不应作为减排量核算，而应作为国家核证自愿减排量(CCER)核算)。

(3)碳汇：教学碳汇暂未列入核算内容中。

3. 教学碳排放总量核算

教学碳排放总量核算按下式计算：

$$C_{AC} = \sum_{i}^{n} C_i - \sum_{j}^{k} \mathcal{R} C_{Rj} \tag{4-7}$$

式中，C_{AC} 为教学碳排放总量，$t\,CO_2$/年；$\sum_{i}^{n} C_i$ 为教学全范围碳排放量合计，$t\,CO_2$/年；$\sum_{j}^{k} C_{Rj}$ 为教学碳减排量合计，$t\,CO_2$/年。

4.4.2　绿色低碳教学评价内容与方法

绿色低碳教学评价是指在教学过程中，对学生在绿色低碳知识掌握、意识形成和行为习惯养成方面的评估。因此，在传统的专业或学科自评体系中应适当删减相关会导致碳排放增加的考核指标，并且添加相应的评价绿色低碳教学的指标。

1. 绿色低碳教学评价内容

绿色低碳教学评价内容主要包括以下几个方面。

(1) 知识理解：评估学生对绿色低碳相关知识的理解程度，包括节能减排的重要性、可再生能源的利用等。

(2) 意识形成：评价学生是否形成了绿色低碳的生活理念，是否能够认识到低碳生活对环境保护的重要性。

(3) 行为习惯：观察和评估学生在日常生活中是否能够践行绿色低碳的行为，如节约用水用电、垃圾分类等。

(4) 实践能力：评估学生将绿色低碳知识应用于实际生活中的能力，以及在社会实践活动中的表现。

教育部门和学校可能会通过制定绿色低碳育人导则、课堂讨论、项目作业、实地考察等多种方式来进行这些评价，以培养学生的绿色低碳意识和能力。此外，还会有专门的教学设计来引导学生了解低碳生活的重要性，并鼓励他们在日常生活中实践绿色低碳的行为。

2. 绿色低碳教学评价方法

通过对绿色低碳教学中学生的学习反馈、教学全范围碳排放核算等针对学生和教师分别制定不同的评价得分体系。

1) 针对学生的评价得分体系

总分为 100 分，可参考学生在表 4.6 中各项中的表现进行评分。教师可以根据学生的具体情况，适当调整各项的分值比重，以更好地反映学生的绿色低碳素养表现。此外，还可以通过学生的自我评价、同伴评价和教师评价等多元评价方式，全面评估学生的绿色低碳教育成效。

表 4.6　绿色低碳素养学生综合评价指标体系

指标			评价观测内容与参考评分		建议权重	认定分值
一级指标	二级指标	三级指标	评价观测内容	参考评分		
绿色低碳教学与活动	知识掌握	理解绿色低碳概念(100 分)	通过课后作业，小组讨论，课堂报告等环节的表现评估	100 分	0.1	
		能源与环境知识(100 分)	通过各专业学科期末考试	20 分/科	0.2	
		绿色技术应用(100 分)	包含课程设计、专利转化、实习报告等，每项成果计 5 分，100 分上限	5 分/项	0.1	
	意识与态度	环保意识(100 分)	学生参与节水节电、减排降碳型主题征文、演讲、趣味游戏等多样活动，活动符合实际，活动有相关报道记录，每场活动计 20 分，100 分上限	20 分/场	0.1	
		节能减排态度(100 分)	学生参与世界环境日、世界水日等环境日，开展低碳环保主题宣传和倡议，有清晰宣传栏目照片(包括张贴宣传标识、标语，同一地点记录 1 次)，每张照片计 10 分，100 分上限	20 分/场	0.1	
	行为习惯	日常节能行为(100 分)	根据学生日常学习生活中具体节水、节能以及碳排放数据记录，月度记录清晰，每份记录计 5 分，100 分上限	5 分/份	0.1	
		垃圾分类与循环利用(100 分)	对于每一次垃圾分类或循环利用的作品进行拍照记录，同一分类地点或同一作品记一次，每份记录计 5 分，100 分上限	5 分/份	0.1	
	实践技能	绿色项目参与(100 分)	考查学生参加绿色低碳创新能力项目或竞赛的数量与执行情况，如正常完成，每项记录计 10 分，如获得奖项，视奖项级别计分，下限 20 分，100 分上限		0.1	
		环境问题解决方案(100 分)	学生以项目负责人身份主持并完成有关绿色低碳类学校、社会或企业实际项目并完成预期效果，每项计 50 分，100 分上限	50 分/项	0.1	

2) 针对教师的评价得分体系

总分为 100 分，可参考教师在表 4.7 中各项中的表现进行评分。评价机构可以根据教师的具体情况，适当调整各项的分值比重，以更好地反映教师的绿色低碳教学表现。此外，还可以通过教师的自我评价、同行评审等多元评价方式，全面评估教师的绿色低碳教学效果成效。

表 4.7　绿色低碳教学与活动综合评价指标体系（教师）

一级指标	二级指标	三级指标	评价观测内容	参考评分	建议权重	认定分值
绿色低碳教学与活动	开展低碳高校教育教学与教研	低碳高校课程教学计划完整度(100 分)	低碳教学大纲和教学计划完整，课程目标设定清晰，包含低碳发展相关的主题、概念	100 分	0.125	
			低碳课程教学计划不全或者没有低碳课程教学计划	0 分		
		开展低碳高校教学研究团队数量(100 分)	高校低碳教学研究团队有清晰的架构，每个研究团队计 20 分，100 分上限	20 分/个	0.125	
		低碳高校教学研究成果数量(100 分)	统计高校在低碳教学领域发表论文、出版物、提交相关专利、教研项目立项等成果数量，每项成果计 5 分，100 分上限	5 分/项	0.125	
	开展节能减排和生态文明教育活动	高校减排降碳型活动记录数量(100 分)	高校开展节水节电、减排降碳型主题征文、演讲、趣味游戏等多样活动，活动符合实际，活动有相关报道记录，每场活动计 20 分，100 分上限	20 分/场	0.125	
		低碳高校教育和生态文明教育讲座数量(100 分)	高校开展减排降碳主题讲座、沙龙教育形式，涵盖低碳教育和生态文明教育相关领域，内容丰富，满足师生需求，讲座有相关报道记录，每场讲座计 20 分，100 分上限	20 分/场	0.125	
	培养学生绿色低碳创新能力	低碳高校学生创新能力活动记录数量(100 分)	高校开展低碳学生创新能力活动有具体活动内容、时间安排等活动计划和实际执行情况，活动记录清晰，每份记录计 5 分，100 分上限	5 分/份	0.125	
		高校学生低碳创新能力培养方案完整度(100 分)	学生低碳创新能力培养方案完整，有具体内容、课程设置、目标和预期效果等内容	100 分	0.088	
			学生低碳创新能力培养方案不全或没有学生低碳创新能力培养方案	0 分		
	培养学生绿色低碳意识与自主学习能力	低碳高校宣传科普栏目数量(100 分)	高校在世界环境日、世界水日等环境日，开展低碳环保主题宣传和倡议，有清晰宣传栏目照片(包括张贴宣传标识、标语，同一地点记录 1 次)，每张照片计 10 分，100 分上限	10 分/张	0.062	
		高校图书馆绿色低碳书籍学生借阅量(100 分)	低碳书籍学生借阅量≥低碳书籍总量×60%	100 分	0.100	
			低碳书籍总量×60%>低碳书籍学生借阅量≥低碳书籍总量×40%	80 分		
			低碳书籍总量×40%>低碳书籍学生借阅量≥低碳书籍总量×10%	60 分		
			低碳书籍总量×10%>低碳书籍学生借阅量	0 分		

4.4.3 评价结果应用与保障措施

1. 评价结果应用

高校可专设绿色低碳教学评价机构，应用绿色低碳教学质量评价结果的方法可以多样化，主要目的是为了提高教育的质量和效果，同时推动可持续发展的教育模式。以下是一些具体的应用方式。

1)教育政策和课程改革

教学质量评价结果可以为教育政策制定者提供反馈，可以用于学校的内部评估和认证过程，以确保绿色低碳教育质量符合标准，根据教学质量评价结果，高校可以适当调整和改进教育政策及课程内容，确保教学活动更加注重绿色低碳理念的融入，以辅助提高教师教学质量和学生学习成果，确保教学质量的持续提升。

2)学生培养和发展

绿色低碳教学评价结果在学生培养和发展中应用，主要是为了鼓励学生在日常学习和生活中积极践行绿色低碳的理念，培养他们的环保意识和可持续发展的行为习惯。例如，学生在绿色低碳相关课程和项目中表现优异，可以获得学业奖学金或荣誉证书，以此激励他们在学术上的绿色低碳实践；鼓励学生参与绿色低碳科技创新和社会实践活动，举办绿色低碳主题的知识竞赛、设计大赛等，对于在这些领域取得突出成就的学生，可以给予物质奖励或表彰；对于在校园节能减排、垃圾分类、低碳宣传等环保行为中表现突出的学生，可以通过颁发“绿色之星”“低碳小卫士”等称号来表彰他们的贡献。

3)教学改进和教师发展

教师可以利用评价结果来识别和强化自己在绿色低碳教学方面的能力，参与相关的培训和研讨会，有针对性地改进，进一步提升教学质量，也可以根据教学评价结果参与教育教学研究，通过科研课题经费和成果转化奖励等机制，将优秀成果推广应用于实践。教师的教学质量评价结果通常作为绩效考核的重要依据，影响教师的绩效评分和最终的绩效工资，优秀的教学评价结果可以直接转化为奖金或其他形式的物质激励，以此鼓励教师继续保持和提升教学水平，也可以评定“绿色低碳教师”称号等荣誉，作为教师职称评定和晋升的参考标准之一。

4)学校管理和运营

学校管理层可以根据评价结果进行内部管理和资源分配，优先支持在绿色低碳教学方面需要改进的领域，以提高教学质量和学校整体绿色低碳改革水平，评价结果也可以作为改革考试招生体制的依据，促进教育公平和学生全面发展。还可以根据评价结果优化校园管理，如提高能源效率，推广绿色校园的概念及实施节能减排措施。

5) 公众教育和交流合作

学校可以将评价结果公开，提高绿色低碳教育系统的透明度，利用社会监督，全面了解学校的教学质量，同时这种结果也可以将绿色低碳教育的理念和实践推广到社会，提高公众对环境保护和可持续发展的认识。此外，学校可以与其他国家和地区的高校合作，分享绿色低碳教学的经验和成果，促进全球绿色低碳教育的可持续发展。

2. 绿色低碳教学评价的保障措施

1) 落实绿色低碳教学质量“一把手”责任制度

在推动绿色低碳教学质量的发展过程中，转变观念和落实“一把手”责任制度是至关重要的。这意味着学校的领导层需要主动担当起推进绿色低碳教育的责任，确保这一理念深入人心并在教学中得到实际应用。学校领导须以身作则，从制定绿色低碳的教学政策、优化课程结构、到改善校园能源使用效率等方面，全面推动绿色低碳教育的实施。同时，通过建立健全的监督机制和评价体系，确保绿色低碳教育的质量得到持续提升。此外，领导层还应积极参与到教育教学活动中，鼓励师生参与绿色低碳实践，培养学生的环保意识和可持续发展能力。这样的责任制度不仅能够加强学校内部管理，还能够促进学校与社会、家庭的合作，共同为实现碳达峰碳中和目标作出贡献。

2) 建设绿色低碳教师队伍

改进现有的教师培训体系，确保教师能够掌握绿色低碳的教学理念和方法。具体来说，教育行政部门和师范院校需要在师范生课程体系、校长培训和教师培训课程体系中加入碳达峰碳中和最新知识、绿色低碳发展最新要求、教育领域职责与使命等内容，以此推动教师队伍率先树立绿色低碳理念，提升传播绿色低碳知识能力。此外，高等院校也应加大对绿色低碳科学研究和技术的投入，为碳达峰碳中和贡献教育力量。通过这些措施，可以构建一支既有深厚专业知识又具备绿色低碳教育能力的教师队伍，为实现碳达峰碳中和目标提供坚强的教育支持。

3) 合理配置资源

为了提升绿色低碳教学质量并实现教育公平，必须加大绿色低碳教学经费的投入并合理配置资源。这意味着政府和高校需要优化财政支出结构，确保绿色低碳教育领域的资金得到充分保障。合理配置资源不仅包括财政资金的分配，还涉及教师队伍建设、教学设施改善以及科研条件的优化。通过这种方式，可以确保教育资源得到最有效的利用，促进教育发展不平衡不充分问题的解决，从而推动各级各类教育协调发展、公平而有质量的发展。

4) 完善教学管理创新机制

高校需要制定明确的低碳教学政策，鼓励和引导教师在课程设计、教学方法和教学内容上融入绿色低碳的元素。同时，通过创新教学管理机制，如引入绿色教学评价标准，开展绿色教学实践活动，以及利用数字化工具进行教学资源的节能管理，可以进一步提高教学效率，减少教学过程中的能源消耗和碳排放。此外，高校还应加强对教学管理创新的支持和激励，如提供专项资金支持绿色教学项目，表彰低碳教学创新成果，以促进高校在低碳教学管理方面的持续改进和创新。

5) 加快教学信息化平台建设

加快低碳教学信息化平台的建设是实现教育现代化和推动绿色低碳发展的重要举措。这一平台的建设旨在通过信息技术的力量，优化教学资源配置，提高教学效率，减少能源消耗和碳排放。具体来说，教育部门将通过整合线上教育资源、开发智能教学系统、利用大数据分析等手段，构建一个覆盖全国的低碳教学网络。这不仅能够为学生提供更加丰富多样的学习资源，还能帮助教师实现个性化教学，同时，通过这个平台的建设，可以有效地推广绿色低碳的教育理念，培养学生的环保意识和可持续发展能力。

6) 鼓励绿色低碳教学研究

深化教学改革，鼓励绿色低碳教学研究，是当前教育领域面临的重要任务。这一过程不仅要求教育机构改革传统的教学模式，还要求在教学内容和方法上进行创新，以适应绿色低碳发展的需要。教育部门应当制定相应的政策，支持学校和教师开展绿色低碳教学的研究和实践，如开发节能减排的教学资源、设计低碳生活方式的课程内容等。同时，应当鼓励教师参与绿色低碳教学法的研究，提高教师在这一领域的专业能力和创新意识。此外，学校也应当加强与企业和社会组织的合作，共同推进绿色低碳教育项目，培养学生的环保意识和实践能力。

参 考 文 献

[1] 联合国《改变我们的世界——2030 年可持续发展议程》[R]. 2015. http://www.fmprc.gov.cn/web/ziliao_674904/zt_674979/ywzt_675099/2015nzt/xpjdmgjxgsfw_684149/zxxx_684151/t1331382.shtml.

[2] 中国教育部、中国联合国教科文组织全国委员会.《联合国 2030 年可持续发展议程教育目标(SDG4)中国进展报告(2015-2021)》[R]. 2023.

[3] 张地珂, 肖莎, 车伟民. 欧盟绿色低碳教育探析[J]. 中国高等教育, 2023: 15-16.

[4] CYCAN 青年应对气候变化行动网络,《全球低碳校园案例选编(2021 年修正版)》[R]. 2021.

[5] 孔德龙, 章林. 低碳教育: 学生习惯养成的新路径[J]. 学校发展, 2013(11): 12-16.
[6] 冯霞. 国外环境教育对我国低碳生活意识教育的启示[J]. 法制与社会, 2014(26): 174-177.
[7] Ram S A, MacLean H L, Tihanyi D, et al. The complex relationship between carbon literacy and pro-environmental actions among engineering students[J]. Heliyon, 2023(9): e20634.
[8] 吴云雁, 张永军, 秦琳. 为绿色转型而学习-欧盟可持续发展教育政策分析[J]. 比较教育研究, 2023(4): 12-21.
[9]《工程教育认证标准(2024 版)》(T/CEEAA 001-2022) [S]. 中国工程教育专业认证协会, 2022.
[10] 别敦荣. 一流大学本科教学的性质、特征及建设路径[J]. 中国高教研究, 2016(8): 1-12.
[11] 金凌虹. 人才培养质量达成度评价: 必然、实然与应然[J]. 中国高等教育, 2022(Z2): 63-65.
[12] 中华人民共和国教育部《绿色低碳发展国民教育体系建设实施方案》[R](教发〔2022〕2 号).
[13] 卢会翔, 刘义兵. 职业教育服务乡村产业振兴的现实表征、逻辑转向与未来图景[J]. 教育与职业, 2023(21): 28-35.
[14] 李志义. 解析工程教育专业认证的成果导向理念[J]. 中国高等教育, 2014(17): 6-9.
[15] 李东方, 祝星, 李舟航, 等. 绿色低碳转型背景下“能源化学”课程教学方法探索与实践[J]. 教育教学论坛, 2024(1): 133-136.
[16] 钟国清, 夏安. 碘量法测定葡萄糖含量的小量化与绿色化研究与实践[J]. 化学教育, 2014, 35(22): 26-29.
[17]《高等学校校园碳排放核算指南》(T/CABEE 053-2023) [S]. 北京: 中国建筑工业出版社, 2023.

第 5 章　绿色低碳校园建设

在绿色低碳时代的要求下，建设绿色低碳校园是实现国家“双碳”目标和生态文明建设的重要环节，也是高等院校自身可持续发展的内在必然需求。本章主要阐述绿色低碳校园的概念及意义，并针对现阶段绿色低碳校园建设面临的问题，从健全绿色低碳设施，强化绿色低碳管理，营造绿色低碳文化，完善绿色低碳制度等方面探索切实可行的绿色低碳校园建设策略，以此充分发挥高校人才培养、教学研究、社会服务等功能和优势，推动自身绿色低碳校园的建设，助力美丽中国的目标建设。

5.1　绿色低碳校园建设概述

5.1.1　绿色低碳校园的概念

从文献来看，很多学者认为，绿色学校的概念最早起源于欧洲环境教育基金会(FEEE)在 1994 年首次提出的一项全欧“生态学校计划”（Eco-Schools)，其目的是使环境教育从课堂教学逐步渗透到学校日常管理和教育的各个环节，从而为学校建立一个综合性的环境管理系统[1,2]。美国高校最早也于 20 世纪 90 年代初开始实施“绿色大学”计划，美国乔治·华盛顿大学、哈佛大学等不断尝试确定实施原则，主要内容包括不断完善学校可持续发展的管理制度、体制；做好建筑设计和校园规划提高校园安全性、宜居性；丰富校园植被的多样性；鼓励在全校范围内实行环境满意度调查和管理制度的学习；建立用能、用水等监测机制等[3]。

我国高校的绿色校园建设始于 1996 年，国家环保总局在《全国环境宣传教育行动纲要(1996～2010 年)》中提出，推进高等学校开展环境教育，将环境教育作为高校学生素质教育的重要内容纳入教学计划，组织开展“绿色大学”创建活动[4]。1998 年，清华大学推出“创建绿色示范工程”方案，率先提出创建“绿色大学”的相关理念并付诸建设实践，主要包含“绿色校园”“绿色教育”“绿色科技”“绿色制度”在内的高校生态文明建设模式。其核心内容是以绿色校园为空间载体、以绿色教育为内核根基、以绿色科技为提升手段、以绿色制度为保障体系，从校园环境、教育理念、科技创新、制度建设等多方面进行生态文明建设[4]。2001 年，国家环保总局宣教中心编写的《绿色学校指南》中为绿色学校作出了定义：“绿色学校是指学校在实现其基本教育功能的基础上，以可持续发展思想为指导，在学校全面的日常工作中纳入有益于环境的管理措施，并不断改进，充分利用校内外的一切资源和机会，全面提升师生环境素养的学校”。2013 年，国务院办公厅公布了《绿色建筑行动方案》，明确从 2014 年开始，由政府投资的学校建筑等将全面执行绿色建筑标准。该方案发布后，国家绿色校园评价标准通过不断征求意见，形成由规划与生态、能源与资源、环境与健康、运行与管理、教育与推广五类指标组成的评价指标体系，并由住房城乡建设部于 2019 年颁布《绿色校园评价标准》(GB/T 51356—2019)。按照该标准定义，绿色校园是指为师生提供安全、健康、适用和高效的学习及使用空间，最大限度地节约资源、保护环境、减少污染，并对学生具有教育意义的和谐校园。上述一系列标准和方案的提出和发布，表示我国将绿色校园建设推到了一个重要地位。

2009 年 12 月，哥本哈根气候峰会召开之后，“低碳”一词似乎已逐渐成为一个主要流行词语，伴随着低碳理念的逐渐深入人心，低碳经济、低碳生活、低碳社会等新名词也逐渐流行开来。低碳校园则是低碳社会、低碳生活对于高校为主体的具体延伸。所谓低碳，就是指人们在社会经济生活中产生较少(或更低)的温室气体。对于低碳校园的定义，国内外尚无权威机构有具体界定。从文献分析来看，低碳校园应该是绿色校园建设的持续发力、纵深推进后的迭代升级，主要是指在绿色校园建设基础上，学校一方面通过低碳建设和低碳管理，加强低碳技术的开发，减少建设和运营中 CO_2 的排放量，更多地参与到节能环保中。另一方面加大低碳理念的宣传和教育，鼓励师生参与到低碳生活中，践行低碳理念，真正融入低碳社会中去，建设一个节能、环保、绿色、可持续发展的环境友好型校园[5]。

综上所述，绿色低碳校园是指在学校的建设和运行管理中，通过采取一系列措施，尽可能减少能源消耗和碳排放，实现资源高效利用，营造环保、节能、可持续发展的校园环境。它包括但不限于以下方面：采用节能环保的建筑设计和设施设备；推行绿色低碳能源应用；加强废弃物管理和资源回收利用；培养师生的环保意识和低碳生活习惯等。

5.1.2　绿色低碳校园建设的意义

高校作为传播知识、传承文明的社会组织，应该践行绿色低碳发展理念，围绕节能减排的任务目标，充分发挥人才培养、科学研究、社会服务的功能和优势，在绿色低碳社会建设中发挥引领和示范作用。建设绿色低碳校园是发展低碳经济的客观要求，是高校自身发展的内在要求，也是大学生全面发展的现实要求，在促进绿色低碳经济发展和自身发展方式转变等方面具有现实意义。

1. 建设绿色低碳校园的社会效益

教育部于 2022 年 10 月印发的《绿色低碳发展国民教育体系建设实施方案》中明确要求："把绿色低碳发展理念全面融入国民教育体系各个层次和各个领域，培养践行绿色低碳理念、适应绿色低碳社会、引领绿色低碳发展的新一代青少年，发挥好教育系统人才培养、科学研究、社会服务、文化传承的功能，为实现碳达峰碳中和目标作出教育行业的特有贡献。"高校汇集着大量高知群体与社会精英，代表着最先进的教育水平、科技水平和文化水平，因此在绿色低碳的理念传播、制度管理、意识培育等方面具有引领效应，是推动全社会绿色低碳发展的重要阵地。努力建设绿色低碳校园，既是高校自身建设和发展的需要，也是高校责无旁贷的时代责任。可以将绿色低碳发展融入教育教学，融入校园建设，并引领提升教育服务贡献力，让绿色低碳校园建设不仅仅停留在纸面，对高校师生"润物细无声"的行为感染，使其牢固树立绿色发展理念，提高生态文明素养，促进绿色低碳意识和习惯的养成[6]。大学生在接受绿色低碳发展理念的影响同时，也能把热爱自然、节约资源、环境友好的绿色发展理念与生态理念传播到整个社会。

2. 建设绿色低碳校园的环境效益

随着社会的发展进步，人民生活水平不断提高，社会的主要矛盾正在发生转变，广大师生对学校美好学习和生活环境的要求也日益提高。党的二十大报告指出，我们坚持可持续发展，坚持节约优先、保护优先、自然恢复为主的方针，像保护眼睛一样保护自然和生态环境，坚定不移走生产发展、生活富裕、生态良好的文明发展道路，实现中华民族永续发展。在经济发展的同时，生态环境问题也备受关注。2024 年 1 月，中共中央、国务院印发了《关于全面推进美丽中国建设的意见》，要求"把建设美丽中国转化为全体人民行为自觉，鼓励园区、企业、社区、学校等基层单位开展绿色、清洁、零碳引领行动，形成人人参与、人人共享的良好社会氛围。"建设绿色低碳校园，应加强环境学科建设，优化校园内空间布局，合理规划各类公共绿地和绿植搭配，提升校园绿化美化、清洁化水平，提高师生的获得感和幸福感，从而构建人与自然和谐的校园环境。

3. 建设绿色低碳校园的经济效益

近几年来，随着招生规模的不断扩大，高校的建设规模、学生人数及耗能设备急剧增加，能源消费开支逐年加速上升，既有土地、建筑基础设施等发展性投入，也有交通、水、电、暖等维持运转性的支出，还有饮食、文体、图书、医疗卫生与生活用品等生活性消费，其中不合理消耗占相当大的比重，这不仅成为高校沉重的经济负担，而且严重影响办学效益，直接影响高校的可持续发展[7]。建设绿色低碳校园，通过采取一系列节能减碳措施和手段，可以有效节约资源，一定程度上降低办学成本，满足高校可持续发展的需求。另外，高校具有丰富的科教优势资源，学科门类齐全，高层次科技人才集聚，能为低碳科技创新培养科技人才和造就科技专家；高校具有产学研一体的自主创新能力，是低碳科技创新链上的重要环节，大量的低碳科技、清洁能源原创成果能带动科技应用、能为企业提供技术支撑，进而推进低碳经济发展技术产业化进程；高校还具有与企业密切联系的特点，科技创新研究和转化能与企业实现无缝对接，便于企业及时掌握市场需求信息，有效缩短低碳科研创新成果与满足市场需求的时间[8]。通过高校及校企合作建立起稳定的绿色低碳科技发展模式，对于地方区域，乃至国家的产业发展与经济效益具有极大的促进作用。

5.1.3　绿色低碳校园建设的现状

2020 年，教育部办公厅、国家发展和改革委员会办公厅正式印发《绿色学校创建行动方案》，标志着全国范围的绿色学校创建工作正式启动，文件要求各地必须积极开展创建行动，到 2022 年，60%以上的学校必须达到绿色学校创建要求，有条件的地方要争取达到 70%。以此作为开展绿色学校创建评价工作的指导性依据，各地教育行政部门贯彻落实绿色学校创建工作，制定评价规范，评价内容模块大致相同，但具体评分细则又不完全一样，在被动接受、摸索前行的状态下积极开展创建行动[9]。

以浙江省为例，省教育厅、省机关事务局、省发展和改革委员会联合发布《浙江省绿色学校（高等学校）评价规范》，以定性与定量相结合的评价方式，主要分为精神文化、物质条件、行为管理和管理绩效等 4 类一级指标、20 个二级指标、67 个三级指标，评价结果分优秀（三星）、良好（二星）和合格（一星）3 个等级。截至 2024 年初，浙江省已有 92 所高校分三批接受了绿色学校创建的评价，达到了省绿色学校评价规范的创建标准，浙江省高校创建成功率已达 84%。从整体来看，高校绿色校园建设确实取得了一定的成果，主要表现在加大绿化美化力度，生态校园初步建成；设施维护改造升级，提升节能节水能力；部署应用信息化平台，赋能绿色校园运行；教育科研并行，绿色建设理念渐入人心等[9]。

纵观我国绿色低碳校园建设情况，特别是低碳校园的建设依然处在初级阶段，存在“自上而下”（政府推动）的中国特色现象，缺乏“自下而上”（高校自发）的动力机制，绿色低碳校园建设仍然存在着一些问题亟需解决[3]。例如，部分高校由于历史和现实的原因，设计之初未能较多地融入节能减排和低碳设计的理念，而且基础设施已经陈旧，不节能、不环保设施设备过多；节能管理体制存在漏洞，缺乏明确的建设目标和责任分工考核机制；校园绿色低碳建设深度不够，能耗监测平台和能耗数据库不够完善；用于节能改造的经费不足，导致校园减碳建设不能落实到位；绿色低碳校园建设的相关管理人员和专业技术人员的业务能力亟需提高[10]。

建设绿色低碳校园不可能一蹴而就，是需要时间沉淀的一项复杂性和系统性工程，高校一定要充分认知绿色低碳校园建设的深远意义，全面知晓科学概念、原则和理念，合理制定符合本校实际的绿色低碳建设长远目标，以及系统性的具体实施方案。同时，绿色低碳校园的建设规模和要求将随着社会的发展、科技的进步、人类的需求、环境的变化而不断升级，在双碳背景下，绿色低碳校园建设将向着更新、更高的目标迈进。

5.2 绿色低碳校园基础建设

5.2.1 绿色低碳校园绿化

在校园建设的规划与改造中，应结合当地经济、资源、气候、环境及文化等特点，充分利用现有资源，着力优化校园内空间布局，合理规划各类公共绿地和绿植搭配，优化校园景观、景点，增加校园绿色人文内涵标识。

首先要持续加强学校绿化环境的建设，对学校绿化景观进行规划调整，使植物群落布局更加合理。合理设置绿化用地，科学合理地引进本地植物种，搭配乔、灌和草等植物，增加校园绿化面积，增加校园内部物种多样性，确保一定数量的植被面积，提高植被覆盖率，以保障校园内的碳汇，实现“春有花，夏有荫，秋有香，冬有绿”，构建人与自然和谐的校园环境[7]。

其次，校园内的动植物、微生物以及土壤、池塘等构成了每个学校独特的校园生态系统，而尊重生态系统的特殊性与内在规律才能保持系统的健康和谐发展。在植被与绿化方面，合理的植被和绿化设计可以吸收 CO_2，减少空气中的温室气体含量，降低碳排放。选择种植适应当地气候的植物、树木等有助于提高吸收能力。在生态湿地和雨水利用方面，设计生态湿地、雨水花园等水体景观，可以净化雨水，降低排放污染物的需求。在扩大绿化面积时，必须与区域环境相协调，合理设置空间格局、尊重客观的地形地貌，减轻或避免对原生态系统的破坏，实现最优的生态系统布局，最优的物种配置、最优的生态系统管理，以实现宜林则林、宜草则草、宜湿则湿，适地适树、适地适草、统筹治理的碳汇目标最大化，建设可持续发展的绿色和谐校园[11]。

另外，在整体校园绿化建设上，对每处景观景点再进一步细化、美化，并实现绿化与文化相结合，逐步提高绿化人文档次。校园绿色文化是指在生态文明理念的基础上，将经过长期积淀的大学文化与绿化景观相结合，形成备受全校人员普遍认同的价值观。校园环境是学校多年历史的缩影，也是文化内涵的积淀。绿色校园建设过程中，应依托地理地形环境、所建成的历史年代差异，融入学校的精神和文化的特色。既要协调绿化、水面、建筑等元素，形成丰富的园林景观绿化形态，创造舒适的校园自然环境，形成“自然美感”，又要将校园历史文化元素充分融入绿色景观，让校园景观承载和映射校园历史文化，充分反映出师生群体的精神风貌、审美情趣和价值取向，打造绿色文化景观带，构建富有文化底蕴的“人文美感”[9]。

5.2.2　绿色低碳校园能源

建设绿色低碳校园的核心之一就是节能、节水、节约资源。高校应加大资金的投入力度及节能技术的研究与开发，主要是对陈旧的设备进行更新，在条件许可的情况下对能源结构进行转换。按照节能、安全等要求全面改造旧式耗能设备；积极利用高新科学技术，优先使用节能产品设备；大力推广新型能源，立足高校实际，充分利用其他清洁能源。

使用绿色节能产品，规范垃圾分类管理，循环利用资源等。如在办公、教学实验及科研等用能设备中逐步淘汰高能耗、高污染的设施设备。使用节能型分体式房间空调器、饮用水热水供应设备、高效 LED 照明光源。使用采用变频、群控或电能回馈装置等节能措施的电梯。使用符合 GB/T 31436 要求的节水型器具。高层建筑给水系统合理分区，低区能充分利用市政供水压力。学校食堂按绿色食堂标准对标改造，使用节能环保餐饮设施设备，油烟净化设备高效且符合排放标准要求，餐厨废弃物就地无害化处理或由有资质单位处理。按照四分三化要求，规范生活垃圾分类收集；集中有效处理实验室有毒排放物。校园绿化采用喷灌、微灌等节水灌溉方式。严格执行政府限塑令及限制使用一次性消费品；实施使用再生纸、再生铅笔等再生办公用品，推广办公自动化系统等措施。循环使用书籍、刊物等纸制品，回收再利用报废家具。

因地制宜开展可再生能源利用、雨水(再生水)回用、能源资源综合利用等。如设置并运行余热回收、雨水收集、再生水利用、杂排水收集处理、浓水收集等非常规能源资源利用设施，从而为学校生活用水提供新的供水途径，减少校园雨水排水，将校园污水进行中水处理，充分用于景观用水、绿化用水、道路冲水、冲厕等，实现校园污水“零排放”。采用太阳能热水器、空气能热泵热水器等可再生能源制备作为生活热水系统主要热源[12]。提高绿色清洁能源的应用比例，从源头上减少碳排放。积极探索合同能源管理，开展光伏或风力发电的管理与服务，合理利用生态能源和太阳能等可再生能源。根据学校所处的日照和地区特征，可以充分利用学校屋顶空间，建设屋顶分布式光伏发电系统[13]。另外，推广新能源汽车的应用，与此同时配备足量的充电桩，构建绿色交通系统。

5.2.3 绿色低碳建筑

随着校园规模的发展与扩张，建筑的耗能和排放比重越来越高。因此，在设计、建造和使用的全生命周期内减少建筑的耗能，节约资源，提高能源使用效率，形成低碳节能的系统的同时，保证建筑的舒适、美观与自然和谐，成了各高校进行老旧建筑改造与新建筑设计的追求目标。

国家标准《建筑碳排放计算标准》(GB/T 51366—2019) 于 2019 年 4 月 9 日正式颁布，并于 2019 年 12 月 1 日起实施。该标准旨在贯彻国家有关应对气候变化和节能减排的方针政策，规范建筑碳排放计算方法，节约资源保护环境。同年 8 月 1 日，住房和城乡建设部发布《绿色建筑评价标准》(GB/T 50378—2019)，专门针对建筑节能规定专项评价指标；2021 年 10 月 31 日，住房城乡建设部正式发布了国家强制性规范《建筑节能与可再生能源利用通用规范》(GB 55015—2021)，这是住房和城乡建设部首次将碳排放作为强制标准纳入建筑节能规范。2024 年 3 月 12 日，国务院办公厅发布关于转发国家发展和改革委员会、住房城乡建设部《加快推动建筑领域节能降碳工作方案》的通知，要求在 2025 年，建筑领域节能降碳制度体系更加健全，城镇新建建筑全面执行绿色建筑标准，建筑领域节能降碳取得积极进展。根据评价标准，绿色建筑定义为：在全寿命期内，节约资源、保护环境、减少污染，为人们提供健康、适用、高效的使用空间，最大限度地实现人与自然和谐共生的高质量建筑[14]。

在校园建设和改造中，要充分引入节能减排的理念，全面执行绿色建筑标准，宏观聚焦绿色低碳校园的系统化、生态化和人性化理念，通过采用节能材料、优化建筑设计、利用可再生能源等措施，既能提供健康舒适的室内环境，又能降低对环境的影响，并减少能源消耗和碳排放。如高保温隔热性能外围护、高气密性构造设计、自然通风组织设计、可调节外遮阳技术、全热回收新风系统、温湿分控地源热泵空调系统、天然采光设计、室内外环境监测、可再生能源利用、室内舒适性和能耗监测、智能运行系统等。这些措施的应用不仅可能减少因建筑活动造成的对大气、土壤和水源的污染，也能够降低建筑的运营成本，促进可持续发展[15,16]。

5.2.4 绿色低碳食堂

国家机关事务管理局在 2019 年 11 月发布我国首部公共机构食堂技术规范文件《公共机构绿色食堂评价导则》，该评价体系坚持贯彻落实绿色发展理念，规范了公共机构食堂绿色设计、运行、服务和管理，对于引导公共机构绿色食堂创建具有重要意义。《公共机构绿色食堂建设与管理规范》(DB33/T 2422—2021) 将绿色食堂定义为，在设计、运行、服务和管理过程中，以节约资源、保护环境、安全健康为理念，采用经济合理的技术手段和管理措施，以资源效率最大化、环境影响最小化为目标，为就餐人员提供安全、健康服务的食堂。

食堂作为学校节能减排的重要组成部分，直接影响能源消耗和环境保护，绿色低碳食堂的建设需根据评价体系进行科学合理建设。主要从建筑与室内环境、节约用能、节约用水、环境影响与污染物控制、食品安全与营养健康、运营管理与信息化等方面入手。

建筑与室内环境的绿色低碳建设，应该按照建筑行业相对完善的标准体系开展食堂布局、建筑结构、环保材料应用、就餐环境等方面的建设。如为食堂服务的生活热水供应、供暖空调锅炉或空调制冷设备能效指标均符合《公共建筑节能设计标准》(GB 50189—2015)的要求，食堂通用部分的建筑也要求参考《绿色建筑评价标准》(GB/T 50378—2019)和《餐饮建筑设计标准》(GJ 64—2017)的内容执行。

推行能源资源的节约利用是绿色低碳食堂建设中最重要部分。食堂属用能用水重点部位，是公共机构节能减排的重要领域。绿色低碳食堂必须选用效率等级高的炊事用设施设备、卫生器具、照明设备、通风设备，配备齐全的能源计量器具，建立健全用电、用水、用气管理制度，替代使用可再生能源，加强人员的节能节水意识等。

食堂是污水、油烟、餐厨垃圾产生的最集中区域，采取有效措施降低污染物浓度，减少污染物排放量，是降低对环境影响最有效的方式。绿色低碳食堂必须达到国家对废气、污水、噪声的严格排放要求，如餐饮废气污染物排放应执行《饮食业油烟排放标准》(GB 18483—2001)的要求，食堂废水排放应符合《污水排入城镇下水道水质标准》(GB/T 31962—2015)，食堂的噪声应符合《社会生活环境噪声排放标准》(GB 22337—2008)等。另外，食堂应与地方垃圾分类规定的内容充分衔接，推进餐厨废弃物资源化利用。

保障食品安全与营养健康是绿色低碳食堂建设的前提，不仅要保证食物本身天然与营养，还要求食物生产和消费过程的绿色化。必须采取优质供应商筛选制度，配备合理的区域、设施满足使用需求，落实食品制作、加工操作规范的要求，建立食品检验、留样制度等保障食品安全的具体措施。必须在食堂财务、采购、库存、人力资源等方面融合信息化管理手段[17]。

5.2.5　绿色低碳数据中心

高校数据中心机房集成了信息化运算、数据存储和网络通信等软硬件设备设施，为高校提供了一个高性能、可靠的信息应用环境，其基础设施(包括供电、制冷、不间断电源、空调等系统)的安全、平稳运行是保障业务系统持续运行的必要条件。近年来，伴随高校教学科研活动的开展，大数据、云计算、物联网、人工智能等新技术的深入应用，机房设备数量不断扩增，数据中心机房体量越来越大，能源消耗也随之增长，而且，数据中心运行阶段能耗和碳排放远大于普通建筑，在全生命周期中占比大。因此，绿色低碳数据中心的建设是实现“双碳”目标、建设绿色低碳校园过程中需要重点解决的领域[18]。

《公共机构绿色数据中心建设与运行规范》(DB33/T 2157—2018) 对绿色数据中心的定义是：在全生命周期内，在确保信息处理及支撑设备安全、稳定、可靠运行条件下，最大限度地节约能源资源、保护环境、减少污染，提高能源利用效率，为设备和工作人员提供安全、适用和高效的使用空间，并与自然和谐共生的数据中心。数据中心绿色低碳建设的关键指标是电能使用效率 (electric energy usage effectiveness)，是用于反映同一时间周期内数据中心总电能消耗量与信息设备电能消耗量之比，其数值越接近 1，证明数据中心的能效利用水平越高。数据中心的设备总能耗主要包含 IT 设备能耗、冷却系统能耗、配电设备能耗及其他能耗。

建设绿色低碳数据中心，学校应根据数字化改革、能源体系规划，推进数据中心绿色规划布局，降低运行过程中的碳排放。优先考虑采用可再生能源，如风能、太阳能等绿色能源。引入循环经济和绿色建筑理念实现减量化、再利用、资源化，实现碳减排。及时淘汰和更新老旧设备，采用同等处理能力低能耗服务器和存储设备、散热冷却设备，降低 EEUE。结合数字化、智能化、标准化，实现数据中心自动驾驶。推动新型数据中心与人工智能等新兴技术协同发展，建立健全的数据中心管理体系和监测系统，实时监测数据中心的能源使用和碳排放等环境指标，及时发现问题并改进，保持数据中心的高效率和低碳排放[19]。

5.3　绿色低碳校园运行管理

5.3.1　组织机构与队伍

组织机构是创建绿色低碳校园的有力保障。绿色低碳校园建设是一项覆盖面广、内涵丰富、先进技术运用广泛的工程，学校应当进行系统性、全局性统筹规划，加强顶层组织架构设计和组织管理，确保目标明确、责任分明。学校应该成立以校领导为第一责任人、各职能部门和教学单位负责人为成员的绿色低碳学校创建工作领导小组，统一协调指挥、监督指导绿色低碳学校创建工作。领导小组要统一认识“绿色低碳”是学校高质量发展的底色，新形势下的绿色低碳校园建设是学校实现高质量发展的重要契机，学校要努力成为全社会大力推进生态文明建设的主阵地，争当贯彻新发展理念“急先锋”，自觉运用党的创新理论引领绿色低碳校园建设，为建设美丽中国提供智力、人才支持。领导小组应结合学校总体发展的规划目标及高校基础设施提质工程实施方案，在开展基础设施规划和既有建筑更新改造时，应主动采用绿色环保材料，积极利用新能源，从而减少资源消耗；充分发挥环境资源优势，大力开展绿色环保技术的研发、应用与普及，通过利用高新技术研发促进校园水、电、燃气等资源消耗量的减少、生活废弃物与碳排放量降低及校园废弃物的回收利用；引导师生积极参与绿色科技发明创造活动，并举办绿色低碳社会实践专项活动，厚植绿色发展理念，提升生态文明素养，积极引导教职工和学生养成绿色行为模式和习惯，自觉做生态环保的倡议者、践行者。同时要细分落实绿色低碳校园建设的具体任务、完成时间，明确责任人，确保绿色低碳校园建设高效落实[20]。

人才队伍是推进高校绿色低碳校园建设的主体。教育部在 2022 年 4 月印发《加强碳达峰碳中和高等教育人才培养体系建设工作方案》，要求高校紧紧围绕“新型太阳能、风能、地热能、核能及储能技术等碳零排关键技术，CO_2 捕集、利用、封存等碳负排关键技术攻关”组建重点攻关团队。高校必须引入绿色发展、绿色科技、绿色节能的复合型人才，指导学校的绿色校园建设向纵深发展。加强与地方新能源、节能企业密切合作，开展绿色技术人才培养，进行相关科研攻关。充分发挥高校土木、建筑、材料等传统工科学科优势，依托学科建设，大力推进紧扣“双碳”目标的工科学科体系建设和改造提升，开设装配式建造、智能制造等新专业，不断开拓契合“双碳”人才的培养路径，不断推进建筑节能工程施工中新材料、新技术、新工艺的充分运用，对建筑施工技术创新带来深刻变革，实现既加快工期又保证质量，最终形成节能环保的良性循环，从课程学习到实践运用的全过程，逐渐打造助力绿色低碳发展与生态产品价值实现的高端智库[4]。高校内绿色低碳校园管理队伍人员要配有碳资产管理师、高压电工证、能源管理体系内审员等并持证上岗工作。

同时出台并实施绿色低碳学校创建的相关规定制度，构建绿色低碳学校建设运行机制，明确绿色低碳学校建设组织机构、工作职责、奖惩制度等，并针对节能节水、垃圾分类、实验室危险废弃物处理等制定相关的管理规章制度，全方位确保绿色低碳校园运行建设取得成效。

5.3.2　目标与考核管理

高校应将绿色低碳校园建设列入学校发展规划，制定绿色低碳校园创建发展目标及实施方案，针对建设投入有专项经费保障，将建设工作纳入部门工作目标考核内容。

高校要落实绿色低碳校园创建的目标管理，即根据各部门的性质、规模等实际情况，制定用能定额管理及考核的制度文件，按照“谁使用，谁负责”的原则，以及依据高校现有计量设施覆盖情况推进能耗定额管理，对水、电已经单独计量的部门，率先实施能耗定额管理，对于未单独计量及没有明确使用部门的楼宇或办公室，根据计量设施设备安装计划逐步推进实施。根据国家机关事务管理局、国家发展和改革委员会关于“十四五”公共机构节约能源资源工作规划的要求，采取能源资源消费总量和强度双控措施，结合高校能耗现状，对已经实施水、电等单独计量的部门，核定该部门的水、电等能耗的具体定额指标，一般用电指标定额可按上一年度的95%下达，用水量指标定额可按上一年度的98%下达，定额指标确定后，原则上当年不作调整。如有人员、用房等较大幅度调整，或有较大用能设施设备的增加，确实需要调整的，由用能部门提出申请，经节能降耗（减排）领导小组同意后执行，并作为年度用能情况考核依据。

高校要建立合理有效的考核管理体系，落实低碳节能责任制，通过制定完善的监督管理考核体制，将低碳校园建设工作和实际成效纳入各部门、各院的工作岗位职责和年度绩效考核之中，做到年初有目标、年底有考核，形成层级负责的管理机制，实行绿色低碳校园建设监督、评估和考核问责制，对各部门的低碳措施的落实情况定期进行检查评比，促使各部门主动严格执行相关管理规定，督促师生员工节能减排，保护环境。完善激励机制，对于节约措施有效、节能效果突出的部门和个人实行奖励，建立有效的激励机制及相关的规章制度，从而激发广大师生员工厉行节约的积极性。通过上述一系列奖惩办法的实施，使低碳理念逐渐“根植于心、固化于制、外化于行”，从而推动和谐绿色低碳校园的建设。

目标与考核管理的实施将进一步加强高校能源资源的科学管理和合理使用，杜绝能源资源浪费，有利于推进节约型校园建设，降低学校运行成本，提高办学效益。

5.3.3　能源审计与水平衡测试

1. 能源审计

能源审计是通过各用能系统的现场调查、资料核查和分析能源利用状况，并确认能源利用水平，以及查找高校在能源利用方面存在的问题，分析对比并进一步挖掘节能潜力，提出切实可行的节能措施和建议。

审计内容主要包括高校的能源管理概况、用能概况及能源流向、能源计量及统计状况、能源资源消耗指标和消耗定额执行情况、主要用能系统运行效率计算分析、各项能耗指标计算分析、节能潜力分析、节能技改措施的财务和经济分析，并提出下一步用能建议与意见等。

具体过程包括制定方案，准备审计前期填写的表格资料；项目启动会介绍能源审计流程，发放调研表，与主要能源审计事宜进行沟通；查阅建筑物竣工验收资料和用能系统、设备台账资料，检查节能设计标准的执行情况；核对电力、天然气、水等能源资源消耗计量的年份记录和财务账单；进行现场检验、测试，检查用能系统、设备的运行状况，审查节能管理制度执行情况；审查能源计量器具的运行情况及能源计量的配备和检定/校准率，检查能耗统计数据的真实性、准确性；在能量平衡及水平衡的基础上，计算能耗指标，包含单位面积电耗、单位面积综合能耗、人均电耗、人均综合能耗、人均水耗；审查年度节能计划、能源消耗定额执行情况、节能改造项目实施情况；在对能耗指标进行分析对比的基础上，评估公共机构的能源利用状况；分别从管理节能和技术节能等多方面，查找存在节能潜力的用能环节或部位，提出合理使用能源的建议，给出有明显节能效果的管理节能和技术节能项目，测算节能项目的节能潜力并进行节能量计算；编制能源审计报告；与业主单位沟通确认；形成最终版能源审计报告。

2. 水平衡测试

水平衡测试是高校节约用水、科学管水的一项基础工作和基本方法。水平衡测试是对用水单元和用水系统的水量进行系统的测试、统计、分析得出水量平衡关系的过程，具体流程包括四个阶段：准备阶段、测试阶段、汇总阶段、分析阶段。

(1)准备阶段：高校应成立节水工作领导小组，负责测试的领导小组全面协调、测试实施、督促检查等；清楚水表、管道走向及耗水设备位置；配备有合格的水计量仪表，且二级计量率必须超过 95%；提供给排水管网图、高校基本情况介绍、水源情况、主要用水工艺、设备情况、用水统计数据和节水情况等资料；巡查地下管线，核对地下管网图纸。

(2)测试阶段：对高校内所有用水设备、用水点、阀门井、消火栓井等进行仔细检查，发现漏水点并及时维修；利用动态估算法或静态观测法对所有正常的一级表、二级表进行抄表计量，对于误差量超过 5%以上的用管线检漏仪等仪器进行探测，找出漏水部位并进行维修；对高校内用水情况、人员情况、用水设备型号、工艺流程等每天统计、分析、发现异常情况及时到现场查看并解决，然后进行收集汇总；重点用水设备的测试及进排水水质分析。

(3)汇总阶段：对各项测试数据做适当的修正，进行必要的整理，有时数据的整理要与平衡结合起来进行，填写单元用水平衡图表，绘制给排水系统平衡方框图和循环冷却水系统平衡方框图。

(4)分析阶段：根据水平衡测试的结果，对设备用水、生活用水的水量以及重复用水量、耗水量、排水量进行分析，并根据高校提供的各种数据资料，计算出合理用水的各项技术指标，并编写报告书。根据高校的水平衡测试分析结果，总结经验，提出持续改进方案，提高用水效率，降低用水成本[21]。

5.3.4 数字化监管平台

数字化监管平台是指利用物联网、大数据、人工智能等技术手段，对校园内的能源使用情况进行实时监控、分析和优化，以达到节能减排、降低运营成本、提高教育教学质量等目标。

数字化监管平台主要包括能耗数据实时监测、能耗数据分析与预测、能耗异常报警、能耗管理可视化、能耗管理智能化等功能模块。能耗数据实时监测可以实时监测校园内各个建筑物、教学楼、宿舍楼等的能耗数据，包括用电量、用水量、用气量等，帮助学校管理者及时了解能耗情况，及时采取措施降低能耗。能耗数据分析与预测可以对历史能耗数据进行分析，预测未来的能耗趋势，帮助学校管理者制定科学的能耗管理策略，提高能源利用效率。能耗异常报警可以对能耗数据进行实时监测，一旦发现能耗异常情况，如用电量突然增加、用水量异常等，会及时向学校管理者发送报警信息，帮助管理者及时采取措施，避免能耗浪费。能耗管理可视化可以将能耗数据以可视化的方式呈现，如图表、地图等，这种呈现方式不仅直观易懂，而且能帮助学校管理者更好地理解和分析数据。能耗管理智能化可以通过人工智能、大数据等技术手段，对能耗数据进行分析，提供智能化的能耗管理方案，帮助学校管理者更加科学地管理能耗，降低能源浪费。

通过数字化监管平台可以达到能源使用效率提升，能源成本控制和对校园环境的保护。因此实施数字化监管平台建设是非常必要的，能为校园节能降耗提供基础数据，为能源利用提供辅助，可实现科学降耗，提高资源利用效率。

5.4 绿色低碳校园文化宣传

5.4.1 绿色低碳校园文化建设

绿色低碳校园文化是指学校的教学环境、学习生活和文化活动等一切活动都遵循的基本价值理念，要将生态理念融入人才培养、科学研究、社会服务等各个领域，着力建设绿色、开放、包容、和谐的校园文化，以创造出一个可持续发展的校园人文环境。

绿色低碳校园文化应包含绿色低碳物质文化建设、绿色低碳精神文化建设、绿色低碳行为文化建设、绿色低碳制度文化建设，集中表现为一种共同的行为准则、价值观念和道德规范，具有先导、辐射、熏陶、教育、约束等功能，在学校发展中具有举足轻重的作用。

(1)绿色低碳校园物质文化建设。突出校园环境及建筑的特色，在校园内各种不同场景统一设计一系列标识、符号和标语等，通过鲜明的视觉符号，为师生提供更加直观而又生动的视觉体验，使之成为全校师生共同认知和践行的行动准则，引领师生形成一种自觉、主动地参与生态文明建设的良好习惯，逐步达到创建绿色低碳现代大学校园的目的。绿色低碳校园物质文化建设不仅限于低碳校园环境建设，校园物态的存在形式，还应关注低碳建筑、低碳设备的使用、新能源使用、节能新技术、新材料的使用等方面的建设。

(2)绿色低碳校园精神文化建设。将绿色低碳教育融入大学的办学理念和人才培养教育中，构建科学合理的生态文明课程体系，同时以学科优势和地域特色为指引，将绿色教学和科研实践融入办学宗旨中，通过产学研密切协作，推动绿色创新项目研发、绿色科技创新和成果转化。营造学生自主参与绿色体验教育的文化氛围，通过参与式绿色教育系列课程，潜移默化地影响并提高学生参与绿色校园建设的主动性。利用绿色校园文化建设和各种绿色环保实践活动，充分发挥组织精神在推进绿色低碳行动中的重要作用和校园文化对人的熏陶作用。

(3)绿色低碳校园行为文化建设。充分发挥学生组织和志愿者的积极作用，利用每年开展的与环境相关主题宣传教育活动，向全校师生进行绿色低碳教育和普及绿色生活方式方面的宣传教育，建立起学校低碳理念传播体系，构建低碳校园氛围，让全体师生成为践行低碳社会发展的先锋力量。积极宣传推广绿色低碳文明的生活模式及节能减排知识，结合绿色学校创建的各个环节及绿色低碳领域进行知识的科普，通过践行低碳生活，提升师生的低碳意识，建立低碳行为习惯。

(4)绿色低碳校园制度文化建设。建立健全绿色低碳校园相关配套标准、办法和实施方案等基础性文件和规章制度，使各项制度与学校发展目标同向而行、共同推进和协调互动，为实现学校绿色发展目标提供有力保障。定期召开会议讨论研究绿色校园建设规划，确定年度重点工程和阶段性成果，及时总结推广经验，推动落实各项规章制度措施，形成促进绿色教育和管理创新的长效机制，全面推进绿色校园制度落地[22]。

5.4.2　绿色低碳生活行为养成

引导学生把绿色低碳生活理念变成具体行为。学生掌握的绿色低碳知识再多，如果没有真正树立绿色低碳生活理念，没有真正把绿色低碳生活理念落实在具体行动上，那么绿色低碳生活仍然离他们很远。因此，绿色低碳生活应从衣、食、住、学、行等方面改变学生的生活习惯，引领绿色低碳生活新时尚，促进人与自然和谐发展。在穿衣方面，要选用棉、麻等天然纤维面料的服装，拒用动物皮毛制品，少用皮革制品，以此降低碳排放；通过减少洗涤次数，手洗代替洗衣机洗涤、新旧服装搭配等方式，提高服装的再利用率，延长服装的使用寿命；将服装淘汰成为二手物品，实现新的循环和流转。在饮食方面，倡导拒绝食用野生动物、饮食适量、剩余打包、自备水壶和少喝饮料，提倡少荤多素、粗细搭配、少油少盐的绿色低碳饮食理念。在居住方面，倡导随手关灯、充电适度、节约用水、宿舍少装饰、随身携带购物袋和少使用塑料制品等行为习惯。在学习方面，倡导节约用纸、使用环保铅笔、集中上自习以充分利用教室资源、电脑屏保尽量选择节电模式和打印资料时缩小字号、行距等行为习惯。在出行方面，倡导乘坐公共交通工具，或选择“拼车”、自行车、步行等绿色低碳出行方式，尽量选择就近游玩，远行选择火车等行为习惯。上述这些内容涵盖了大学生生活的方方面面，更为重要的是，这些内容都是学生学习、生活中的举手之劳，简单可行。因此要从这些细微处抓起、做起，引导大学生参与生态文明建设并践行绿色低碳生活[7, 23]。

5.4.3 绿色低碳社会实践活动

组织师生参与节约能源、环境保护等绿色低碳实践活动，让学生在实践活动中受教育、长知识、养行为。开展节水、节能、保护环境等主题征文、演讲、比赛活动。如“我是母亲河的推荐人”视频征集活动；“建党、爱党、绿水青山，科技治污”党建、环保知识人机大赛；环保大赛；低碳循环科技大赛；“学习低碳环保，建设文明生态”线上讲座等等。

建设节能环保类学生社团组织，组织师生志愿者在校内外开展公益宣传、环保义卖等形式的公益活动。学生社团有绿色协会、自然之友博物学社等，积极开展节能环保类活动。通过举办活动，让学生与志愿者们共同参与校园环境的保护，提高环保意识，树立可持续发展观，走向绿色低碳生活。积极组织学生参加各类公益团和夏令营活动，举办“海洋减塑”、绿色实践活动（植树节）、旧衣物回收等公益活动，传播绿色低碳理念，践行文明行为，积极为构建绿色低碳社会发挥引领和辐射作用。

建立校内外绿色低碳实践基地，深入社区、企业、机关等单位，开展学生生态文明实践活动。学校与有关产业、环保企业签订绿色低碳实践基地合作协议书，以此丰富学生的课外实践活动，提高学生绿色低碳意识，激发节能减排热情，共同致力于社会主义生态文明建设。如调研工业废物循环利用状况，考察交流废弃矿坑的复耕复绿，建筑渣土资源化利用和生物质炭化还田施用试验基地等；开展以“聚焦双碳 共赴共富”为主题的暑期社会实践活动，以“绿色低碳环保”为主题的墙绘实践活动，以“双碳理念入童心”为主题的知识普及活动等；开展直播带货，让大山的“宝贝”走出去，用心用情助力乡村振兴。

5.5　绿色低碳校园管理制度

5.5.1　能源管理体系

能源管理体系以降低能源消耗、提高能源利用效率为目的，针对组织活动、产品和服务中的能源使用或能源消耗，利用系统的思想和过程方法，在明确目标、职责、程序和资源要求的基础上，进行全面策划、实施、检查和改进，以高效节能产品、实用节能技术和方法以及最佳管理实践为基础，减少能源消耗，提高能源利用效率。引入持续改进的管理理念，采用切实可行的方法确保能源管理活动持续进行、能源节约的效果不断得以保持和改进，从而实现能源节约的战略目标。能源管理体系的建立可按如下步骤进行：①领导决策与准备：管理者的承诺，任命管理者代表并提供资源。②范围界定：包括组织的活动范围、组织的管理权限范围、组织的现场区域和地理边界、法律法规的要求、组织的产品和服务范围、财务边界和运行边界。③初始能源评审。④体系的策划。⑤能源管理体系文件的编制。

管理承诺是最高管理者对建立、实施、保持和持续改进能源管理体系做出的承诺，确保配备能源管理体系所需的适宜资源，任命管理者代表等。根据管理承诺制定和实施能源方针和目标，作为组织的发展方向和战略目标的组成部分。初始能源评审确定主要用能区域、主要耗能设备、主要岗位人员，组织各部门开展节能机会识别活动，查找企业存在的用能损失和浪费环节，识别出能源绩效改进机会，并对节能机会进行了评价和排序，确定优控能源绩效改进机会并进行控制策划；确定能源管理基准，基于能源评审过程收集到的能源利用和消耗数据，确定每年度能源目标，以上一个年度能源实际消耗量为基准。能源管理小组依据基准年能源利用和消耗状况确定了各部门的能源基准，作为能源管理体系有效性评价的依据；确定能源绩效参数，基于能源基准和国家经济运行标准，确定学校级、主要耗能部门和部分重点耗能设备设施的主要能源绩效参数，作为日常能源管理监视、测量和分析的依据；实施能源管理措施计划，各部门对确定的优控能源绩效改进机会，按照设备种类、控制方法等因素进行了分类、分析；编制能源管理措施方案，按策划监视、测量和分析能源绩效。按照能源管理体系要求，定期对能源目标指标的完成情况进行统计分析；对优控项和能源管理实施方案进度情况进行监督检查；对主要用能设备关键绩效参数进行在线监控、巡视，寻找不合理用能点。每月召开成本分析会议，及时汇总各重点用能部门用能情况和发现的问题并进行分析，持续改进，不断提高能源绩效水平。

5.5.2　水电管理制度

加强对高校的水电管理，有利于控制水电运行成本，创建节约型校园。高校的水电管理需要实行分级管理，分为主管部门和二级管理单位，按照“谁使用、谁负责”要求，落实水电管理责任制和具体管理员，负责使用范围内的日常水电管理工作。同时实施水电用能定额指标管理及考核，供水供电的用户均应安装水电表，每只水电表作为一个计费单位，无法计量部分以设备容量按实分摊。建立水电费专用账户，实行专款专用，同时根据不同的场所实施分类收费。建立水电抄表、核对、巡查等工作的规范程序，定期抄表，按时提供结算清单。逾期未缴者，按日加收5%的滞纳金。

高校水电基础设施建设由学校统一规划、设计并组织实施。水电设施的配套建设，必须符合国家规定的节能要求。水电设施的维护及运行实行“统一管理，分级负责”制，加强设施的日常巡查、报修、维修机制。

加强节水节电管理，实施水电节能措施，开展宣传教育活动，提高全校师生员工的节能意识，推进节水节电技改，倡导勤俭办学，提倡低碳生活，推进节约型校园建设。任何单位和个人都应严格遵守水电法规和学校有关规定，确保合法、安全用水用电。有违反学校用水用电管理规定的情形，应按最大量计算追回水电费外，有权停止向其供应水电，并追究当事人相关责任。

5.5.3　垃圾分类制度

为了加强生活垃圾分类管理，改善校园人居环境，提高生活垃圾减量化、资源化、无害化水平，培养学生的环保意识和责任感，需对生活垃圾进行分类处理。

生活垃圾主要分为可回收物、有害垃圾、易腐垃圾、其他垃圾。高校垃圾分类管理工作需要设主管部门，主要负责生活垃圾分类管理工作的综合协调、统筹规划、指导督促和检查考核，对生活垃圾分类投放、收运、运输、处理实施监督管理。其他职能部门负责组织生活垃圾分类宣传、实施，并对全校垃圾分类宣传工作进行业务指导和监督管理，引导和动员全校师生参与生活垃圾分类管理工作。

(1)实行生活垃圾分类投放。生活垃圾投放管理责任人应当按照规定设置生活垃圾分类收集容器、建立生活垃圾分类投放日常管理制度，开展生活垃圾分类知识宣传，动员、指导、监督等。产生生活垃圾的部门和个人为生活垃圾分类投放义务人，应当按照规定在指定的地点将生活垃圾投放至对应收集容器内，禁止随意倾倒、抛撒、堆放或者焚烧生活垃圾。实行生活垃圾的分类收集、运输、处理。从事生活垃圾收集、运输、处理的企事业单位应当执行有关技术标准、行业规范和操作规程，对生活垃圾进行分类收集、分类运输。对不符合分类规定的，应当及时告知该投放管理责任人，要求该投放管理责任人进行分拣，拒不分拣的，收集、运输单位可以拒收，并及时报告高校垃圾分类主管部门处理。生活垃圾应当按照规定分类处理，可回收物应当采用资源化利用方式处理；有害垃圾应当由具有相应处理资质的单位按照规定进行处理；易腐垃圾应当按照规定交由厨余垃圾处理单位集中处理；其他垃圾应当由符合规定的生活垃圾终端处理单位进行处理。

(2)制定生活垃圾分类管理应急预案。因突发性事件等原因，生活垃圾收集运输单位无法正常作业的，生活垃圾收集运输单位或者生活垃圾分类投放管理责任人应当立即向高校垃圾分类主管部门报告，主管部门应当立即启动应急预案，组织有关单位分类收集运输生活垃圾。建立健全的高校生活垃圾管理制度对于促进高校校园环境的整洁和美观、培养学生的环保意识和责任感、促进校园可持续发展具有重要意义。

5.5.4　废弃物管理制度

废弃物管理是学校可持续发展的重要组成部分，对于保护环境、节约资源和培养学生良好的生态环保意识具有重要意义，科学合理的废弃物管理制度能够规范废弃物的分类、收集、储存和处理，最大限度地减少对环境和健康的影响。

(1)废弃物进行分类是废弃物管理的基础。高校应当制定详细的废弃物分类标准，并在学校内设置相应的废弃物分类容器，例如纸张、塑料、金属、电子废弃物、厨余垃圾等，还应当进行废弃物分类知识的教育宣传，提高学生和教职工的废弃物分类意识。废弃物进行收集与储存。学校应当建立废弃物收集体系，并制定相应的收集措施。废纸、塑料、金属等干垃圾应当集中收集，并定期清理和储存；厨余垃圾和其他湿垃圾应当做好分类、收集和储存工作，以免引发异味和传染病。高校应当配备足够的收集容器和储存设施，并定期清理和消毒。废弃物进行处理与回收。高校应当选择适当的废弃物处理方式，例如焚烧、填埋、化肥制造、回收等。对于可回收的废弃物，可以通过设立回收站点或邀请专业回收公司等方式进行回收利用。对于有害废弃物，学校应当采取相应的处理措施，例如委托专业机构处理或者投放到专门的有害废弃物处理箱中。

(2)加强对废弃物的监管与考核。高校建立废弃物管理的监管与考核机制，确保管理制度的执行和效果。可以设置废弃物监管部门或者委托专业机构进行监管。考核可以通过定期巡查、总结评比、教职工及学生的评价等方式进行。科学合理的废弃物管理对于学校的环境、资源和健康至关重要。通过有效的分类收集、处理回收，可以最大限度地减少废弃物对环境的污染，并实现资源的可持续利用，也有利于培养学生的环境保护意识和对废弃物的正确处理方式。

5.5.5　节约粮食制度

节约粮食是我国长期以来一直倡导的一项重要任务，高校作为培养未来人才的基地，更需要加强节约粮食的管理制度建设。

高校食堂要加强食品采购、储存、加工动态管理，推行荤素搭配、少油少盐等健康饮食方式，制定实施防止食品浪费措施。鼓励采取预约用餐、按量配餐、小份供餐、按需补餐等方式，科学采购和使用食材。抓好高校食堂用餐节约，实施高校食堂反食品浪费工作成效评估和通报制度。开展高校食堂检查，纠正浪费行为。同时强化高校食堂就餐现场管理，加大食堂就餐检查力度，培养学生勤俭节约、杜绝浪费的良好饮食习惯。把节粮减损要求融入师生的行业规范，推进粮食节约宣传教育，将文明餐桌、“光盘行动”等要求纳入文明校园创建内容，切实发挥各类创建的导向和示范作用。切实加强公务接待、会议、培训等公务活动用餐管理。按照健康、节约要求，科学合理安排饭菜数量，原则上实行自助餐。严禁以会议、培训等名义组织宴请或大吃大喝，严格落实中央八项规定及其实施细则精神。

高校餐饮的经营行业要健全标准和服务规范，要求餐饮服务者主动提示消费者适量点餐，主动提供“小份菜”“小份饭”等服务，在菜单或网络餐饮服务平台的展示页面上向消费者提供食品分量、规格或者建议消费人数等信息。充分发挥社会监督作用，鼓励反映举报餐饮浪费行为。对餐饮服务食品浪费违法行为，依法严肃查处。

加强节约粮食舆论宣传，深入宣传节粮减损的法律法规、政策措施，普及节粮减损技术和相关知识。深化公益宣传，精心制作播出节约粮食、反对浪费公益广告。在用餐场所明显位置张贴宣传标语或宣传画，增强反对食品浪费意识。充分利用世界粮食日和全国粮食安全宣传周等重要时间节点，广泛宣传报道节粮减损经验做法和典型事例。加强粮食安全舆情监测，做好舆论监督，对粮食浪费行为进行曝光。禁止制作、发布、传播宣扬暴饮暴食等浪费行为的节目或者音视频信息。节约粮食不仅仅是一种行动，更是一种责任与担当，人人都要积极参与，为创建绿色低碳校园添砖加瓦。

参 考 文 献

[1] 黄宇. 绿色学校的内涵及其创建[J]. 环境教育, 2001(1): 11-14.

[2] 刘畅, 林波荣, 宋凌. 建立我国绿色学校评估体系[J]. 建设科技, 2009(14): 42-45.

[3] 邬国强, 景慧, 汪旸. 高等学校绿色校园建设的策略研究[J]. 国家教育行政学院学报, 2017(6): 27-32.

[4] 张桢远, 何仕. 高校绿色校园建设实践路径初探[J]. 福建工程学院学报, 2023(4): 186-191.

[5] 樊东坡. 低碳时代下高校建设[J]. 当代经济, 2012(6): 100-102.

[6] 赵楠, 张珽, 穆雪梅. 创建绿色学校工作的实践研究——以首都体育学院为例[J]. 北京教育（德育），2023(11): 69-71.

[7] 任燕. 高校建设低碳校园的意义及实施策略[J]. 教育探索, 2011(7): 84-86.

[8] 孙丽霞. 谈高校低碳校园建设的内涵及其路径[J]. 商业经济, 2011(1): 15-21.

[9] 王立民."双碳"背景下的高校绿色校园建设的举措——以浙江大学为例[J]. 高校后勤研究, 2023(11): 10-11, 18.
[10] 谢小利, 曾燕, 何苏洁, 等. "3060 双碳"目标下高等院校绿色低碳校园建设全过程管理路径新探[J]. 绿色建筑, 2023(3): 5-7, 20.
[11] 韩慧萍, 秦渊. 双碳目标下高校低碳路径研究——以中国地质大学(北京)为例[J]. 资源节约与环保, 2023(3): 138-144.
[12] 田海涛, 陆青, 蒋雪华. 高校绿色校园建设中节水措施的探索与实践[J]. 广西城镇建设, 2023(11): 94-100.
[13] 谢方静, 李慧娟. 基于光伏储能的低碳校园技术研究[J]. 广东化工, 2023(21): 63-65, 69.
[14] 王强, 田备. 高校绿色建筑智慧运营管理探索与实践——以江南大学为例[J]. 建设科技, 2019(7): 47-52.
[15] 智元超, 孔雅楠. 高校等公共机构绿色低碳转型实施路径研究[J]. 现代盐化工, 2023(6): 105-107.
[16] 翁思娟, 郭丽莉. "双碳"时代高校校园降碳路径研究[J]. 建设科技, 2023(13): 84-86.
[17] 钱龙, 熊可馨. 中国绿色食堂评价指标体系构建[J]. 自然资源学报, 2022, 37(10): 2519-2530.
[18] 许熠堃, 谭欣晨. 高校数据中心机房绿色运维服务的实践探索[J]. 高校后勤研究, 2023(10): 29-31.
[19] 刘紫亮. 提高数据资产管理效能 持续推动公共机构数据中心绿色化建设[J]. 中国机关后勤, 2023(12): 19-20.
[20] 张文明, 雷连宝, 涂必华, 等. 基于生态文明思想的绿色高校建设研究与实践——以安徽工业大学为例[J]. 安徽工业大学学报(社会科学版), 2022(6): 93.
[21] 吴穗丽. 基于水平衡测试工作流程和方法[J]. 给水排水 Vol.40 增刊, 2014: 26.
[22] 齐泽轩, 何燕玲, 李尚龙, 等. "双碳"目标下绿色校园文化建设路径研究[J]. 文化创新比较研究, 2023(2): 147-148.
[23] 王鹏. 学校落实"双碳"目标的具体路径探索[J]. 环境教育, 2023(11): 73-74.

第 6 章　绿色低碳创业

“双碳”背景下经济社会面临全面绿色低碳转型，绿色低碳化是实现产业高质量发展的关键所在。本章将厘清绿色低碳创业的概念，回顾绿色低碳创业的历史，分析绿色低碳创业的现状，同时对绿色低碳创业路径与模式、相关政策与法规进行阐述，通过选取不同领域中绿色低碳创业的成功案例对行业绿色低碳发展的现状与前景做了深入剖析。

6.1　绿色低碳创业概述

6.1.1　绿色低碳创业概念

创业是推动经济社会发展、改善民生的重要途径。创业教育是促进学生成长成才、实现人生价值的需要。新时代青年不仅要学习和掌握扎实的科学理论知识，还要有创新思维和创业意识，勇于投身社会主义现代化建设事业的伟大实践，在创业中成就事业，在创业中成长成才[1]。习近平总书记在二十届中共中央政治局第十一次集体学习时指出：“绿色发展是高质量发展的底色，新质生产力本身就是绿色生产力”①。这一重要论述深刻阐明了新质生产力与绿色生产力的内在联系，为加快发展方式绿色转型、以新质生产力赋能高质量发展提供了科学指引。解决生态环境问题，最根本的路径就是改变传统过度依赖资源环境消耗的增长模式，推动经济发展进行质量变革、效率变革、动力变革，坚定不移走生态优先、绿色发展之路[2]。绿色低碳创业正是推动绿色低碳发展的重要动力。在全球气候变化和生态危机日益凸显的今天，绿色低碳创业作为一种经济活动新模式，日益受到政府、企业和社会各界的重视。

创业是创业者对所拥有的资源进行优化整合，从而创造出更大的经济或社会价值的过程。绿色低碳创业的概念在 21 世纪初随着全球对气候变化问题的深刻认识而兴起。瑞士学者 Schaltegger 提出，绿色创业（green entrepreneurship）是一个较为宽泛的概念，它是指以环保和可持续发展为核心理念，通过识别、评估并利用市场机会，创建或改造企业，提供环境友好型产品、服务或解决方案的创业活动[3]。美国学者 McMullen 认为环境创业（environmental entrepreneurship）是指通过识别

① 习近平在中共中央政治局第十一次集体学习时强调加快发展新质生产力扎实推进高质量发展[EB/OL]. 新华网[2024-02-01]. https://china.huanqiu.com/article/4GPOPj0dn9r.

和抓住解决环境问题所带来的商业机遇，开发、推广和应用环保技术和产品，以减少环境污染的一种创业形式[4]。美国学者 Munoz 和 Cohen 则提出，可持续创业(sustainable entrepreneurship)的概念关注的是长远的、不牺牲未来世代利益的发展路径，旨在创建一种既能带来经济效益又能维持生态平衡和社会公正的商业模式[5]。在一定程度上，绿色创业、可持续创业、环境创业等概念在语义、内涵上与绿色低碳创业均有重叠、交叉[6]。以上几种创业概念都旨在践行环保原则，致力于构建兼顾经济效益与环境友好的社会，以减少环境污染、降低能源消耗和保护生态平衡，不仅有力驱动产业结构升级转型，也为社会经济的可持续发展提供重要的驱动力和支持。

综上所述，本书认为绿色低碳创业是侧重碳排放、碳测算、碳交易等与碳相关的活动，并以碳达峰碳中和为最终目标的创业行为，以减少环境污染、降低能源消耗、保护生态平衡为原则，通过创新技术和商业模式，实现经济效益与环境保护的双赢。绿色低碳创业不仅追求财务收益，同时也着重于社会和环境效益的实现，是应对气候变化挑战、实现可持续发展的重要手段，它要求企业在追求经济效益的同时，积极履行碳中和的社会责任，借助技术创新和商业模式创新，构建起兼顾经济发展与环境保护的良性循环机制。

6.1.2　绿色低碳创业历史

20 世纪末，国际社会对于环境保护和可持续发展的重视程度显著提高，低碳经济理念逐渐成形，并在全球范围内开始推广。进入 21 世纪后，尤其是在 2003 年英国发布《我们能源的未来：创建低碳经济》能源白皮书之后，“低碳经济”和“低碳创业”的概念被正式提出并得到广泛传播。创业者和企业家响应政府政策和市场需求，开始积极研发和应用低能耗、低排放的技术和产品，创办企业时将以减少碳足迹、节约资源、保护生态环境作为核心价值导向，通过创新技术、服务和商业模式，在实现商业成功的同时，推动社会朝着更加绿色和可持续的方向发展[7]。因此，可以说绿色低碳创业是伴随着全球应对气候变化挑战和向低碳经济转型的时代需求而诞生和发展起来的新兴创业领域[8,9]。

绿色低碳创业的历史演变可以划分为 3 个重要发展阶段：

1. 萌芽期：环保理念与商业实践的初步融合(20 世纪 90 年代～21 世纪初)

绿色低碳创业的起源可追溯到 20 世纪 90 年代，随着全球对气候变化问题的关注度日益提升，可持续发展理念逐渐深入人心，各国政府开始倡导和推动低碳经济的发展。在这一阶段，绿色低碳创业的概念尚处在萌芽阶段，其历史背景主要由全球环境问题的凸显和可持续发展理念的确立而构成[10]。随着工业革命以来人类活动对自然环境造成的影响日益严重，尤其是气候变化问题逐渐进入公众视野，联合国于 1992 年通过了《联合国气候变化框架公约》，明确了国际社会共同应对气候变化的决心。

20 世纪 90 年代末，《京都议定书》的签订进一步推动了全球范围内碳排放控制和温室气体减排的工作，为低碳经济的发展奠定了政策基础。各国政府开始调整产业结构，鼓励能源高效利用和清洁能源开发，为绿色低碳创业提供了最初的市场导向和政策支持。

在此背景下，一些具有前瞻意识的企业家和创业者开始尝试将环保理念与商业模式相结合，孵化出一批早期的绿色低碳创业项目。这些项目往往聚焦于提高能效、减少污染物排放和推广可再生能源等方面，例如太阳能光伏产业、风力发电、生物质能及节能建筑技术等领域的初创企业应运而生。此外，这一阶段的绿色低碳创业还体现在对传统行业节能减排改造上，比如通过技术创新降低汽车尾气排放、改进生产工艺减少工业污染等。尽管当时这类企业的规模相对较小，市场份额有限，但它们的成功实践标志着绿色低碳创业作为一种新型商业模式正式步入历史舞台，并为后续快速发展积累了宝贵经验和技术储备[11]。

20 世纪 90 年代到 21 世纪初短短 20 年间，绿色低碳创业在世界范围内的兴起既源于全球环保共识的形成与政策引导，也得益于科技创新力量对环境保护与经济发展双重目标的积极探索与实践[12]。这一时期，虽然整体市场规模及影响力尚未完全展现，但也开启了一个全新的绿色创业时代，为全球迈向低碳经济社会转型奠定了良好的基础。

2. 快速发展期：绿色产业的多元化发展（21 世纪初～2015 年）

进入 21 世纪，绿色低碳创业在全球范围内进入了一个快速扩张和深度变革的时期。尤其是在 2003 年英国发布“创建低碳经济”能源白皮书后，绿色低碳创业的概念被进一步明确并加速推广。绿色低碳创业在政策大力驱动下，凭借技术创新的力量成功实现了市场的快速扩容，并在此过程中积极进行模式创新，为全球低碳转型和可持续发展注入了强劲动力。

一方面，各国政府纷纷出台鼓励性政策，包括税收优惠、补贴支持和技术研发资助等措施，大力推动低碳技术和产品的创新应用，通过一系列法律法规和激励措施，为绿色低碳创业提供了强大的政策推动力[13]。例如，欧洲联盟实施了一系列严格的碳排放标准，并推动建立起欧盟碳排放交易体系；美国政府推出了投资税收抵免政策，支持可再生能源项目的发展；中国也制定并实施了新能源产业发展规划和节能减排政策。另一方面，国际组织和多边合作机制进一步强化了对绿色低碳创业的支持，如《京都议定书》的执行和后续全球气候变化谈判进程，都促使各国加大对低碳技术和产业的投资，形成了良好的国际协作氛围。同时，绿色低碳领域的科研投入显著增加，新技术、新材料、新工艺不断涌现，有力地推动了创业项目的落地和市场化进程。太阳能光伏效率的提高、风力发电技术的进步、电动汽车电池技术的突破，以及智能电网、能源管理系统的研发等，都在此期间取得了技术创新的重要成果。

随着政策支持力度的增强和技术进步的推动，绿色低碳市场的规模迅速扩大，吸引大量投资者关注并参与其中。从新能源汽车到分布式能源系统，从节能建筑到废弃物资源化利用，各领域绿色低碳的企业数量和市场规模均实现了快速增长[14]。因此，绿色低碳创业呈现多元化发展趋势，不仅涉及能源领域，还扩展到了交通、建筑、农业、制造业等多个行业。并且，在市场扩容的过程中，绿色低碳创业还展开了模式创新的积极探索。企业通过创新商业模式，如建立碳交易市场、推行循环经济模式、实施绿色供应链管理等，成功实现了经济效益与环境效益的双重提升。同时，碳交易市场的兴起也为低碳创业开辟了新的盈利路径，将环境效益转化为实实在在的经济效益[15]。

3. 深度转型期：迈向绿色低碳发展新时代(2015 年至今)

2016 年 4 月，《巴黎协定》的签订标志着全球应对气候变化进入了新的历史阶段，也标志着全球对于低碳发展的高度共识。协定设定了全球升温控制在远低于 2℃的目标，并为全球气候治理设定了明确目标和路径，这为绿色低碳创业提供了明确的方向和前所未有的发展机遇，进一步强化了各国政府对低碳经济发展的政策导向，催生了大量绿色低碳技术创新项目及企业。协定促使各国政府加大减排力度，制定更加严格的环保法规和政策，推动碳定价、碳交易等市场化机制的发展，为绿色低碳项目创造了有利的市场环境。同时，也鼓励了对清洁能源技术、能效提升技术以及负排放技术的研发投资，为相关领域的创业者提供了更广阔的舞台。与此同时，联合国提出的 17 项可持续发展目标(SDGs)也为企业提供了更加清晰的社会责任导向。

在此背景下，绿色低碳创业领域也迎来了前所未有的机遇与挑战并存的局面。一方面，随着国际社会对碳中和的共识加深，以及新能源、节能技术、环保材料等领域的研发投入不断加大，众多创业公司得以迅速崛起，推动行业整体技术水平显著提升。例如，电动汽车产业在电池技术进步的驱动下实现了爆发式增长，可再生能源如太阳能、风能的成本大幅降低，逐渐具备与传统能源竞争的能力。另一方面，实现绿色低碳发展也面临着巨大的挑战，比如如何有效解决清洁能源储能问题，提高能源利用效率，发展负排放技术以抵消难以避免的温室气体排放，成为创业者们亟待攻克的技术难题。同时，在商业模式上，需要探索更高效、公平的碳交易机制，推进循环经济体系构建，促进资源循环利用，从而确保企业在追求经济效益的同时兼顾环境效益和社会责任。

当前，绿色低碳创业已从个别领域的突破走向全社会各行业的深度渗透与融合。大数据、人工智能、物联网等新一代信息技术的应用，使绿色低碳解决方案更为智能化和精准化。此外，越来越多的传统企业开始进行绿色转型升级，追求绿色制造、零排放生产，并投资于负碳技术的研发与应用，绿色低碳创业由此进入了新的发展高潮。绿色低碳创业正在全球范围内掀起一场深刻的能源革命与产业结构调整，未来将继续在科技创新、模式创新、制度创新等多个维度拓展发展空间，为应对气候变化、建设美丽地球家园贡献力量。

绿色低碳创业历经初步融合、规模化发展，再演变到现如今迈向绿色低碳发展的新时代，这 3 个阶段共同构成了绿色低碳创业的历史脉络，从最初的萌芽到如今的深度变革，随着全球应对气候变化的紧迫性日益增强，以及联合国可持续发展目标的深入推进，绿色低碳产业将成为全球经济增长的新引擎和社会进步的重要支柱。在政策驱动、市场需求和技术进步的共同作用下，绿色低碳创业经历了从单一领域探索到全行业渗透的过程，逐步成为全球经济社会转型的重要引擎。

6.1.3 绿色低碳创业现状

当前，全球绿色低碳创业正处在蓬勃发展的阶段。在政策支持与市场需求的双轮驱动下，清洁能源、节能环保和绿色交通等领域的创业项目层出不穷。技术进步是推动绿色低碳创业的核心动力，新能源技术的成熟应用使太阳能、风能、电动汽车等行业实现了快速发展。同时，循环经济理念深入人心，绿色产品和服务的需求日益增长，为创业者提供了广阔的市场空间。各国政府积极出台扶持政策，引导社会资本投入绿色低碳产业，催生出一系列创新商业模式和跨界融合的业态，展现出绿色低碳创业强大的生命力和发展潜力。

1. 技术驱动下的绿色低碳创业热潮

当前，绿色低碳创业在众多领域蓬勃发展，其中技术进步与应用是推动这一领域创新活动的核心驱动力。可再生能源技术日新月异，清洁能源技术、节能环保技术和绿色交通技术等的快速成熟与广泛应用，无不吸引了众多创业者投身其中[16]。从太阳能光伏、风能发电到电动汽车、氢能汽车的研发和推广，再到建筑节能改造、智能电网建设，一系列技术创新正引领创业项目不断涌现，为全球能源结构转型和环境改善提供有力支撑。仅 2023 年，我国就新成立了超过 30 万家注册资本超过 100 万元的新能源相关企业。在国内政策法规体系扶持下，以太阳能光伏发电和风电为代表的新能源开发与利用已经形成初步规模和一定的经济效益。截至 2022 年底，可再生能源发电累计装机容量 12.13 亿 kW，占全部电力装机的 47.3%。

美国的 NextEra Energy 公司作为全球最大的风能和太阳能发电企业，通过不断技术创新和项目开发，已成功将风能和太阳能转化为商业上可行且具有竞争力的能源供应方式。该公司不仅运营着大规模的风电场和太阳能电站，还致力于储能技术的研发与应用，有效解决了可再生能源间歇性供电的问题，实现了清洁能源生产的稳定性和连续性，为绿色低碳创业树立了行业典范。我国的吉利汽车西安工厂被评定为国内整车企业首个零碳工厂，通过自建 52MW 的超级光伏电站，实现了 100%使用可再生能源电力，年均发电量达到 4750 万 kW·h，每年减少 CO_2 排放约 27000t，相当于植树造林 3196ha。此外，该工厂建立了水资源循环利用体系，显著降低了单车水耗，减少了环境污染。吉利推出的银河 L7 车型，还展示了其在低碳汽车产品上的创新。该车型凭借 194.92gCO_2e/km 的低碳排放水平，荣获“2023 年度中国汽车低碳领跑者车型”奖项。这些案例充分展示了绿色低碳创业在技术创新引领下的活力与潜力，随着技术迭代升级和成本持续下降，绿色低碳创业将持续释放更大的发展空间和市场机遇。

2. 响应可持续发展目标的市场需求增长

随着国际社会对气候变化问题关注度提升以及联合国可持续发展目标的提出，市场对绿色低碳产品和服务的需求日益增强。越来越多的企业和个人消费者倾向于选择环保友好型的产品和技术解决方案，从而推动了绿色低碳创业市场的持续扩容和发展潜力释放。绿色低碳创业在全球范围内响应可持续发展目标的市场需求也随之呈现出显著增长态势。这一现象的发生原因主要有以下 3 点。

(1)全球气候变化与环境问题日益严峻，引发了国际社会对绿色低碳发展和可持续目标的高度重视。联合国提出的 17 项可持续发展的目标中，有多项目标直接或间接涉及环保、清洁能源和能源效率等方面，这为绿色低碳创业提供了明确的战略导向。随着公众环保意识的提升和政策法规的收紧，消费者、企业和政府均开始倾向于选择低碳、节能、环保的产品和服务，从而催生出对绿色低碳产品和技术的巨大市场需求。

(2)经济结构转型与产业升级是市场需求增长的关键因素。随着各国逐步摆脱对化石燃料的依赖，大力推动能源革命和绿色工业体系构建，许多传统高排放产业正经历深度绿色转型，向低碳化、智能化方向发展[17]。例如，在建筑行业，绿色建筑的设计与建造需求剧增；在交通领域，电动汽车和公共交通系统的普及率持续攀升。这些变化都极大地拉动了绿色低碳创业市场的发展空间。

(3)企业社会责任和品牌形象建设促使企业主动寻求绿色低碳解决方案。众多企业为了满足投资者、消费者及监管机构对其环境绩效和社会责任的要求，纷纷加大绿色低碳技术研发投入，优化生产流程，采用清洁生产工艺，并通过采购绿色供应链产品等方式来降低碳足迹，这也为绿色低碳创业创造了大量的商业机会。

由此可见，响应可持续发展目标的市场需求增长是由全球气候危机、政策导向、经济结构变迁及企业社会责任等多种因素共同作用的结果。在此背景下，绿色低碳创业市场不断拓宽并深化，不仅体现在市场规模的扩大上，还表现在产业链上下游的深度融合以及新兴业态的创新涌现。未来，随着技术进步和社会变革的持续演进，绿色低碳创业将在实现经济社会可持续发展的道路上发挥更加关键的作用。

3. 政策导向与产业融合催生新型业态

多国政府为了实现碳中和目标，纷纷出台了一系列激励和支持绿色低碳产业发展的政策，包括财政补贴、税收优惠、绿色信贷等措施，为创业者提供了良好的政策环境。同时，绿色低碳创业也逐渐打破传统行业边界，与其他产业深度融合，如绿色农业、循环经济、绿色金融等新型业态不断出现，展现了绿色低碳创业广阔的发展前景和创新活力。在全球绿色低碳转型的大背景下，政策导向与产业融合在催生新型业态方面发挥着至关重要的作用。这一过程中，政府通过制定一系列鼓励和规范绿色低碳发展的政策框架，引导社会资本投入相关领域，推动不同行业之间的深度融合，进而孕育出具有创新性和竞争力的新型业态。

(1)政策层面，各国政府纷纷出台了一系列支持绿色低碳创业的政策措施。例如，提供财政补贴、税收优惠等激励措施，降低创业者初期的资金压力；设立绿色信贷、绿色债券等金融工具，为项目融资拓宽渠道；实施严格的环保法规和碳排放标准，倒逼企业转型升级。这些政策举措不仅直接促进了绿色低碳技术的研发和应用，还为产业跨界融合创造了良好的外部环境。截至 2023 年末，我国本外币绿色贷款余额 30.08 万亿元，同比增长 36.5%，高于各项贷款增速 26.4 个百分点，比年初增加 8.48 万亿元。其中，投向具有直接和间接碳减排效益项目的贷款分别为 10.43 万亿元和 9.81 万亿元，合计占绿色贷款的 67.3%。而仅 2024 年 1 季度，国内市场就发行了 91 只绿色债券，规模合计 1145.15 亿元。

(2)政策导向下，各产业间壁垒逐渐被打破，产业融合趋势日益明显。以循环经济为例，政府倡导资源循环利用和减少废弃物的理念，使得制造业与回收再利用产业紧密联结，形成了“生产-消费-回收-再生产”的闭合产业链条，从而诞生了诸如逆向物流、产品生命周期管理等新兴业态。同样，在能源领域，电力系统与信息技术、交通系统的融合，促使智能电网、电动汽车充电网络、微电网等一系列新型业态迅速崛起。

(3)随着科技创新的不断深入，绿色低碳产业与其他高新技术领域的结合也催生出新的商业形态。比如，人工智能、大数据技术应用于能效优化、智慧城市建设中，形成智慧能源、绿色建筑等新兴产业形态；区块链技术则为碳交易市场提供了透明度更高、信任机制更强的解决方案，推动碳金融市场的发展和完善。政策导向与产业融合共同塑造了绿色低碳创业的新格局。政策作为引导和约束的双重力量，有力地推动了各类产业围绕绿色低碳目标进行深度整合与创新实践，进而衍生出众多符合可持续发展理念且具有广阔前景的新型业态。这些新业态不仅丰富了绿色经济体系的内容，也为全球应对气候变化、实现可持续发展目标提供了有力支撑。

6.2　绿色低碳创业路径与模式

6.2.1　绿色低碳产业前景

绿色低碳产业作为全球应对环境挑战、推动可持续发展的重要引擎，被广泛认为是未来全球经济发展的关键领域。该产业涵盖了清洁能源、绿色建筑、低碳交通及绿色金融等多个分支，具有显著的环保效益和经济效益，预示着一轮新的经济增长点和就业机会的到来。

在清洁能源领域，随着技术的进步和成本的降低，太阳能、风能、水能等可再生能源的应用正在以前所未有的速度普及。比如太阳能光伏产业，通过不断创新提高光电转换效率，降低生产成本，使得太阳能发电在许多国家和地区已成为最具竞争力的电力来源之一。同时，核能、地热能、生物质能及氢能等新能源技术也在不断突破中，这将极大减少对化石能源的依赖，有效遏制温室气体排放，为经济发展注入绿色动力。

绿色建筑行业正引领建筑业转型与升级。在全球范围内，越来越多的建筑设计和建造开始遵循低碳、节能、环保的原则，采用绿色建材、高效节能系统和智能管理系统，力求实现建筑全生命周期的低能耗、零排放。绿色建筑不仅能改善人居环境，提升居民生活质量，还将带动新材料、新技术的研发与应用，创造大量就业岗位，并促进相关产业链的繁荣与发展。

低碳交通的发展也呈现出强劲势头。电动汽车、混合动力汽车及氢燃料电池汽车等新能源车辆的推广使用，不仅降低了交通运输领域的碳排放，还加速了电池储能、充电设施等相关配套产业的成长。与此同时，公共交通系统的优化、非机动车出行的鼓励政策以及智能交通管理系统的建设，都将助力构建更加绿色、高效的综合交通体系。

绿色金融作为一种创新性的金融手段，为绿色低碳产业的发展提供了必要的资金支持和市场激励。金融机构通过设立绿色信贷、发行绿色债券、开展碳交易等方式，引导社会资本投入绿色项目，促使企业和个人更多关注并参与环保事业。此外，建立和完善绿色评级体系和信息披露制度，有助于提升绿色投资的透明度和可信度，进一步激发市场活力。

绿色低碳产业前景广阔，将在解决全球环境问题的同时，有力推动经济结构转型升级，创造出新的经济增长点和大量的就业机会。各国政府、企业和社会各界需共同携手，以科技创新为核心驱动力，依托有效的政策引导和市场机制，共同塑造一个更为绿色、低碳、可持续的未来世界。

6.2.2　绿色低碳创业路径

绿色低碳创业的路径包括市场需求趋势分析、绿色低碳技术研发、产品服务革新升级，以及营销策略手段构建，如图 6.1 所示。创业者需要结合市场趋势，采用创新的商业模式，如互联网+绿色服务、共享经济、闭环经济等，实现企业发展与环境保护的双重价值。

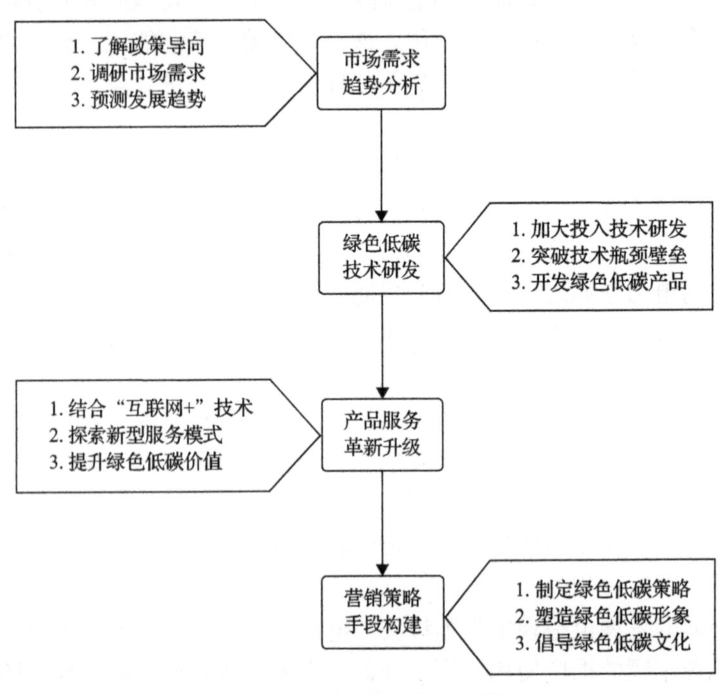

图 6.1　绿色低碳创业路径图

1. 市场需求趋势分析

在绿色低碳创业的初期，创业者需深入分析市场趋势和用户需求，识别具有发展潜力的低碳环保领域。通过对国内外政策导向、行业发展动态及消费者环保意识变化的研究，找准绿色产品或服务的市场切入点。例如，随着能源结构改革，新能源汽车、智能家居、废物资源化利用等领域的市场需求激增，为创业者提供了丰富的创业题材。

创业者需要对绿色低碳市场进行深度分析，了解当前和未来环保政策导向、消费者绿色消费趋势及行业转型需求。这需要通过详尽的数据分析、行业调研及趋势预测，明确绿色低碳产业的发展趋势及潜在市场空间，深入研究和准确把握市场需求，既包括政策导向带来的市场机遇，也涵盖了消费者环保意识提升所催生的新兴需求。通过对环境问题的深刻认知，使企业明确在节能减排、资源循环利用、清洁能源应用等方面所能提供的价值，找准自身在绿色产业链中的定位。

2. 绿色低碳技术研发

绿色低碳创业的核心竞争力在于技术创新，创业者应积极投入研发，推动新能源技术、节能技术、环保材料及废弃物处理等领域的突破。通过自主创新或引进先进技术，开发具有低能耗、低排放特性的产品和服务，实现从源头到终端全生命周期的绿色化。

创业者需依托科技创新，研发和引进低碳、环保的先进技术，实现产品和服务的绿色化改造。通过研发高效的节能技术、清洁能源技术、资源循环利用技术等，提升产品性能，降低环境影响。例如，研发高效率太阳能电池板、推广电动汽车动力系统、开发智能垃圾分类回收系统等，都是绿色低碳技术在创业项目中的实际应用。

3. 产品服务革新升级

在绿色低碳创业中，产品和服务的创新是至关重要的环节。在具备了核心技术的基础上，创业者需结合互联网、大数据、物联网等现代信息技术手段，对传统商业模式进行绿色化改造，创造出符合绿色低碳理念的产品和服务，并探索新的商业模式，以实现企业价值和环保目标的双重提升。例如，打造线上线下融合的绿色服务平台，推行共享经济模式下的绿色出行解决方案，或者建立闭环经济体系以促进资源高效利用，这些都旨在提供更加便捷、智能且环保的产品和服务。

创业者应当创新商业模式，将绿色低碳理念融入企业的运营模式和产品设计中，打造独具特色的绿色服务。例如，利用互联网平台提供线上绿色咨询服务、推广共享经济模式下的共享单车、电动汽车租赁服务，或者构建闭环经济体系，通过再生资源的回收和再利用，减少废弃物产生，形成可持续的产业价值链。绿色低碳创业需要不断创新产品和服务模式，将环保理念融入企业的核心业务之中，从而引领行业向更可持续的方向发展。

4. 营销策略手段构建

在绿色低碳创业过程中，可持续的品牌形象构建同样至关重要。为了确保绿色低碳创业项目的成功推广和落地，企业需制定并实施一套符合绿色低碳发展理念的营销策略。这包括但不限于：塑造绿色品牌形象，提升公众对低碳产品的接受度；运用绿色认证、碳足迹标签等工具，提高产品市场辨识度；积极参与绿色供应链建设，倡导绿色消费文化；通过社会责任报告等方式，透明公开企业的环保行动和成果，赢得社会信任与支持。企业需通过倡导绿色消费理念，实施环保包装、绿色宣传等措施，将企业的绿色价值主张传递给消费者和社会公众，从而提升市场竞争力和品牌形象。

在创业过程中，创业者须综合考虑社会效益、经济效益和环境效益，采取可持续的市场营销策略，传递绿色品牌价值。这包括但不限于：定期进行环境影响评估，公开透明地报告企业环保行动及成效；积极参与碳排放权交易、绿色供应链管理等活动，完善企业碳足迹体系；通过公益宣传、绿色认证、客户教育等方式，提升品牌形象，赢得消费者信赖，从而实现企业长期稳健发展。

6.2.3 绿色低碳创业模式

从产品服务创新到绿色供应链管理，绿色低碳的创业模式多种多样。这些模式强调的是通过创新技术和商业策略，实现资源的高效利用和循环再生[18]。通过对绿色低碳创业模式的总结，将其分为技术革新型、共享服务型、绿色管理型、碳汇补偿型 4 种，这些模式均以实现低能耗、低排放和高资源利用率为目标，通过不同路径推进经济社会向绿色低碳转型，从而在环境保护与经济发展之间寻求平衡点。

1. 技术革新型绿色低碳创业模式

技术革新型绿色低碳创业模式聚焦于清洁能源、节能技术和环保新材料的研发与应用，着重通过研发和应用创新技术推动清洁能源的开发与利用、节能减排技术和产品的推广，以及通过环保新材料的研发等实现产业的绿色升级。这类创业公司致力于技术创新，寻求在解决环境问题的同时创造经济价值[19]。

如北京某公司在环保领域凭借其“绿色发展，共护碧水之源”的宗旨，专注于污水处理和水资源循环利用技术的创新。该公司膜法水处理技术在工业废水处理和市政饮用水净化方面发挥了关键作用，通过提高水资源的循环利用率，有效减轻了水环境污染，促进了水资源的可持续利用，实现了资源价值的最大化和社会环境效益的双重提升。

2. 共享服务型绿色低碳创业模式

绿色服务与共享经济在绿色低碳创业中扮演着重要角色，它倡导通过提供高效便捷的服务来减少资源消耗和环境压力。共享服务型模式鼓励资源共享，以避免重复购买和生产所带来的资源浪费和环境污染。绿色服务创业着重于提供能够减少物质消耗、提高资源效率的服务形式，如共享单车、共享充电宝、在线会议平台等，通过优化资源配置，降低不必要的生产和消费过程中的碳排放[20]。该模式凭借其高效的资源配置能力，有效实现了节能减排的目标，为解决环境问题提供了新的思路和途径。

杭州超腾能源技术股份有限公司作为绿色服务领域的实践者，其业务模式充分体现了绿色服务与共享经济的结合。超腾能源主要致力于为用户提供全面的节能减排解决方案和能效管理服务，通过技术创新和服务创新，推动企业和社会实现绿色低碳发展。超腾能源提供能源审计、节能咨询等专业服务，帮助企业识别能源消耗的关键环节，并提出针对性的优化方案。例如，公司可能运用先进的在线监测系统和数据分析技术，对企业的能耗进行实时监控和精细化管理，帮助企业降低运营成本，减少不必要的资源浪费。公司还在实际运营中融入了共享经济的理念，通过推广合同能源管理（EPC）等模式，实现了资源共享和效益共享。合同能源管理是一种基于市场机制的节能新机制，由超腾能源这样的节能服务公司投资改造用户端的设备设施，通过节能收益分享的方式回收投资成本并获取利润。这样不仅降低了用户实施节能改造的资金和技术门槛，也使得节能效果能够得到更有效的保障和持续的提升。

3. 绿色管理型绿色低碳创业模式

在绿色管理型绿色低碳创业模式下，企业从原材料采购、生产加工到产品销售、回收处理全过程实施严格的绿色标准和管理制度。这一模式强调企业在整个供应链管理环节中运用环保理念，通过优化资源配置、减少废弃物排放、推广绿色采购等方式实现环境友好型生产和经营。绿色供应链整合与管理创新模式要求企业全方位地审视并改善自身及其上下游伙伴的生产、流通及消费过程，通过对资源的有效整合和精细化管理，推动整个产业体系向更加环保、低碳的方向转型，从而实现经济效益与生态效益的和谐统一。

深圳百果园集团在水果零售行业积极推行绿色供应链建设，通过严格筛选供应商，确保农产品的无公害种植，降低农药残留和化肥使用对环境的影响。同时，百果园还引入了先进的物流管理系统，提升运输效率，减少能源浪费，并倡导消费者参与果皮等废弃物的分类回收，形成了一条完整的绿色产业链。

4. 碳汇补偿型绿色低碳创业模式

碳汇补偿型绿色低碳创业模式往往通过金融手段赋能绿色低碳产业，助力企业和个人实现经济效益与环境效益的双赢。如植树造林、湿地保护等生物碳汇项目，以及碳捕获、利用与封存（CCUS）等负排放技术的应用，并倡导通过金融工具和机制创新，引导资金流向低碳环保项目，促进绿色产业的发展[21]。比如，有些初创公司专注于发展碳汇交易市场，帮助企业购买碳汇抵消自身排放；或者研发直接空气捕捉(DAC)技术，从大气中抽取并储存 CO_2，为实现净零排放目标提供技术支持。

蚂蚁集团旗下的蚂蚁森林是一项具有深远社会影响力的公益项目，将线上线下的绿色行为与公益造林相结合，用户可以通过低碳生活积累“绿色能量”，兑换成真实的树苗，由蚂蚁集团及其合作伙伴在荒漠化地区进行种植。截至 2021 年的数据显示，蚂蚁森林已带动超过 6.13 亿人践行低碳生活，累计产生了 2000 多万吨的绿色能量值，种下了 3.26 亿棵树，覆盖甘肃、内蒙古等多个省份，其中部分地区的植树数量超过 1 亿棵。此外，项目还设立了 18 个公益保护地，守护着 1500 多种野生动植物，为生态环境保护和生物多样性做出了显著贡献。同时，蚂蚁集团还发行了多款绿色主题的理财产品，吸引公众参与绿色投资，将绿色金融的理念融入大众日常生活中。蚂蚁森林项目不仅促进了公众的环保意识，还通过实际的植树和生态修复工作，有效减少了碳排放，对减缓全球气候变化产生了实际影响。通过创新的互联网+公益模式，成功调动了广大民众参与环保的积极性，展现了数字技术在推动绿色低碳生活、促进生态文明建设方面的巨大潜力，其环保行动和成果获得了国际认可，2019 年该项目荣获联合国“地球卫士奖”。

6.3 绿色低碳创业政策与法规

6.3.1 全球绿色低碳创业政策与法规

全球范围内，许多国家和地区为了鼓励绿色低碳创业的发展，纷纷制定了一系列重要的政策和法规，且已经开始通过立法和政策引导绿色低碳创业的发展。

1. 联合国政府间气候变化专门委员会

联合国政府间气候变化专门委员会(Intergovernmental Panel on Climate Change, IPCC)是世界气象组织(WMO)及联合国环境规划署(UNEP)于 1988 年联合建立的政府间机构，其主要任务是对气候变化科学知识的现状、气候变化对社会、经济的潜在影响以及如何适应和减缓气候变化的可能对策进行评估，为决策者定期提供针对气候变化的科学基础、其影响和未来风险的评估以及适应和缓和的可选方案[22]。

IPCC 的评估为各级政府制定与气候相关的政策提供了科学依据，是联合国气候大会-联合国气候变化框架公约(UNFCCC)谈判的基础。评估具有政策相关性，但不具政策指示性。IPCC 向 WMO 和联合国的所有成员国开放，目前有 195 名成员。IPCC 主席团由成员国政府选举产生，就委员会工作的科技方面的问题向委员会提供指导，并就相关管理和战略问题提供建议。

2. 欧盟《欧洲绿色交易》

欧盟《欧洲绿色交易》(European Green Deal)是一项由欧洲联盟于 2019 年底提出的全面战略计划，旨在使欧盟成为全球首个气候中和的大陆，并确保到 2050 年实现碳中和。这一宏伟蓝图涵盖了广泛的经济和社会领域，不仅关注减少温室气体排放，还涉及环境保护、生物多样性恢复、资源效率提升及社会公正转型等方面。该计划涵盖了能源、交通、农业、建筑等多个领域，通过立法、投资和创新手段，推动整个经济社会向绿色低碳转型，为相关领域的创业者提供了明确的政策导向和支持[23]。

《欧洲绿色交易》对全球绿色低碳创业产生了深远的影响，不仅为创业者提供了明确的政策导向，也为整个产业链带来了前所未有的发展机遇，激发了新能源、新材料、智能科技等众多领域内的创新创业活动。同时，作为全球最大的单一市场之一，欧盟的绿色转型行动也对其他地区起到了示范和引领作用。

3. 美国清洁能源与安全法案

美国清洁能源与安全法案(American Clean Energy and Security Act，ACES)，也被称为 Waxman-Markey 法案，是 2009 年由众议院提出的旨在应对气候变化、促进清洁能源发展和提高能源效率的重要立法提案。该法案试图通过建立一个全面的国家碳排放交易系统(Cap-and-Trade System)来限制温室气体排放，并提出了一系列措施以推动可再生能源的发展，提高能效标准以及支持低碳技术的研究与创新[24]。

尽管美国清洁能源与安全法案在众议院获得通过，但在参议院未能达成一致并通过成为法律，但它仍然是美国历史上最重要的气候变化立法尝试之一。该法案旨在建立一个全国性的碳排放交易系统，并为清洁能源研发提供资金支持，从而引导企业和创业者投入到绿色低碳技术的研发与应用中。其所倡导的理念和措施对美国乃至全球的气候政策制定和低碳经济发展产生了长远的影响，许多州级政府及联邦政府也在不同程度上受到了它的启发和影响。

美国尽管在联邦层面尚未统一推行碳税或碳交易制度，但多个州已经建立了自己的碳排放交易市场，如加利福尼亚州等。目前只有华盛顿州实施了碳税政策，尽管其他州也曾尝试立法但未能成功。加利福尼亚州自 2013 年开始运行加州-魁北克联合碳市场(WCI)，后来与魁北克省以及墨西哥的部分地区联合进行碳排放配额交易。这一机制要求大型温室气体排放主体购买碳排放权，从而促进其降低排放并转向更清洁的能源。

4. 北美碳定价机制

加拿大自 2019 年起实施了全国范围内的碳定价体系，要求各省份和地区对碳排放进行定价，以此激励企业和个人减少温室气体排放。加拿大的碳定价机制主要分为两种形式：碳税和排放交易系统。2019 年起，加拿大政府开始在全国范围内推行碳税计划，对于没有自行制定足够严格的省级碳定价体系的省份和地区，联邦政府将直接征收碳税。该税收根据排放量计算，并逐年递增，旨在鼓励减少化石燃料消耗，推动低碳经济的发展[25]。诸如魁北克省、安大略省（现已退出）和不列颠哥伦比亚省等部分省份建立了自己的碳排放交易体系，允许企业通过购买或出售碳信用来实现减排目标。这种市场化的手段促进了清洁能源投资和技术革新。

碳定价机制促使企业和个人在日常消费和生产活动中更加注重能源效率，加速了从传统能源向清洁能源的转型，同时也为绿色低碳创业项目提供了市场需求和商业机会。此外，它还提高了公众对气候变化问题的认识，并引导资本流向可持续发展领域。这些碳定价措施的影响同样体现在环保意识提升、新能源产业增长、能源结构优化等方面。北美地区的碳定价机制虽不尽相同，但在实践过程中都起到了推动减排、促进绿色低碳经济发展的作用，并为全球应对气候变化提供了宝贵的经验。同时，它们也揭示了在不同政治体制下，实施有效气候政策所面临的挑战与机遇。

5. 日本战略性创新创造计划

日本战略性创新创造计划（Strategic Innovation Promotion Program，SIP）是由日本内阁府主导，自 2014 年开始实施的一项大型科研项目计划。其中包含了低碳社会创新战略，即通过政府主导的研发项目支持新能源、能效提升、碳捕获与储存等关键技术的研发与产业化，促进了绿色低碳产业的发展。该计划旨在解决国家层面的中长期社会经济问题，包括环境、能源、健康医疗、网络安全等多个领域，其中与绿色低碳创业密切相关的主要是“能源与环境领域”的研究课题[26]。

通过实施一系列措施，日本战略创新创造计划为相关领域的创业者提供了明确的技术研发方向和市场机遇。同时，政府资助和政策扶持促进了初创企业、大学和研究机构之间的合作，加速了科技成果向商业转化的过程。不仅如此，该计划的施行还促进创造了一个有利于绿色低碳产业发展的良好生态环境，吸引了国内外投资，推动了整个行业的发展壮大，对于推动日本绿色低碳科技发展、促进创新创业、应对全球气候变化具有深远影响。

6. 澳大利亚可再生能源目标

澳大利亚可再生能源目标(Renewable Energy Target，RET)是一项旨在鼓励和推动澳大利亚国内清洁能源产业发展的政策。该政策最初设定的目标是到2020年全国能源供应中至少有20%来自可再生能源，随后经过调整，政府设定了更具体且具有法律约束力的大型发电设施可再生能源比例指标[27]。这项政策不仅刺激了太阳能、风能等清洁能源产业的发展，也催生了大量的绿色创业机会。

RET要求电力零售商购买一定数量的可再生能源证书(Renewable Energy Certificates，REC)，这些证书由可再生能源发电项目根据其产生的每兆瓦时绿色电力获得。通过这一机制，大型电力公司被强制投资于可再生能源项目或从市场上购买REC以满足法定配额。对于太阳能光伏系统、风能发电机等小规模可再生能源设备安装者，可以通过创建小型技术证书(Small-scale Technology Certificates，STCs)来获取补贴，降低了家庭和企业采用可再生能源的成本。

RET政策为澳大利亚的可再生能源产业吸引了大量投资，推动了风电、太阳能等清洁能源项目的发展，促进了相关产业链的成长，并创造了大量的就业岗位。同时，随着更多可再生能源项目的建设和运行，澳大利亚整体的温室气体排放量得到一定程度的减少，对实现国家减排承诺起到了积极作用。除此之外，RET还刺激了相关技术研发和创新，有助于提高可再生能源的技术成熟度和市场竞争力，加速能源结构转型进程。值得注意的是，尽管RET在初期可能导致电费上涨，但随着可再生能源成本的持续下降以及市场规模效应的显现，长期来看有利于稳定甚至降低电力价格。

6.3.2　中国绿色低碳创业政策与法规

2020年9月22日，我国在第75届联合国大会一般性辩论上宣布，中国CO_2排放力争于2030年前达到峰值，努力争取2060年前实现碳中和。我国积极稳妥推进“双碳”工作，大力推动能源革命，推进产业绿色低碳转型发展，倡导绿色生活方式，推进经济社会发展全面绿色转型。2021年10月24日，中共中央、国务院印发的《关于完整准确全面贯彻新发展理念做好碳达峰碳中和工作的意见》发布。作为碳达峰碳中和“1+N”政策体系中的“1”，意见为碳达峰碳中和这项重大工作进行系统谋划、总体部署。2022年6月，科技部、国家发展和改革委员会、工业和信息化部等9部门印发《科技支撑碳达峰碳中和实施方案(2022—2030年)》(国科发社〔2022〕157号)，统筹提出支撑2030年前实现碳达峰目标的科技创新行动和保障举措，并为2060年前实现碳中和目标做好技术研发储备。各级地方人民政府为推动绿色低碳创业也出台了一系列法律法规，为绿色创业提供了有力的政策支持。

1.《关于构建市场导向的绿色技术创新体系的指导意见》

2019 年 4 月，国家发展和改革委员会、科技部颁布的《关于构建市场导向的绿色技术创新体系的指导意见》(发改环资〔2019〕689 号)旨在指导和促进绿色技术创新体系的构建，强调市场导向原则，鼓励企业、高校、研究机构等多元主体参与，通过政策激励、资金支持、平台建设等措施，加速绿色低碳技术的研发与成果转化，形成创新驱动的绿色低碳发展新模式。绿色技术创新是绿色发展的重要动力，是打好污染防治攻坚战、推进生态文明建设、促进高质量发展的重要支撑。要以解决资源环境生态突出问题为目标，坚持市场导向，强化绿色引领，加快构建企业为主体、产学研深度融合、基础设施和服务体系完备、资源配置高效、成果转化顺畅的绿色技术创新体系，推动研究开发、应用推广、产业发展贯通融合。

2.《“十四五”工业绿色发展规划》

2021 年 11 月，《“十四五”工业绿色发展规划》由工业和信息化部印发。该规划明确了工业绿色低碳发展的总体思路、发展目标和主要任务，推动工业领域实现低碳、循环、清洁、高效发展。该规划提出，到 2025 年，工业产业结构、生产方式绿色低碳转型取得显著成效，绿色低碳技术装备广泛应用，能源资源利用效率大幅提高，绿色制造水平全面提升，为 2030 年工业领域碳达峰奠定坚实基础；碳排放强度持续下降，单位工业增加值 CO_2 排放降低 18%，钢铁、有色金属、建材等重点行业碳排放总量控制取得阶段性成果；污染物排放强度显著下降，有害物质源头管控能力持续加强，清洁生产水平显著提高，重点行业主要污染物排放强度降低 10%；该规划还同时提出，到 2025 年，我国绿色环保产业产值达到 11 万亿元。

3.《建设国家农业绿色发展先行区 促进农业现代化示范区全面绿色转型实施方案》

2022 年 9 月，农业农村办公厅联合发展和改革委员会办公厅、生态环境部办公厅等多部门发布了这一文件，旨在指导和推动农业现代化示范区的绿色低碳发展。推进农业绿色全面转型是促进农业高质量发展的根本要求，也是建设美丽中国的重要任务。该文件指出，一要创新机制推进。健全协同推进工作机制，做到目标同向、力量同汇、措施同聚，形成政府引导、市场主导、社会参与的格局。二要细化措施推进。根据创建方案，列出任务清单，细化工作措施，压实主体责任，逐项落实，逐区推进。三要聚集资源推进。引导资金、技术、人才等资源要素向先行区、示范区汇聚，加大投入，加强建设，带动区域整体全面绿色转型。

4.《国家绿色低碳先进技术成果目录》

2023 年 9 月，为更好推动科技成果转化和产业化应用，落实国家发展和改革委员会、科技部《关于构建市场导向的绿色技术创新体系的指导意见》，加速绿色低碳技术升级，科技部发布了《国家绿色低碳先进技术成果目录》，供各类工业企业、财政投资或产业技术资金、各类绿色低碳领域的公益、私募基金及风险投资机构等用户在进行节能减排技术升级和改造时参考。该目录明确了绿色低碳技术的重点研发方向，涉及水污染治理领域、大气污染治理领域、固体废物处理处置及资源化领域、土壤和生态修复领域、环境监测与监控领域、节能减排与低碳领域。鼓励企业、科研机构围绕这些领域进行技术研发和产业化推广。

我国政府出台的一系列政策及法规为绿色低碳创业提供了制度保障和市场机遇，有力推动了相关领域的企业创新和技术进步，对于我国实现可持续发展目标、应对气候变化挑战以及促进经济社会高质量发展起到了关键作用。

6.3.3　企业 ESG 与可持续发展

ESG 即环境（environmental）、社会（social）和公司治理（governance）三个英文单词的首字母缩写，代表了一种全面评价企业可持续发展能力和社会责任履行情况的评估框架。ESG 标准已成为衡量企业社会责任和可持续发展水平的重要指标。在全球范围内，越来越多的企业开始重视环境保护、社会责任和良好治理，在绿色低碳领域取得显著成就。它超越了传统的财务指标，将企业的非财务表现与长期价值紧密相连，旨在引导企业在追求经济效益的同时，关注其对环境、社会及内部治理的影响。

1. 环境维度

ESG 标准首先强调企业在环保方面的贡献和影响。企业在运营过程中应尽可能减少碳排放、节约能源资源、保护生物多样性，并致力于采用清洁能源和推广绿色低碳技术。例如，企业可以通过提高能效、采用可再生能源、优化供应链管理等方式，降低自身及其产品的环境足迹。在绿色低碳领域取得显著成就的企业通常会在这一维度展现出高水准的表现，这不仅有助于企业遵守日益严格的环保法规，也能够增强品牌形象，吸引社会责任投资。

2. 社会维度

社会维度涉及企业在保障员工权益、社区关系、客户满意度及产品安全等方面的责任。绿色低碳创业企业往往积极研发和推广有利于改善人们生活质量和健康的产品和服务，如公共交通解决方案、节能建筑技术和健康环保型消费品等。

此外，这类企业还注重在生产过程中的劳动条件、公平贸易和社区参与，以实现更广泛的社会福祉。

3. 公司治理维度

公司治理是确保企业决策透明度、公正性和问责性的重要组成部分，对于推动企业绿色低碳转型至关重要。良好的公司治理意味着企业在制定战略目标时充分考虑环境和社会因素，董事会成员需具备相应的环保意识和社会责任感，同时建立健全风险管理和内部控制机制，确保企业在追求商业利益的同时不损害公共利益和生态环境。

遵循 ESG 标准的企业，因受到市场和监管机构对环境保护和社会责任的关注，不得不投入更多资源进行技术创新，开发出更为绿色低碳的产品和服务，从而促进可持续发展[28]。多国政府都在积极推动绿色低碳经济的发展，企业若能顺应政策趋势，执行严格的 ESG 标准，将能在争取政策扶持、补贴优惠等方面占据优势地位。不同于传统的财务、业务绩效评价，ESG 评级关注点在于企业的环境、社会、治理绩效，对企业在促进经济可持续发展、履行社会责任等方面所作出的贡献进行评估。

我国央、国企对 ESG 重视度日益提升，国家及地方层面对央、国企 ESG 披露要求也在逐步规范。2022 年 3 月，国务院国资委成立社会责任局，重点将围绕抓好中央企业推进“双碳”工作、安全环保工作及践行 ESG 理念等开展，还支持成立了中央企业 ESG 联盟。同年 5 月，国务院国资委发布《提高央企控股上市公司质量工作方案》，提出央企建立健全 ESG 体系的要求，并设定到 2023 年全覆盖目标。2023 年 7 月，国务院国资委办公厅印发《关于转发〈央企控股上市公司 ESG 专项报告编制研究〉的通知》，首次为企业提供了一整套完整的 ESG 信息披露指标参考。在地方层面，广东、云南等地方国资监管部门也将 ESG 纳入工作范畴，推动相关工作加速发展。

“双碳”目标提出后，我国 ESG 信息披露法规加速出台，推动信披体系逐步完善。证监会数据显示，2023 年以来，共有超过 1700 家上市公司披露了可持续发展相关报告，涉及 1/3 的 A 股上市公司；超过 3000 家公司披露了为减少碳排放所采取的措施及效果，占比超过六成。据经济合作与发展组织（OECD）统计，这个比例在全球主要资本市场处于领先水平。2024 年 2 月 8 日，沪北深交易所分别发布《征求意见稿》，鼓励 A 股上市公司发布可持续发展报告或 ESG（环境、社会与治理）报告，并对报告框架、披露内容等方面提出具体要求，这标志着继港股 ESG 信息披露以来，A 股 ESG 也将迎来里程碑式新跨越，也就意味着 ESG 将成为上市公司的“必修课”[29]。

ESG 标准作为衡量企业可持续发展水平的核心指标，已成为现代企业不可或缺的战略考量之一。企业通过加强环境、社会和公司治理方面的实践，不仅可以提升自身的可持续发展能力，而且能够在激烈的市场竞争中树立正面形象，拓展业务机会，最终实现经济效益、社会效益和环境效益的共赢。

6.4　绿色低碳创业实践案例

绿色低碳创业已成为全球经济发展的重要趋势和新动力源泉。在技术创新层面，企业通过研发新能源技术、提高能源利用效率、推广循环经济模式及开发绿色金融产品等手段，推动产业升级，实现资源的高效循环利用。总体来看，绿色低碳创业实践已经涵盖了从技术创新到商业模式创新、从政策引导到市场需求拉动等多个维度，成功案例涉及新能源、节能环保、循环经济、绿色金融等诸多领域。这些实践证明，绿色低碳创业不仅能有效推动经济结构优化升级，还能为解决全球气候变化问题、实现联合国可持续发展目标贡献力量。在未来，随着科技的进步和社会共识的深化，绿色低碳创业将在更大范围内引发产业结构变革，并在全球经济社会发展中扮演愈发重要的角色。

6.4.1　绿色低碳工业创业案例

1. 现状分析

面对气候变化和环境恶化带来的挑战，人类迫切需要转变。工业活动，特别是那些高耗能、产业链漫长的生产流程，是导致温室气体大量排放的关键因素。先进国家利用技术和管理优势，已接近或达到碳排放顶峰，而发展中国家在追求经济增长的同时，仍面临着较高的碳排放问题。超过 130 个国家宣布了各自的碳中和目标，如德国计划于 2045 年、欧盟和多个国家计划于 2050 年达成气候中和。为了实现源头减排，全球各主要工业企业正在加快绿色转型。例如，美国与印度和德国建立了合作伙伴关系，共同推动清洁能源工业项目。日本鼓励电动和氢能源汽车的生产，同时扩建充电设施。印度则通过调整工业结构和推广新能源汽车，以及提升绿色低碳技术和资源效率，来降低污染。

我国正致力于推动工业现代化和碳减排，以实现经济和科技的自主发展。2021 年，我国的工业电气化率保持在 26.2%，汽车制造业的电气化率领先，达到 72.7%，三年内增长了 11.8 个百分点。节能和低碳技术的应用已经显著降低了重工业产品的能耗，使粗钢、电解铝和乙烯的能耗分别下降了 9.0%、4.7%和 4.9%。此外，水泥熟料和平板玻璃的能耗也达到了国际先进水平。2022 年，光伏产品出口额大幅增长，电气化技术也在稳步进展，提高了工业能效和经济性。这些进展标志着我国在构建高效、低碳的工业体系方面取得了显著成就。数字技术正加速我国工业的绿色转型，特别是在新能源电力系统的发展上。国家能源局已经提出了加快能源数字化和智能化的目标，以支持清洁能源的生产和电网建设。到 2022 年 9 月，超过 40%的大型工业企业已经通过数字化手段监控能源使用，而生产设备的数字化和联网率也有所提高，为精确的碳管理和数据分析提供了基础。然而，国内的绿色低碳技术创新需要更多的协同和原创性，目前缺乏跨领域的合作和对外先进技术的深度整合。提高自主创新的能力和技术集成是我国工业绿色转型的关键。绿色低碳技术的高研发成本和定价问题限制了其市场推广，而不断增长的绿色需求与供给之间缺乏有效的匹配机制。为了实现节能降碳目标，需要跨行业的合作和创新解决方案，以及更加成熟的绿色金融支持体系。欧盟计划从 2026 年开始对某些工业进口品征收碳关税，这可能会对我国的出口产生负面影响，降低竞争力和利润，增加贸易成本。为了应对这一挑战，我国需要加快技术创新和能源转型，以减少碳排放并适应新的全球贸易环境。

2. 典型案例

双星集团是一家位于山东青岛的国企，因其在橡胶循环利用领域的创新而获得表彰。该集团开发了一种绿色低碳技术，能够将废旧轮胎转化为有用资源，实现了废旧轮胎的全面利用，无污染排放。通过热裂解技术，工厂每年能处理 3 万 t 废旧轮胎，将其转化为初级油、环保炭黑、钢丝和可燃气。该技术在绿色低碳发展方面取得显著成就，其环保炭黑产品已广泛替代传统工业炭黑。集团在全球建立了 3 个智能化工厂，每年处理近 2000 万条废旧轮胎，形成了绿色闭环式全产业链。双星实施了“新四化”战略，推动全寿命周期的绿色管理，建立了数字化智能生产体系。其“稀土金”轮胎显著降低了滚阻，节省了大量油耗并减少了碳排放，展现了企业的社会责任和对可持续发展的承诺。双星的做法不仅提升了行业标准，还促进了循环经济的发展，为汽车业的“双碳”目标做出了重要贡献。

金光集团浆纸业公司是目前全球纸业巨头之一。自引入“林浆纸一体化”模式以来，该集团已建立了稳固的碳汇林地，并设立了跨部门机构以优化碳排放管理。通过持续的科学林业管理和技术创新，采取多项措施提升原料效率，集团正朝着资源效率和运营效率的提升努力，以应对全球“双碳”目标的挑战。

3. 前景展望

工业是我国经济的核心，同时也是能源消耗和温室气体排放的主要来源。在“十四五”期间，我国致力于控制高耗能行业的增长，推动工业向绿色化和高技术化转型。通过以工业园区和关键企业为核心，建立绿色制造体系，发展低碳工业模式，助力实现国家的碳中和目标，确保经济的持续健康发展。

我国正加速发展和应用低碳技术，以实现工业的高质量碳达峰。关键措施包括：①能源降碳：钢铁行业从煤基向电力和氢基炼钢转型；水泥行业提升能效，使用低碳燃料；有色金属行业增加可再生能源使用。②循环降碳：提高废钢利用，使用工业废料降低水泥排放，鼓励物料循环利用。③技术降碳：推广非高炉炼铁和氢冶金，发展新型低碳水泥和轻质化原料。④数字化转型：通过数字化、网络化、智能化升级工艺和设备，提高资源效率，减少碳排放。这些策略旨在通过技术创新和产业升级，推动我国工业向低碳未来转型。

我国工业正朝着 2030 年碳达峰目标迈进，其中 5G、新型基础设施和数字化为低碳转型提供动力。跨部门合作和电力清洁化是关键，需推动综合能源系统和可再生能源的发展。工业碳减排将带动技术创新和经济增长，与国家的环境和经济战略紧密结合，以实现高效、高质量的碳峰值目标。与工业化较早的国家相比，转移过剩产能的空间受限。我国计划通过优化国内产业布局和推动绿色转型，减少高碳排放产品的出口，并增加高碳含量产品的进口，以改善贸易结构并提升行业的减碳能力。此外，我国将与“一带一路”国家合作，利用各国优势，共同构建以碳中和为目标的全球产业链新模式。此外，我国正强化绿色金融的角色，通过碳市场和绿色金融工具如绿色债券和信托，鼓励企业和金融机构将减碳纳入商业策略。我国正建立跨政策、产业和金融的减碳机制，激励各方参与，共同推动工业领域向碳中和转型。

6.4.2 绿色低碳农业创业案例

1. 现状分析

绿色低碳农业创业，即在农业生产经营中采纳绿色、低碳的生产方式和管理模式，以推动农业可持续发展为目标的创业行为。此创业模式是生态效益与经济效益相结合的全新路径。随着国家对生态文明建设的重视及绿色低碳发展战略的深入实施，绿色低碳农业创业获得了广泛的政策支持和社会关注。创业者们正通过引入前沿技术、创新模式和先进理念，推动传统农业向绿色低碳方向转型，引领行业变革。作为推动农业可持续发展的重要力量，绿色低碳农业创业的发展现状体现在政策支持、技术应用、市场需求、创业模式等多个维度。

我国政府深刻认识到绿色低碳农业的重要性，因此推出了一系列扶持政策，涵盖财政补贴、金融支持和税收减免等方面，旨在激励和引导农业创业者采取绿色低碳的生产方式。例如，政府正致力于优化农业补贴政策，突出高质量发展和绿色生态导向，构建新型农业补贴政策体系。此外，政府还设立了针对农业资源保护利用、农业面源污染防治、农业生态保护修复等领域的专项补贴，并对农业绿色低碳发展先行区的建设给予重点支持。随着消费者对健康、安全、环保农产品的需求日益增长，绿色农产品的市场潜力正在迅速扩大，这为绿色低碳农业创业提供了广阔的市场空间和发展机遇。绿色低碳农业创业模式日趋多元化，已摆脱传统农业生产的局限，正逐步向多元化经营模式转变。这些模式包括但不限于有机农场、循环农业、智慧农业和休闲农业等。这些新型模式旨在通过产业链的拓展与产业融合，实现农业的多功能发展。绿色低碳农业创业模式还鼓励社会各界广泛参与，包括农民、企业、科研机构和非政府组织等。通过合作共赢，形成政府、企业和社会三方共同推动绿色低碳农业发展的良好局面，从而为农业的可持续发展注入新的活力。

2. 典型案例

中粮集团作为国内最大的农粮央企，一直坚持“绿色产业链、低碳好产品”的理念，坚持走生态优先、绿色低碳的发展道路。在研发、推广绿色低碳产品方面，中粮集团开发的多元原料共线加工生产燃料乙醇技术已在多条生产线上应用。自 2016～2022 年，充分利用多元原料加工生产燃料乙醇 300 余万 t，间接减少原油进口近 1500 万 t，用于车用燃料，与汽油相比减排 69%，减排 CO_2 约 500 万 t，以实际行动践行绿色低碳发展战略。在保护生物多样性方面，中粮集团也积极行动，助力实现可持续发展目标。其旗下长城葡萄酒在桑干酒庄葡萄园的种植上，不使用除草剂、植物生长调节剂、种植农药清单以外的农药等，不施用经过充分腐熟的农家肥，同时采用了枝秆粉碎还田、葡萄行间生草、鹰鸣生态驱鸟等措施，保持更好的生物多样性。

3. 前景展望

绿色低碳农业创业在我国的未来发展前景广阔。科技的进步和创新将持续推动高效、环保的农业技术和生产方式的研发与推广。政府政策支持和市场机制的完善将为绿色低碳农业提供优越的发展环境。消费者对绿色、健康农产品的需求日益增长，将进一步促进绿色低碳农业的市场需求扩大。面对全球气候变化问题的严峻挑战，绿色低碳农业将成为实现可持续发展的重要途径，对生态环境保护和气候变化应对具有重大意义。

为实现农业绿色低碳发展，需采取一系列措施。首先，推行绿色生产方式，优化农业要素配置，提高绿色全要素生产率，强化科技支撑。其次，完善相关支持政策，确保绿色低碳发展理念贯穿农业发展全过程。再次，还应加强农业资源的节约利用，提高资源利用效率；加大农业面源污染的综合治理力度，实现肥药减量增效、农业废弃物资源化利用和农业白色污染的有效治理。同时，培育并壮大农业绿色低碳产业，实现农产品从生产、加工到流通的全产业链绿色化。重视科技创新，构建农业绿色低碳发展的科技支撑体系。

总体而言，我国绿色低碳农业创业具有良好的发展前景。政府政策支持、技术进步、市场需求增长及多样化的创业模式为农业创业者提供了广阔的发展空间。然而，要实现绿色低碳农业创业的长远发展，仍需应对技术推广、资金投入、市场认知等方面的挑战。通过不懈努力和创新，绿色低碳农业创业有望成为我国农业转型升级的重要推动力。

6.4.3　绿色低碳能源创业案例

1. *现状分析*

能源是经济社会发展的重要物质基础，人类文明发展进程也是一部能源发展史。随着经济社会的发展和科学技术的进步，能源消费体系已经完成了从薪柴到煤炭的第一次能源转型以及从煤炭到油气的第二次能源转型，当前社会正经历从油气到新能源的第三次能源转型。2022 年，党的二十大报告提出，推动绿色发展，促进人与自然和谐共生，对积极稳妥推进碳达峰碳中和做出重要部署，并在其中首次提出“加快规划建设新型能源体系”。这一新部署立足新发展阶段，以强国建设和实现“双碳”为目标，统筹能源供应安全和绿色低碳发展，对中国能源高质量可持续发展做出重要战略部署。2024 年全国能源工作会议提出，必须以更加坚定的步伐推动能源变革，加快推进能源绿色低碳转型。

我国是全球最大的发展中国家，也是最大的碳排放国家。现阶段我国能源消费结构还存在产业结构偏重、能源结构偏煤、能源效率偏低的情况，推动能源绿色低碳发展还有不小难度，需要破解发展环境、要素保障等方面的制约。我国的能源资源禀赋结构是“富煤、贫油、少气”，人均煤炭资源占有量不及全球平均水平，能源供给结构一直是以煤为主，对应的能源消费结构呈现出高碳化的特征，这种能源消费结构决定了我国“双碳”目标的实现从根本上还是要靠能源低碳化转型。

改革开放以来，我国能源发展方式逐步由粗放式增长向集约化增长转变，能源结构不断调整，呈现以原煤为主、逐步多元化清洁化发展特征。以水电、核能及太阳能、风能、生物质能等新能源为主的一次电力消费量占比在近 10 年中持续增长。2022 年，一次工业水电及核电消费量占比分别为 7.67%、2.36%，太阳能、风能、生物质能等可再生能源消费量，比重达 8.35%，海洋能、氢能等新能源发展前景良好。在能源安全新战略的指引下，2023 年，我国非化石能源快速发展保持良好势头，可再生能源总装机年内连续突破 13 亿 kW、14 亿 kW 大关，达到 14.5 亿 kW，占全国发电总装机超过 50%，历史性超过火电装机。全国风电、光伏发电总装机突破 10 亿 kW，在新增装机中的主体地位更加巩固，逐步形成煤、油、气、电、核、新能源和可再生能源多轮驱动的能源供应体系。

2. 典型案例

道达尔能源是一家多元化能源公司，在全球生产和销售包括石油、生物燃料、天然气、绿色燃气、可再生能源和电力在内的能源产品。道达尔能源在保持盈利的同时寻求可持续发展，以油气和电力两大业务作为支柱，推进公司的能源转型。在石油和天然气领域，道达尔能源致力于以负责任的方式生产石油和天然气。2023年，道达尔能源的液化天然气销售为全球减少了约 7000 万 tCO_2 排放。与 2015 年相比，2023 年，道达尔能源销售的终端能源全生命周期碳排放强度降低了 13%，并有望实现到 2030 年降低 25%的目标。目前道达尔在低碳发电领域每年投入 15 亿美元至 20 亿美元，并提出了至 2023 年低碳电力达到 10GW 的产能目标。

比亚迪股份有限公司作为可持续发展坚定的践行者，致力于全方位构建零排放的新能源整体解决方案。早在 2008 年，比亚迪就提出太阳能、储能电站和电动汽车的绿色梦想，打通能源从吸收、存储到应用的全产业链绿色布局。如今，比亚迪已经建立起一套完整的新能源生态闭环，可以提供安全可靠的一站式解决方案与服务，用电动车治理空气污染，用云轨云巴治理交通拥堵，为全球城市提供立体化绿色大交通整体解决方案。通过持续的技术创新，比亚迪的业务布局涵盖了电动汽车、光伏、储能等新能源领域，推动能源行业全产业链的绿色变革。

3. 前景展望

近年来，我国能源消费结构不断优化和调整，但受能源禀赋和能源效率的制约，能源结构低碳化道路任重道远。“双碳”背景下的能源工作要把握好当前和长远的关系，统筹高质量发展和高水平安全，立足基本国情推动结构调整优化，增强综合保障能力，发挥我国负责任大国的积极作用。构建新型能源体系，就是要实现能源体系从以化石能源为主转向以新能源为主，建立多能协同供给的能源体系。未来较长一段时间内，我国能源消费量仍将保持刚性增长，新能源安全替代能力尚未形成，传统化石能源逐步退出必须建立在新能源安全可靠替代的基础上，为此，需要协调好多种类型能源融合发展，确保能源供应安全，稳妥有序地推动能源结构转型。

我国“十四五”现代能源体系规划提出，到 2025 年非化石能源消费比重达到 20%左右，发电量占比达到 39%左右。大力发展新能源，通过“结构节能”与“技术节能”双管齐下，加快能源结构优化、经济转型升级。当下须做好新能源与传统能源统筹协调，确保清洁能源增量替代与传统化石能源减量缺口相匹配，持续推动构建完善的新能源产业链，补齐短板。继续增大水电、风电、光伏发电装机容量，加快海洋能、生物质能等新能源开发利用。加大储能装备技术攻关，提升新能源储能装机容量，在现有技术条件下大力发展氢能、电化学储能技术，增强电力存储转换能力。优化国土空间布局，升级配电网设施，因地制宜建设多元互补的新能源基地。

总之，在能源消费方面，实施节能降碳增效，推动能源消费革命，建设能源绿色低碳节约型社会；在能源供给方面，积极发展新能源、水电、核电等非化石能源，加快建设新型电力系统，切实保障国家能源安全；在能源技术方面，大力推进绿色低碳科技创新，加强风电、太阳能发电、新型储能、氢能等科技攻关和推广应用；在能源体制方面，充分发挥市场作用，完善市场化机制，深化能源体制改革，形成有效激励约束，并加强国际合作，促进绿色转型内通外畅。

6.4.4　绿色低碳金融创业案例

1. 现状分析

绿色低碳金融作为一种全新的金融理念和实践活动，正引领着全球经济向更加绿色、低碳、可持续的方向发展。它将金融工具的创新、市场的拓展与环保项目的投融资紧密结合，形成了强大的合力。在未来的发展中，绿色低碳金融将继续发挥重要的作用，为推动可持续发展和金融创新的融合提供更多的思路和支持。随着社会对环保和可持续发展认识的不断深化，绿色低碳金融也将在更广阔的领域中发挥其独特的优势和魅力，为我们共同创造一个更加绿色低碳可持续的金融市场。

在绿色低碳金融的实践中，可以看到以下几个显著的特点。

(1) 注重长期效益。与传统的金融投资不同，绿色低碳金融更加注重项目的长期经济效益和社会价值。由于环保项目往往需要较长的投资周期和较大的初期投入，绿色低碳金融强调要有足够的耐心和眼光看待这些项目在未来的收益和回报。这不仅有助于培育和发展绿色产业，更能够为投资者带来持久稳定的收益。

(2) 强化风险管理。环境风险已经成为当今社会面临的重大挑战之一。在绿色低碳金融的实践中，对环境风险的识别、评估和管理被置于了极其重要的位置。通过专业的风险评估机制和科学的投资决策流程，绿色低碳金融能够有效地规避潜在的环境风险，保障资金的安全性和稳定性。

(3) 创新金融工具和产品。为了满足绿色项目的投融资需求，绿色低碳金融在工具和产品方面也进行了大量的创新。这些创新包括绿色债券、绿色基金、绿色保险等多种金融工具和产品，它们不仅丰富了金融市场的层次和品种，更为投资者提供了多样化、个性化的投资选择。

(4) 强调政策支持和市场驱动。绿色低碳金融的发展离不开政府的政策支持和市场机制的驱动。政府在制定和执行环保政策、提供财政补贴和税收优惠等方面发挥着至关重要的作用。而市场机制则通过价格信号和竞争机制，引导资本投向最具有环保效益和经济效益的领域。

2. 典型案例

在国内绿色低碳金融的浪潮中，中国工商银行(简称“工行”)独树一帜，以其前瞻性的眼光和创新性的行动，在绿色信贷领域进行了深入的探索与实践。工行不仅设立了专门的绿色信贷专项基金，而且针对环保项目提供了低利率、长期稳定的信贷支持，充分展现了其对绿色低碳发展的坚定承诺。环保项目往往具有投资大、回报周期长的特点，而传统的信贷模式很难满足其资金需求，工行正是看到了这一市场痛点，决定通过绿色信贷来破解这一难题。工行设立了绿色信贷专项基金，专门用于支持那些符合绿色低碳发展理念、具有长期社会效益的环保项目。这一举措不仅为环保项目提供了稳定的资金来源，而且通过低利率和长期限的信贷支持，降低了项目的融资成本，提高了项目的经济效益。

仅仅提供资金支持还远远不够。为了确保资金的有效利用，工行还建立了一套全面的绿色信贷评估体系。这套体系不仅考虑项目的经济效益，还充分考虑其环境效益和社会效益。通过这套评估体系，银行能够对每一个环保项目进行全面的审查和评估，确保其符合绿色低碳发展的要求。这样一来，银行不仅能够确保资金的安全和回报，还能够推动环保项目的健康发展。工行的这一创新举措很快就取得了显著的成效。在清洁能源领域，工行成功支持多个风电和太阳能发电项目，这些项目的建成不仅为当地提供了清洁可再生的能源，还带动了相关产业的发展，创造了大量的就业机会。在节能减排领域，工行还支持了一批工业企业的环保改造项目，这些项目的实施不仅减少了企业的污染物排放，还提高了企业的能源利用效率，降低了生产成本。

3. 前景展望

在未来的发展蓝图中，绿色低碳金融被描绘成一个蓬勃壮大、充满活力的领域。预期市场规模将不断扩张，这一增长不仅体现在金融活动的总量上，更体现在质量和深度的提升上。随着环境保护和可持续发展的理念日益深入人心，金融机构和各大企业将更加积极地投身于这场绿色变革之中，以实际行动推动绿色经济的迅猛发展。

金融产品与服务的多样化趋势将愈发明显。传统的绿色债券和投资基金，作为绿色低碳金融的基石，将继续发挥其不可或缺的作用。这仅仅是冰山一角，预计未来将有更多创新型的金融产品涌现，如绿色保险、绿色租赁等，它们将针对不同行业、不同领域的需求，提供更加精准、灵活的金融解决方案。值得一提的是，绿色低碳金融的发展不仅仅局限于金融领域本身，它将与能源、交通、建筑等多个行业产生深度融合，共同构建一个更加绿色、低碳、可持续的未来社会。

在这个过程中，绿色低碳金融将发挥桥梁和纽带的作用，将环保理念转化为实际的投资行动，推动全球经济的绿色转型。随着公众环保意识的提高和投资理念的转变，越来越多的个人投资者也将加入到绿色低碳金融的行列中来。他们将通过购买绿色金融产品、参与绿色投资等方式，用自己的行动为地球的可持续发展贡献一份力量。这一趋势将进一步推动绿色低碳金融市场的扩大和深化。

参 考 文 献

[1] 徐国英, 张泽涛. 我国高校创新创业教育政策 20 年: 价值变迁、演进逻辑与展望[J]. 创新与创业教育, 2024, 15(1): 22-30.

[2] 王永芹. 当代中国绿色发展观研究[D]. 武汉: 武汉大学, 2015.

[3] 成希, 张放平. 基于核心素养理念的高校创新创业教育课程建设[J]. 大学教育科学, 2017(3): 37-42.

[4] Schaltegger S. A framework for ecopreneurship: Leading bioneers and environmental managers to ecopreneurship[J]. Greener Management International, 2009, 38: 45-58.

[5] Munoz P, Cohen B. Sustainable entrepreneurship research: Taking stock and looking ahead[J]. Business Strategy and the Environment, 2018, 27(3): 300-322.

[6] Dean T, McMullen J. Towards a theory of sustainable entrepreneurship: Reducing environmental degradation through entrepreneurial action[J]. Journal of Business Venturing, 2007, 22(1): 50-76.

[7] 崔祥民, 杨东涛. 生态价值观、政策感知与绿色创业意向关系[J]. 中国科技论坛, 2015(6): 124-129.

[8] Hartman C, Stafford E. Green alliances: Building new business with environmental groups[J]. Long Range Planning, 1997, 30(2): 184-196

[9] 李华晶, 张玉利. 创业研究绿色化趋势探析与可持续创业整合框架构建[J]. 外国经济与管理, 2012, 34(9): 26-33.

[10] Walley E E, Taylor D W. Opportunists, champions, mavericks…? A typology of green entrepreneurs[J]. Greener Management International, 2002, 38: 31-42.

[11] 陈莹, 石俊国, 张慧. 可持续创业研究的前沿综述与展望[J]. 科学学研究, 2021, 39(2): 274-284.

[12] 李华晶, 张玉利. 创业研究绿色化趋势探析与可持续创业整合框架构建[J]. 外国经济与管理, 2012, 34(9): 26-33.

[13] 李华晶. 制度环境、绿色创业导向与绩效关系研究[J]. 社会科学辑刊, 2015(2): 92-99.

[14] 祝杨军. 刍论“绿色创业”理念的价值哲学基础[J]. 理论导刊, 2018(12): 85-89.

[15] 李华晶, 邢晓东. 绿色创业内涵与基本类型分析[J]. 软科学, 2009, 23(9): 129-134.

[16] 周键, 刘阳. 制度嵌入、绿色技术创新与创业企业碳减排[J]. 中国人口·资源与环境, 2021, 31(6): 90-101.

[17] 夏晗. 绿色创业导向、积极型市场导向与科技新创企业创新绩效的关系[J]. 科技管理研究, 2019, 39(16): 264-274.

[18] 李华晶, 邢晓东. 绿色创业内涵与基本类型分析[J]. 软科学, 2009, 23(9): 129-134.

[19] 马力, 马美双. 企业伦理、绿色创业导向与竞争优势关系研究——以新创科技型企业为例[J]. 科技进步与对策, 2018, 35(3): 80-86.

[20] 李先江. 服务业绿色创业导向对绿色服务创新和经营绩效的影响研究[J]. 研究与发展管理, 2012, 24(5): 1-10.

[21] 卢晓彤. 中国低碳产业发展路径研究[D]. 武汉: 华中科技大学, 2012.

[22] 潘家华. 国家利益的科学论争与国际政治妥协——联合国政府间气候变化专门委员会《关于减缓气候变化社

会经济分析评估报告》述评[J]. 世界经济与政治, 2002(2): 55-59.

[23] 高虎, 黄禾, 王卫, 等. 欧盟可再生能源发展形势和 2020 年发展战略目标分析[J]. 可再生能源, 2011, 29(4): 1-3.

[24] 王谋, 潘家华, 陈迎.《美国清洁能源与安全法案》的影响及意义[J]. 气候变化研究进展, 2010, 6(4): 307-312.

[25] 谭广权. 国际主要碳市场定价机制及对我国的启示[J]. 西部金融, 2022(7): 68-73.

[26] 刘贞, 张希良, 高虎, 等. 一种基于可再生能源潜力和能源消费的目标分解模型[J]. 可再生能源, 2011, 29(3): 78-83.

[27] 卢纯. 开启我国能源体系重大变革和清洁可再生能源创新发展新时代——深刻理解碳达峰、碳中和目标的重大历史意义[J]. 人民论坛·学术前沿, 2021(14): 28-41.

[28] 李井林, 阳镇, 陈劲, 等. ESG 促进企业绩效的机制研究——基于企业创新的视角[J]. 科学学与科学技术管理, 2021, 42(9): 71-89.

[29] 石虹, 余少龙. 绿色金融改革创新试验区设立能提高企业 ESG 表现吗[J]. 金融与经济, 2024(5): 49-59.

第7章 绿色低碳先进技术

绿色低碳先进技术是新质生产力的重要体现，代表着科技创新在可持续发展领域的突破，以高效、清洁、可再生为特征，推动能源生产和利用方式的变革。这种技术能够提高资源利用效率，减少对传统高污染、高能耗资源的依赖，为经济发展注入新的动力。新质生产力追求高质量、高效益、低消耗的发展模式，而绿色低碳先进技术正好契合这一需求。它促使产业结构向绿色化、智能化转型，催生新的产业业态和商业模式，创造更多的价值。在当今时代，积极发展绿色低碳先进技术，就是在培育和释放新质生产力，为实现经济、社会和环境的协调发展奠定坚实基础。

7.1 绿色低碳先进技术概述

7.1.1 绿色低碳先进技术科学内涵

绿色低碳先进技术是指降低能耗、减少污染和碳排放、改善生态的各类新兴技术，涵盖节能环保、清洁生产、清洁能源、生态保护与修复、基础设施、生态农业等领域，以及产品设计、生产、消费、回收利用各个环节。大力推进绿色低碳科技创新是碳中和发展的主要路径。加快能源领域前沿技术、核心技术和关键装备攻关，推动绿色低碳技术取得重大突破具有重要现实意义。绿色低碳技术的开发与应用，既是实现“双碳”目标的关键动力，也将创造全新的就业机会，对于立足新发展阶段、贯彻新发展理念、构建新发展格局、推动高质量发展具有重要战略意义，有助于我国走生态优先、绿色低碳发展道路，在经济发展中促进绿色转型、在绿色转型中实现更大发展，最终实现我国社会最为广泛而深刻的变革。

绿色低碳技术引领能源利用方式的转变。发展低碳经济，就是要彻底改变以化石能源为主的全球能源利用的结构，而低碳技术则是实现低碳化发展的关键手段。能源体系深度变革对绿色低碳科技提出新要求。

1. 能源供需形态变革对绿色低碳技术提出更高要求

能源结构的转变带动了能源生产模式的变革，能源生产对新型储能、氢能、智能微电网等均有更高的要求。能源革命与信息技术革命的耦合，助推传统能源系统向智慧能源系统演变，能源供需互动深入，人们认识能源供需的能力大幅提升，解决问题的方式也进一步升级。

2. 能源供应链稳定性和安全性依靠绿色低碳技术转型升级

我国油气供应高度依赖国外供应，提升常规和非常规油气的开采能力，提高已开发油田采收率，可为我国扩大国内油气供应提供技术支撑。国际上煤制油气技术的大规模应用基本停滞，我国要依靠自己国内的煤炭清洁利用技术的开发，打通基础研究、技术工艺、关键装备再到示范工程，形成自主的煤制油气技术和工程能力。煤炭在能源转型背景下发挥兜底保供作用，需要对煤电机组进行改造，发挥煤电支撑性和调节性作用。

3. 低碳能源技术成本降低及技术低碳化需要技术创新

能源低碳转型的核心是大力发展非化石能源，构建新型电力系统需要多种类型的太阳能发电、风力发电技术以及新型储能、氢能和智能电网技术。能源产业除了向其他产业提供低碳能源供应，本身也需要低碳化。能源产业的碳足迹长期以来受关注度较低，急需能源企业或者联合社会研究力量开展煤炭绿色开采、洗选及油气田甲烷回收技术的开发。

4. 社会资本支持绿色科技创新有相应要求

能源结构低碳化转型加速，绿色产业已成为重要投资领域，社会资本对绿色科技的关注度达到前所未有的高度，但目前两者之间的匹配还存在一些障碍。一方面，当前政府对能源领域的研究投入相对较低，而风险投资基金正在逐渐退出绿色技术领域，因为该领域相较于生物技术和信息技术领域而言，投资回报低、周期长，且政府监管严格；另一方面，目前构建低碳化社会的技术储备还不充分，相对较为成熟的低碳技术大多是面向单一领域的，国际能源署预计，未来若要实现近零排放，几乎一半甚至更高比例的技术需要新开发。

7.1.2 绿色低碳先进技术发展现状

世界主要发达国家都在致力于新能源技术和清洁能源技术的开发利用，以期抢占低碳经济发展的制高点。随着多国公布各自的碳中和目标与愿景，绿色低碳正在成为全球性趋势，以绿色低碳先进技术为基础的相关产品出口正在迅速增长，成为中国外贸新的爆发点[1]。

全球低碳化是不容阻挡的趋势，当前新能源技术正在快速更新。在新能源开发上，中国和发达国家是并跑的关系，而且中国后劲大，这一方面得益于制造与创新能力，另一方面得益于巨大的国内市场。如今，新能源中光伏超过 70%是由中国制造，中国制造的风机全球占比也超过 30%，放眼全球，能在质量和性能上与中国竞争的选手并不多。在新能源汽车等领域，中国也进入了平行竞赛的阶段。此外，可再生能源价格正在快速下降，18 年前光伏发电的成本大概 4 元，现在基本实现平价，甚至比平价还便宜，光伏正在进入“一毛钱一度电”时代，其技术和组件成本下降得很快，这必将带来太阳能、光伏在全球市场的攻城略地，对于在全球占据相当产能份额的中国企业而言，这是一次难得的机会[2]。绿色低碳先进技术的发展可为我国在国际博弈中争取更多的发展空间，促进提高我国核心竞争力和综合实力。当前，有效推进绿色低碳技术发展的措施如下。

1. 加大研发投入，增强创新发展能力

增加研发投入有助于加速传统经济向低碳经济的转变。就我国而言，“十四五”期间，能源研发经费投入年均增长 7%以上，新增关键技术突破领域达到 50 个左右。我国新型电力系统建设已取得阶段性进展，安全高效储能、氢能技术创新能力显著提高，减污降碳技术加快推广应用。但是，电气化、氢能、生物质能等技术领域创新对应的投入只是成熟低碳发电技术和能效技术公共研发资金的三分之一。未来，绿色低碳技术的研发投入需要进一步增加。

2. 加快示范项目的部署，实施科技创新示范工程

绿色转型是一个漫长的过程，不是一蹴而就的事情。到 2050 年，几乎一半的减排将来自目前仍处于示范或原型开发阶段的新技术。在新技术的开发与试验阶段，政府通过加大对技术应用的试点和示范项目的推广，有助于降低成本，控制私人投资风险，考虑用户体验，打消顾虑，积累技术经验，推动商业化。比如，对于可以为未来碳减排做出重要贡献的氢能源技术，公众知之甚少，甚至会担心出现安全问题，开展示范项目将有助于公众加深对氢能应用的了解，出于安全和升级的考虑，政府应采取提高认识的举措，以促进大众接受氢能的应用。加快示范项目的部署，还可以撬动更多私人资本，扩大部署规模，进一步降低成本。

3. 建设或者改造低碳技术应用需要的基础设施

未来十年的创新不仅要通过研发和示范，还需要考虑建设和改造相关技术需要的基础设施，因为它们对于能源系统转型至关重要。以氢能技术为例，其所需基础设施包括港口和工业区之间的氢气运输管道系统。考虑到基础设施具有公共性且规模巨大，私人资本激励不足，新兴市场和发展中经济体主要依靠公共资金来建设新能源项目和工业设施。政府通过改革政策和监管框架，制定相关规划和激励措施，可以促进开发机构、投资机构、公共金融机构和政府之间的合作，稳定市场和投资者预期，吸引社会资本广泛参与，支持绿色低碳技术基础设施的投资建设或者改造，比如跨区域的能源走廊、分布式能源、风电和太阳能电力的输

送线路等。

4. 构建低碳技术国际研发合作新格局

国际科技合作是大趋势，我们要更加主动地融入全球创新网络，在开放合作中提升自身科技创新能力。就“双碳”目标而言，气候变化是全球性挑战，而及时达到净零排放所需的资金和技术支持，都是发展中国家所缺乏的。因此，国家间的分享合作对推动各自的技术进步至关重要。各国需保持密切的国际协调，使能源转型和气候保护成为创新和可持续发展的增长引擎。例如，氢能的发展需要国际合作共同建设氢能市场，明确相关安全和环境标准。国际通过共享事件警报、最佳实践标准等方式还可加强集体安全。

5. 构建绿色金融体系，形成市场激励

绿色发展需要形成市场激励，关键要发挥金融市场功能。《“十四五”现代能源体系规划》明确提出，应加大对节能环保、新能源、CO_2 捕集利用与封存等的金融支持力度，完善绿色金融激励机制。中国人民银行已逐步通过货币政策、信贷政策、监管政策、强制披露、绿色评价、行业自律、产品创新等，引导和撬动金融资源向低碳项目、绿色转型项目、碳捕集与封存等绿色创新项目倾斜。未来需要进一步发展绿色金融，构建一个有效支持绿色技术企业的金融服务体系，解决绿色技术发展面临的一系列融资问题，助力现代能源科技创新。同时，也要发挥转型金融在助力相关企业低碳转型过程中的作用。比如，开展转型金融在煤炭资源型地区的落地实践和示范，丰富转型金融支持的企业和技术类型。

“十三五”期间，依托国家重大专项、重点研发计划等国家主体科技计划，以及产学研融合、企业自主研发等方式，研发了一批减污降碳效果显著、创新性强的先进技术成果。“十四五”时期，我国生态文明建设进入了以降碳为重点战略方向、推动减污降碳协同增效、促进经济社会发展全面绿色转型、实现生态环境质量改善由量变到质变的关键时期。为更好推动科技成果转化和产业化应用，助力行业绿色低碳转型和高质量发展，科技部通过公开征集、分组评审、总体审议、公示等程序，发布了《国家绿色低碳先进技术成果目录》(后简称《目录》)。《目录》针对的技术成果符合国家相关的产业政策和标准，具有减污降碳效果明显、技术知识产权明晰、技术风险可控和创新性突出的特点，体现了绿色低碳技术发展的主要方向。同时，这些技术的研发成果也呈现出新技术、新装备、新材料、新药剂等多样化的特点，可为当前和未来的生态环境治理和碳减排提供新的解决方案。

7.2　水污染治理领域

水污染是指水体因某种物质的介入而导致其物理、化学、生物或放射性等特性的改变，从而影响水的有效利用，危害人体健康或破坏生态环境，造成水质恶化的现象。水污染治理即针对以上环境问题所进行的治理和管控。水污染治理领域的绿色低碳技术包括但不限于城镇生活污水高效处理及资源化、城镇污水处理厂精细化运行、农村生活污水处理、工业废水处理、水环境综合整治等[3]。

7.2.1　城镇及农村生活污水高效处理及资源化

1. 城市污水短程反硝化耦合部分厌氧氨氧化深度脱氮技术

城镇污水首先进入生化池的厌氧区进行短程反硝化，将回流污泥中的硝态氮还原为亚硝态氮，生物膜上的厌氧氨氧化菌将亚硝态氮和氨氮转化为氮气；污水再进入缺氧区，生物膜和污泥中的反硝化细菌进行短程反硝化，将回流硝化液中的硝态氮还原为亚硝态氮，而后生物膜中的厌氧氨氧化细菌将亚硝态氮和氨氮转化为氮气；最后污水进入好氧区，氨氧化细菌与亚硝酸盐氧化菌将污水中剩余的氨氮氧化为硝态氮，最终实现城镇污水短程反硝化耦合厌氧氨氧化脱氮。生化池中装填悬浮填料，填充率为 15%～20%。该技术可实现污水处理厂深度脱氮，并节省药剂投加量和电耗，在污水处理领域具有较好的市场潜力。

2. 高效节地型生物膜污水净化技术装备

高效节地型生物膜污水净化技术装备适用于城镇污水处理厂，尤其是下沉式污水处理厂的新建或升级改造。正常运行时固定床和填料截留大量悬浮物，增加生物量，减少水力停留时间；当截留污染物到一定程度时，通过加大曝气量进行反洗，污水仍连续进入反应器，在曝气和水流的作用下，填料混合碰撞，截留的悬浮物和老化的生物膜脱落随水排走。运行和反洗交替进行。与深度处理技术组合后，出水水质可稳定达到《城镇污水处理厂污染物排放标准》(GB 18918—2002)一级 A 标准，主要指标可达到 GB 3838—2002 中的 IV 类标准。生化处理单元占地可节省 30%以上，具有节地、高效、能耗低等特点，可用于城镇污水处理厂的新建或改造，在推动我国污水处理行业技术进步、促进产业结构向绿色低碳方向升级、提高水资源回用等方面具有积极作用。

3. 全流程节能降耗精准运行控制技术

全流程节能降耗精准运行控制技术适用于污水处理厂站提标、扩容、增效及低碳运行管理。包括基于进水水量、含砂量、吸砂管位移量和粒径分布等参数确定气水比、吸砂时间和砂水分离器最佳容积，形成高效沉砂、智能提砂、精准分砂的前馈实时控制除砂技术；结合初沉池污泥浓度变化特征，采用实时污泥监控手段，形成污泥时序排泥控制技术，稳定初沉池排泥浓度和排泥总量；基于需气量预测的负荷均衡-压力调节-溶解氧调控的精准曝气控制、基于生物/化学耦合效应自适应调节的精准除磷控制、基于污泥物料平衡的实时精准泥龄控制等技术，从而建立除砂、曝气、脱氮、除磷、初沉/剩余排泥等多因子操作单元的目标量、操作量与相关量等量化指标体系，通过指令下达、执行操作、反馈完善，实现全流程实时动态调控。

4. 耐污染平板膜生物反应器

耐污染平板膜生物反应器适用于分散式污水处理(如村镇、酒店、社区、高速公路服务区、工厂化养殖等)，利用细菌将银离子还原成直径仅 6nm 的生物纳米银，并均匀分散在铸膜液中制备成生物纳米复合膜(OXIAMEM)，赋予膜持久的耐生物污染能力，可在较长时间内抑制细菌在膜表面附着、发展，抑制膜生物污染，解决了传统化学纳米粒子易在膜表面团聚的问题，提高膜表面的亲水性。同时，开发了基于可控活塞流曝气的平板膜组件优化技术，优化膜组件的流态，在控制膜污染的同时降低曝气能耗。目前，我国膜产值超过 3000 亿元，其中污水处理膜生物反应器产值超过 800 亿元。预计未来十年，中国膜产值年增长率超过 15%。该成果为解决我国水污染和水资源短缺提供了切实可行的技术措施，具有良好的应用前景。

7.2.2　工业废水处理

1. 用于工业废水深度处理的超滤膜芬顿技术

超滤膜芬顿技术是通过改进传统芬顿技术，并与膜过滤有机结合产生的新型高效工业废水深度处理技术，对不可生物降解的溶解性污染物等处理效果显著。膜芬顿技术通过取消传统芬顿的沉淀池，增加超滤膜作为固液分离单元，加上创新的平行内回流设计，形成其独有的运行参数，实现了水力停留时间与污泥停留时间的分离；运行参数范围更宽，固液分离过程不受沉降速度及沉降时间的限制，通过膜浓缩作用，维持系统高污泥浓度运行，集成混凝吸附、化学氧化、膜过滤等多种水处理技术，实现污染物 COD、TP、TSS、F^-的高效去除。该技术膜过滤精度 0.04mm，膜池污泥浓度 4000～8000mg/L，膜通量通常为 15～30L/(m^2·h)。与传统芬顿及流化床芬顿工艺相比，该工艺占地面积可节省 60%以上，COD 去除率可提升 20%～30%，芬顿试剂投加量可降低 30%～60%，排泥量可降低 30%～60%。

2. 大型二氧化氯制备系统及纸浆无元素氯漂白技术

NaCl溶液在$NaClO_3$电解槽中经电解反应生成浓$NaClO_3$溶液和氢气，氢气经过冷却除水后送HCl合成单元，与ClO_2生成单元产生的弱氯气燃烧合成制备32%盐酸。浓$NaClO_3$溶液与32%盐酸泵送至ClO_2发生器反应生成ClO_2气体。该气体冷凝后去吸收/提气塔被冰水吸收后，制得9～11g/L ClO_2水溶液，气提出的弱氯气送至HCl合成单元使用。发生器反应残液（含NaCl）返回$NaClO_3$电解单元循环使用。原料浓H_2SO_4、$NaClO_3$、还原剂溶液进入发生器反应生成ClO_2。ClO_2气体冷凝后进入吸收塔，被冰水吸收制成9～11g/L ClO_2水溶液。反应产生的副产品酸性芒硝进行洗涤浓缩，滤液返回发生器循环反应，酸性芒硝晶体进行复分解反应转化成中性芒硝。中性芒硝洗涤浓缩后的酸液返回发生器回收硫酸，中性芒硝晶体溶解或干燥后供碱回收车间使用或外售。

3. 膜生物反应器系统高效节能膜擦洗技术与装备

MBR系统高效节能膜擦洗技术通过无运动部件的纯水力学部件，将连续气流转换为脉冲/间歇式气流，累积到一定气量后在非常短时间内释放，从而形成高强度的擦洗气流，对膜丝表面形成剪切冲刷，以维持膜系统的稳定运行通量。曝气盒材料选择非金属ABS材料注塑加工成型，内部结构紧凑。单个曝气盒腔体容积约$1.7\times10^{-3}m^3$，擦洗气流为每分钟30～40个气泡。具体过程包括：①将小的不定向连续气体供应至气体积聚室中；②排放来自气体积聚室的加压气体以释放加压的脉冲气流；③重复在气体积聚室内积聚气体。该技术可用于已有MBR系统的升级改造、新建项目MBR系统应用、MBR生产厂家产品的技术升级改造，预计到2025年，累计应用规模可达到每天1000万m^3。

7.2.3　水环境综合整治

1. 膜生物反应器-超低压纳滤双膜法污水资源化技术

双膜法污水资源化技术核心为膜生物反应器（MBR）与超低压纳滤（DF）膜系统。高效脱氮MBR单元采用自主研发的MBR膜生物反应器，运用内源反硝化强化脱氮、好氧池低溶解氧（DO<0.5mg/L）、碳源精确投加等技术，深度去除污水中的氮，同时为DF膜系统提供足够的预处理效果，膜通量15～25L/(m^2·h)。DF膜作为双膜技术核心产品，能够高效去除有机物和总磷，且适度脱盐，膜通量17～24L/(m^2·h)。该技术具有运行压力低（0.2～0.4MPa）、产水回收率高（>90%）的特点，产水可达到《地表水环境质量标准》（GB 3838—2002）III类标准；DF膜系统浓水经以臭氧催化氧化处理技术为主体的浓水处理单元处理后出水化学需氧量（chemical oxygen demand，COD）小于30mg/L，与DF产水混合后出水仍能达到

GB 3838—2002 中的 III 类标准。该技术适用于水污染严重或水环境敏感地区、水资源匮乏地区。

2. 污水深度处理臭氧催化氧化技术

污水深度处理臭氧催化氧化技术适用于市政污水处理厂提标改造、工业园区高浓度难降解废水深度处理。其核心技术之一为高效溶气技术，通过电磁(EM)切变场将污水中水分子和污染物分子的团簇结构打破，形成更小的团簇结构，同时水中各种离子受电流脉冲作用，改变了待处理污水的物理、化学、分子力学等各方面性能，由于水分子团簇结构变小，水分子之间的作用力发生改变，气体在水中的溶解度也随之发生改变，从而提高臭氧溶气效率，且加快与臭氧分子和羟基自由基的生化反应速率。另一核心技术为高效催化技术，包括非均相催化和均相催化，非均相催化剂在制备过程中加入了稀土金属(稀土催化通用单体选择性配位聚合，可以精确控制链结构)，与过渡金属经过高温焙烧后形成金属氧化物，作为催化剂，将吸附在其表面的臭氧分子分解生成羟基自由基，提高臭氧对污水中难降解有机物的处理效率。均相催化通过微电解过渡金属极板，直接在水中产生新生态离子催化剂，促使臭氧分解生成羟基自由基，提高对污水中难降解有机物的处理效率。

3. 含重金属废水纳米吸附深度处理技术

传统工业发展导致大量重金属废水产生，其深度处理对环境功能材料和技术提出更高要求。基于稀土元素变价特性，采用离子交换吸附和化学反应方法，在树脂基质表面负载具有新型物质结构的纳米级水合氧化铁和水合氧化锰颗粒，重金属通过表面羟基的化学吸附作用去除。由于吸附剂表面物质的特性，使其在酸性或碱性条件下具有强大的再生能力。该技术已在国内多个工程应用，与同类技术相比，该技术经济性优势明显。“十四五”期间将有较大的重金属废水深度处理的材料和技术需求，该技术可实现重金属污染物稳定达标排放，具有良好的应用前景。

7.3 大气污染治理领域

大气环境是生物赖以生存的空气的物理、化学和生物学特性的总和。人类生活或工农业生产排出的 NH_3、SO_2、CO、NO_x 与氟化物等有害气体可改变原有空气的组成，并引起污染，造成全球气候变化，破坏生态平衡。大气环境和人类生存密切相关。大气污染对人体的危害主要表现为呼吸道及皮肤类疾病，如煤烟可引起支气管炎，硫酸烟雾可以对皮肤、眼结膜、鼻黏膜等形成强烈的刺激和损害。在工农业方面，大气污染物的主要危害是腐蚀工业建筑材料和设施，影响植物的正常生长。此外，大气污染还会影响天气和气候，如悬浮在空气中的颗粒物能使大气能见度降低，减少到达地面的太阳光辐射量。另外，由 CO_2 过量排放所导致的全球变暖问题，是对全球气候最主要的影响，已经成为人们关注的焦点。一般的大气污染控制措施包括全面规划、合理布局或调整工业结构，严格的环境管理体制，提高资源利用率以及合理利用能源[4]。以下列举了我国大气污染治理领域的部分先进技术案例。

7.3.1 工业烟气除尘脱硫脱硝及多污染物协同控制

1. 臭氧氧化协同液相吸收脱硫脱硝关键技术与装备

臭氧氧化协同液相吸收脱硫脱硝关键技术与装备适用于钢铁烧结、焦化等行业低温烟气脱硫脱硝。气相臭氧(O_3)氧化协同液相吸收脱硫脱硝技术涉及气相氧化、液相吸收和还原三个过程：先将臭氧投加到烟道混合器中，使烟气与臭氧充分混合并发生氧化反应；烟气进入吸收塔，在液相吸收塔内实现 SO_2、NO_x 及其他污染物的同步高效吸收；O_3/NO 摩尔比 1.5～2.0，脱硝产物进入烧结工艺还原处理。由于 N_2O_5 和 SO_2 在气相和水中溶解的扩散能力与溶解于水溶液的能力相当，因此可在同一吸收塔内实现同步高效脱硫脱硝。SO_2、重金属类污染物也被 O_3 氧化，降解为低毒害或易于吸收脱除的物质。

2. 工业烟气脱硫除尘深度净化及水回收技术

工业烟气脱硫除尘深度净化及水回收技术适用于缺水、常年温度较低地区的燃煤电厂锅炉、钢铁烧结机、水泥窑烟气治理。该技术研发应用了一体化烟气脱硫提水塔，实现脱硫塔和冷凝塔二塔合一，优化设计塔内升气盘，实现了气液分离和塔中收水。高效脱硫提水协同烟气超净处理技术进一步降低了 SO_2、烟尘等污染物浓度，设计工况下 SO_2、NO_x、烟尘等均低于燃气机组标准，实现了烟气脱硫提水协同处理 SO_3，消除了烟囱“蓝烟”效应。

3. 水泥窑烟气中低温选择性催化还原法脱硝技术

水泥窑烟气中低温选择性催化还原法脱硝技术适用于建材行业窑炉烟气脱硝。基于国际上已运行电力和其他工业窑炉的应用经验，综合水泥生产工艺技术特点及相关国家标准，提出在水泥窑尾余热锅炉出口布置 SCR 反应器的技术路线，既可满足催化剂运行需求，又不影响余热发电效率和水泥企业生产能耗。基于传统钒基催化剂体系稳定性高的优势，通过稀土耦合、载体改性和活性物种调控技术调整催化剂表面酸碱性和氧化还原性，提高其在 18～250℃范围内的脱硝活性和抗中毒性。开发蜂窝状中低温催化剂成形技术，并通过技术集成实现规模化生产。催化剂适用烟气温度 18～250℃，耐受碱性粉尘浓度 10～80g/m^3(O_2 含量 10%)，NO_x处理能力 2200mg/m^2。

7.3.2 重点行业挥发性有机物污染防治及回收

1. 低浓度复杂有机废气生物净化过程强化技术

低浓度复杂有机废气生物净化过程强化技术适用于石油、化工、制药、食品、污水处理等行业产生的低浓度 VOCs 级恶臭治理。研发真(细)菌协同代谢复合菌剂等生物活性功能材料，研制两相板式生物净化装置，构建高能粒子氧化-生物耦合净化工艺，通过“材料-工艺-装备”创新，实现低浓度复杂有机废气净化。该技术具有操作简单、运行费用低、效率高等特点。净化单元处理负荷提高 2 倍以上，装置体积减小 40%以上；对正己烷、甲苯等低水溶性 VOCs 的传质单元数提高 60%以上；二氯甲烷、苯乙烯等难降解 VOCs 去除负荷提高 2 倍左右，去除率从 30%提升至 95%以上。

2. 用于挥发性有机废气高效治理的疏水分子筛吸附剂

疏水分子筛吸附剂适用于喷涂、印刷、化工、玻璃钢、制药、石化、餐饮等行业 VOCs 治理。多级孔道、不同构型、较高比表面积和较强疏水性的分子筛吸附剂属于硅铝酸盐类物质，不可燃，安全性高；其动态吸水率小于 3%(质量分数)，苯系物动态吸附容量大于 20kg/m^3，比表面积大于 380m^2/g，吸附速率快，选择性高，适用于不同工况和条件，满足 VOCs 超低排放需求。此外，优化疏水分子筛原粉制备技术可以解决蜂窝成型过程中易开裂、强度低、干燥速度慢、吸附性能变差等问题。

3. 烧结机头烟气低温选择性催化还原法脱硝技术

烧结机头烟气低温选择性催化还原法脱硝技术适用于钢铁烧结烟气治理。通过元素表面修饰和体相掺杂技术调整催化剂的表面酸碱性和氧化还原能力，改进催化剂，开发烟气低温(<180℃)条件下的 SCR 低温脱硝催化剂。完善催化剂的成形工艺、开发低温催化剂保护、热风直接蒸氨技术和装置。同时运用数值模拟技术进行流场模拟，开发喷氨-脱硝-热解装置，解决低温含硫条件下 SCR 高效脱硝的难题，同时降低燃料消耗；保证烟气温度场偏差小于 10℃，速度场偏差小于 15%，NH_3/NO_x摩尔比绝对偏差小于 5%。

7.3.3 移动源污染控制

1. 满足国Ⅵ排放标准的机动车尾气治理催化剂制备技术

满足国Ⅵ排放标准的机动车尾气治理催化剂制备技术适用于满足国Ⅵ排放标

准的天然气车、汽油车、柴油车尾气治理催化剂制备。采用双溶剂法等技术提高贵金属分散度及贵金属分层配置，提高催化剂的低温活性；采用结构和电子助剂稳定催化剂结构；采用扩散能垒技术稳定贵金属的氧化状态，提高催化剂耐久性；形成具有低温高活性、宽空燃比窗口，且高温稳定性好的天然气车尾气治理催化剂制备技术。通过调节贵金属前驱体的物理化学状态、研究贵金属负载过程，形成高分散性、高活性和高耐久性的汽油车贵金属催化剂制备技术。研究系统中各部分催化剂的自身特性及耦合动态特性，形成满足国Ⅵ标准的柴油车后处理集成匹配关键技术。天然气车催化剂 CH_4 起燃温度 T50 不高于 350℃，完全转化温度 T90 不高于 390℃。涂层上载量控制偏差在 3%以内。

2. 地下污水处理厂恶臭生物治理技术

地下污水处理厂恶臭生物治理技术适用于地下污水处理厂恶臭治理。研发了新型高效生物填料和降解恶臭的优势复合菌剂，开发了气液传质增溶技术，并引入物联网技术实现智能化管理。废气经预洗池加湿除尘后进入生物滤池，微生物填料层对污染物进行吸附、吸收和降解，分解成无毒无害的简单无机物，净化处理后气体由排气管排出。单套生物处理装备处理量 3000～50000m^3/h，填料容积负荷 120～240$m^3/(m^3 \cdot h)$，停留时间 15～30s。

3. 合成氨液氮洗尾气净化及资源化利用技术

合成氨液氮洗尾气净化及资源化利用技术适用于化工、冶金、航天气化炉等行业废气中含化学能低热值气体的净化及资源化利用。研制了合成氨液氮洗尾气缺氧高效催化氧化专用催化剂、液氮洗尾气分段催化氧化工艺，通过精确控制氧气量，使前两段在 500～600℃间缺氧氧化，并转移部分热量，最后一段轻微富氧氧化净化 CH_4、CO 和 H_2，并将缺氧催化氧化后的热惰性气体用作造气过程中磨煤阶段的煤粉干燥气。该技术克服了一步催化氧化带来的高温问题，实现液氮洗尾气化学能平稳可控回收及高浓度氮气资源化利用。含化学能尾气热值 500～1800kJ/m^3，反应温度 400～650℃，催化剂耐短时热冲击温度 750℃，装置低限运行温度高于 250℃。

7.4　固体废物处理处置及资源化领域

固体废弃物多指在生产、生活和其他活动中产生的丧失原有利用价值或者虽未丧失利用价值但被抛弃或者放弃的固态、半固态和置于容器中的气态的物品、物质以及法律、行政法规规定纳入固体废物管理的物品、物质。为了保护环境和发展生产，许多国家不断采取新措施和新技术来处理和利用固体废物。矿业废物从在低洼地堆存，发展为矿山土地复原、安全筑坝等。工业废物从消极堆存发展到综合利用。城市垃圾从人工收集、输送发展到机械化、自动化和管道化收集输送；从无控制的填埋，发展到卫生填埋、滤沥循环填埋；从露天焚化和利用焚化炉，发展到回收能源的焚化，中温和高温分解等，从压缩成型发展为高压压缩成型。城市有机垃圾和农业有机废物还用于制取沼气回收能源。工业有害固废从隔离堆存发展到化学固定、化学转化以防治污染。总的趋势是从消极处置转向积极利用，实现废物的再资源化，对城市垃圾进行分类回收[5]。我国在有机固废、工业固废和危险固废处理处置及资源化利用中均取得重要进展。

7.4.1 有机固体废物处理处置及资源化

1. 有机固体废物超高温堆肥技术

有机固体废物超高温堆肥技术适用于污泥、厨余垃圾、畜禽粪污、食品加工行业废弃物、农林废弃物等有机固体废物的资源化利用。在不依赖外部加热条件下，通过接种含有极端嗜热微生物的超高温好氧发酵菌剂，使堆体温度迅速上升至 80～100℃，并维持 5～7 天超高温期，堆体温度维持在 80℃以上是超高温堆肥工艺的核心技术特征。在 80～100℃持续高温条件下，堆体中病原菌、蛔虫卵等有害物质可完全灭杀，堆肥快速达到腐熟，并且实现了抗生素耐药性基因消减、重金属钝化和温室气体减排。物料经堆肥后产品质量符合《城镇污水处理厂污泥处置园林绿化用泥质》(GB/T 23486—2009)要求。与传统高温堆肥技术相比，超高温堆肥技术具有发酵效率高、氮素损失小、堆肥腐熟效果好、产品质量高等优势，具有广阔的应用前景。

2. 高浓度有机废液高温熔融制合成气技术

有机废物来源广泛，组分复杂，有机质含量不同，特性差异较大。低浓度有机废液与原料煤(有机固废)制备成料浆，高浓度有机废液经密闭输送系统通过气化烧嘴直接气化，料浆/高浓度有机废液与纯氧在高温条件下发生高温裂解、气化反应，生成以 CO、H_2 为主要组分的高温粗合成气，在还原气氛下 S 主要转化为 H_2S，N 转化为 N_2，原料煤中的灰分及有机废物中的含盐组分在高温条件下转移至液态熔渣。该技术在湿法气流床煤气化技术研究基础上，将高浓度有机废液处理与湿法气流床气化技术有机结合，提出了一种有机废物-煤气化绿色处理及资源化利用技术路线。有机质转化率超过 99.99%，CO 和 H_2 总体积含量可达 80%以上。与同规模常规煤气化技术相比，节省原料煤 10%～50%，节省制浆用水 50%～100%，外排残渣热灼减率小于 5%，酸溶失率不高于 3%，水浸出有害物质含量、酸浸出有害物质含量符合国家标准，外排水经处理后循环利用。该技术可大规模处置石油、医药、化工及印染行业的废液、固体废物，并经资源化利用合成甲醇、合成氨等化工产品，实现有机废物清洁处理的同时资源化利用，有效降低气化原料的消耗水平，在能源化工领域具有广阔市场前景。

3. 有机固体废物卧式推流干式厌氧发酵技术及装备

有机固体废物卧式推流干式厌氧发酵技术及装备技术为干式厌氧发酵、卧式一体化、连续式、机械推流搅拌的厌氧发酵技术。在强化机械搅拌、流体仿真结构设计、强化加热装置传热能力等方面实现突破，解决了高含固物料传质传热困难的问题，避免酸积累和氨氮抑制，降低了物料预处理要求。具体来说，有机固体废物经混料仓暂存、混匀后，送入干式厌氧发酵反应器(DANAS)厌氧发酵 20～30 天，大部分可降解有机物被降解或稳定化。发酵沼气净化后，部分引入锅炉燃烧制取热水用于系统加热，大部分进一步精制后外供天然气或发电上网。发酵残渣由柱塞泵送入固液分离系统，分离为沼液及沼渣。其中，沼液经处理后可用于农作物灌溉，沼渣中有机质经进一步稳定后可加工为有机肥，也可经处理后作为营养土基质。该技术可进一步提升有机固体废物资源化处理效果，处理成本低，对有机固体废物处理产业发展具有良好的示范作用。

7.4.2 工业固体废物处理处置及资源化

1. 高盐有机废水及工业废盐资源化技术

针对单一工业废盐开发“负压干燥-多层悬浮氧化炉-高温回转氧化炉”组合处置工艺，有机物分解效率高，物料在多层悬浮氧化炉内受热均匀，盐粒处于悬浮状态，气体与固体混合强烈，物料燃烧在短时间内完成，避免结团结块。针对多种混合工业废盐开发“负压干燥 高温液化氧化炉”组合处置工艺，盐液采用连续出料装置，设备容量大，相对热散失量少，热效率高，适于大批量、高效率、连续生产。有机物去除率不低于 98%，对单一废盐，NaCl、$MgSO_4$ 或 Na_2SO_4 资源化产品分别符合《工业盐》(GB/T 5462—2015)、《工业硫酸镁》(HG/T 2680—2017)、《工业无水亚硫酸钠》(GB/T 6009—2014)标准要求。对多种混合工业废盐，经处理后可作融雪剂使用，产品符合国家相关标准要求。该技术成果的推广应用可有效解决化工生产过程中产生的大量废盐长期、超期暂存的现状，工业废盐的无害化、资源化处置可为企业降低运行成本，实现工业废盐资源化利用，还可以减少矿物开采，节约自然资源。

2. 工业废油蒸馏精制高值化利用技术

基于新型催化剂配方和制备工艺的开发，以及催化剂与渣油催化改质构效关系的建立，可形成工业废油蒸馏精制高值化利用技术，实现对渣油的安全处置与高值化利用。该技术在超高真空等极端条件下废油深度脱水除杂的处理能力高达 12000L/h，残余酸值低至 0.03mg KOH/g，残余水分低于 30mg/L；超短程分子蒸馏关键技术的有效分离温度比传统工艺降低了 130～220℃，可在 220℃左右运行；加氢脱硫率、脱氮率达到 95%以上。该技术可减少废油炼制的废气、废渣、废水排放，废油炼制基础油收率提高至 85%～90%。处理后油含盐量低于 3mg/L、油含水率低于 300mg/L，外排水含油量不超过 150mg/g。该技术以环境保护和提高资源化率为出发点，推广工业废油处置与高值化利用技术，不仅可以每年处理 2 万～3 万 t 工业废油，还可产生 2 千万～3 千万元经济效益，有效促进废油再生行业的节能减排，具有广阔的应用前景。

3. 高浓度含盐有机废液悬浮焚烧及盐回收技术装备

一体化悬浮焚烧高浓度含盐有机废液锅炉采用 U 型膜式壁锅炉结构，解决高盐废液焚烧的难题，创新顶喷废液侧烧辅助燃料的悬浮燃烧技术，以适应高盐有机废液焚烧完全，保证有机物彻底焚毁。采用膜式壁炉墙及挂屏式受热面、遮烟墙等锅炉结构技术，以适应完全焚烧以及热能回收、设备长期可靠运行的要求。液态排盐技术确保回收有机碳含量近零的无机盐，实现资源化。该技术下，出口烟气 NO_x 浓度不高于 100mg/m^3，SO_2 浓度不高于 50mg/m^3，颗粒物浓度不高于 20mg/m^3；回收的钠盐中 TOC 含量未检出，可直接资源化利用。每小时可回收约 1t 高纯度 Na_2SO_4，锅炉产生 2.2MPa 饱和蒸汽约 35t。该技术适用于化工、炼油、造纸、印染等行业高浓度难降解含盐有机废液处理，可实现废物资源化利用，预计到 2025 年，该技术市场占有率近 1%，总投资规模 30 亿～60 亿元，应用前景广阔。

7.4.3　危险固体废物处理处置及资源化

1. 医疗废物高温干热处理技术

医疗废物首先经过破碎碾磨装置碾碎，再将超高温导热油释放的热量通过消毒器内壁传送至碾碎的医疗废物上，最高温度达 200℃。整个过程不加水或蒸气，对破碎物料高温加热实现对医疗废物的灭菌消毒，干加热程序比蒸气装置使用的温度更高，处理所需时间更短。系统消毒温度 170～210℃，消毒时间 20min，搅拌速度 21r/min，消毒时消毒罐内部压力 4200～4600Pa。控制系统采用自主研发的控制集成模块，设备集成度高，设备完全自动化、数字化运转，实现高效操作。采用内部带有刮壁搅拌装置、出料推进装置的锥形夹套加热室作为主要灭菌设备，采用 PLC 智能化控制，保证医疗废物在加热室内受热均匀，加热温度控制在 170～210℃范围内。相比传统高温蒸煮工艺，该技术提高了加热温度，缩短了加热时间，从而提高了灭菌效果和工作效率。此外，颗粒物、VOCs、HCl 等指标浓度远低于医疗废物《医疗废物处理处置污染控制标准》(GB 39707—2020)要求，消毒效果指示菌种的杀灭对数值高于 6.00、氯气测定值均小于 0.03mg/m^3，且处置过程不产生二噁英。

2. 废旧荧光显示器与照明灯具回收拆解及稀土再生技术

以典型废旧荧光器件(废旧 CRT 显示器、液晶显示设备和荧光灯)为对象，开发废旧荧光器件与照明灯具多品类、自动化、全密闭拆解技术及荧光粉回收装备，形成废弃荧光粉酸浸-过氧化钠碱溶-酸浸技术和稀土及有害组分快速分析检测技术；建立流水线式稀土荧光粉的分离富集流程，形成回收、拆解、收集、检测、提取和再生利用技术体系。含汞荧光粉采用蒸馏法回收，产生的含汞废气采用集中吸附法处理达标后排放。该技术可实现废旧荧光器件高效拆解，稀土综合浸出率超过 99.5%，碱熔温度降至 650℃，碱熔时间不高于 30min，达到高纯度分选及高质量、低成本、低能耗控制。该技术以建设年处理废弃荧光器件 600 万台拆解生产线、年处理 3300t 废弃荧光灯管生产线为例，税后投资回收期(含建设期)5 年。

3. 废旧三元锂电池元素定量补偿异位重构制备三元前驱体技术

针对废旧电池回收处理过程中电解液无序排放的问题，采用自动拆解装置成套装备与工艺，实现自动切割、自动分选电池极片。在自动拆解过程中，采用真空引流-转轮吸附技术集中处理有机废物，采用控温真空蒸馏技术回收退役三元锂电材料中的有机溶剂，消除有机质对环境的污染，实现有机质的再生利用。针对正极材料酸浸提锂的传统工艺存在酸消耗量大、伴随干扰金属多等问题，通过采用钠复合盐焙烧方法破坏三元材料的原有结构，使锂转化为可溶性锂盐，而钴镍锰转化为难溶性的物质，再通过加水浸出从而实现锂与钴镍锰的分离。

7.5　土壤修复领域

土壤污染是全球性的环境问题，威胁人类健康和影响社会经济的可持续发展。采用化学、物理学和生物学的技术与方法降低土壤中污染物的浓度，固定土壤污染物，将土壤污染物转化成为低毒或无毒物质，阻断土壤污染物在生态系统中的转移途径，是土壤修复领域的主要工作。土壤污染修复技术的选择受到环境条件、污染物来源和毒性、污染物潜在危害、土壤的物理化学性质、土地使用性质、修复的有效期、公众接受程度及成本效益等因素的影响。在实际应用时要根据实际情况选择适合的技术方法。针对不同类型的污染土壤在选择修复方法时应同时考虑经济可行性和技术可行性。例如，针对受重金属、农药、石油、持久性有机污染物(persistent organic pollutants，POPs)等中轻度污染的农业土壤，应选择能大面积应用的、廉价的、环境友好的生物修复技术和物化稳定技术，实现边修复边生产，以保障农村生态环境、农业生产环境和农民居住环境安全；针对工业企业搬迁的化工、冶炼等各类重污染场地土壤，应选择原位或异位的物理、化学及其联合修复工程技术，选择土壤-地下水一体化修复技术与设备，形成系统的场地土壤修复标准和技术规范，以保障人居环境安全和人群健康；针对各类矿区及尾矿污染土壤，应着力选择能控制生态退化与污染物扩散的生物稳定化与生态修复技术，将矿区边际土壤开发利用为植物固碳和生物质能源生产的基地，以保障矿区及周边生态环境安全和饮用水源[6]。未来土壤污染修复的方向性研究主要可能围绕以下方面开展。

(1)场地土壤污染诊断、痕量毒害污染物鉴别及源解析，包括：土壤环境复合/混合污染的化学、生物学及生态毒理学诊断，土壤环境质量指标检测，新型痕量毒害污染物的监测和鉴别，污染源识别与解析途径和方法等。

(2)污染场地、土壤污染风险表征和修复决策支持系统，包括：土壤污染物的形态和生物有效性，土壤污染的空间分布特征，不同土地利用方式下污染土壤的生态风险和健康风险评估，优先修复点位的确定方法，修复决策支持系统，“风险降低环境效益-成本”三位一体的评估模型等。

(3)土壤污染修复的过程、机理及其管理，包括：土壤污染的生物修复、物理修复、化学修复及其联合修复等过程和机理，自然缓解修复过程和机理，修复过程的条件化、效应指标和评价标准，土壤修复原理与规范，土壤修复政策、法律和法规等。

(4)土壤修复材料、关键技术和设备的开发、集成、示范和管理，包括：环境友好型土壤修复材料和制剂的研究方法、筛选、结构表征和功能指示，修复效果、稳定性及风险评估，修复后土壤资源综合管理，修复材料与生物修复资源的综合利用和安全处理，成套关键技术集成、示范和推广应用等。

(5)研发绿色与环境友好的生物修复、联合修复、原位修复、基于环境功能修复材料的修复、基于设备化的快速场地修复、土壤修复决策支持系统及修复后评估等技术。在土壤污染机制研究和实际修复案例集成分析的基础上，逐步形成重金属、农药、POPs、放射性核素、生物性污染物、新兴污染物及其复合污染土壤的修复技术体系，建立土壤修复技术规范、评价标准和管理政策，以推动土壤环境修复技术的市场化和产业化发展，提升我国这一新兴产业在国际环境修复市场中的竞争力。

以下是我国近年来在土壤污染修复领域所掌握的先进技术案例。

7.5.1　污染土壤修复

1. 有机污染场地原位化学氧化和智能化控制修复技术

近年来，我国对位于市区范围内的工业、企业全面实施“退城进园”战略，现在约 90%的农药等生产企业已搬迁或正在搬至工业园区，遗留数量庞大的有机污染场地待修复后再利用。有机污染场地原位化学氧化和智能化控制修复技术采用搅拌或高压旋喷等方式，根据污染物浓度梯度分批次、分种类向土壤或地下水的污染区域添加缓释、高效的氧化药剂，最终达到氧化降解效果。针对一般有机污染土壤和地下水(超过《土壤环境质量建设用地土壤污染风险管控标准(试行)》(GB 36600—2018)标准筛选值 0～2 倍)，使用自主研发的碱活化过硫基药剂；针对超高浓度(超过 GB 36600—2018 标准筛选值 2 倍以上)有机污染土壤和地下水，使用小分子有机酸和螯合剂(EDTA-2Na)改良的 Fenton 试剂和活化过硫酸盐药剂进行复配修复，利用活化释放的自由基，形成双氧化系统增强氧化能力，降解有机污染物。在修复施工过程中，利用水环境中多源混合噪声监测参数进行模拟计算，获取最优工艺运行条件，在将土壤或地下水中污染物转化为无毒或相对毒性较小物质的同时，实现了修复过程与工艺的智能化控制。该技术药剂使用量可减少 15%，部分含氯有机物降解率可提高 20%。该技术适用于含氯代有机物、多环芳烃、石油烃等有机污染场地土壤和地下水原位修复，不仅解决了含农药、氯代有机物、苯系物及石油烃等污染场地修复治理的难题，而且对于焦化、染料、医药、石油化工等行业的污染场地修复具有推广应用价值。

2. 多种重金属污染土壤同步固化-稳定化修复技术

多种重金属污染土壤同步固化-稳定化修复技术适用于含重金属污染场地土壤修复。根据重金属污染土壤修复常温固相反应规律，提出重金属污染土壤硅铝基材料同步修复的作用机理，开发“临界粒径-低碱激发-常温制备”的固废基环境材料绿色制备新技术。特细固废“射流搅拌强化传质”技术和泥浆固液射流搅拌成套装备可使修复材料用量降低 30%；重金属离子晶格钝化的常温化学固化技术可使土壤压实度达到 95%，综合施工成本较传统技术降低 30%，实现重金属污染场地安全利用。新型土壤固化剂与现有技术相比，修复后土壤浸出毒性降低 1 个数量级，增容比降低 30%，长期稳定性更优，与国际最先进的重金属稳定化技术水平相当；靶向修复材料与应用装备实现了国产化，修复成本较国外同类产品降低 40%。

3. 重金属污染土壤芦竹修复及生态板材制造技术

植物修复技术是利用植物吸收、固定、挥发、降解的机理去除或分解转化污染物质，使土壤系统的功能得到恢复或改善，属于一种低成本、非破坏型的原位污染土壤修复与土壤资源保护方式。芦竹生物产量高、全生育期无明显病虫害，不仅可用作重金属污染土壤修复植物，还是恢复荒地植被和防沙固土的先锋植物，具有重要的生态价值。重金属污染土壤芦竹修复及生态板材制造技术采用芦竹修复重金属污染土壤，并以富集重金属后的芦竹秸秆为原料，根据其组分特点，采用不含甲醛的改性异氰酸酯(MDI)作为胶黏剂，将秸秆纤维形成牢固的整体，制成人造板材。按人造板行业每年以 18.57%的速度增长计算，到 2025 年，人造板生产规模有望突破 3 亿 m^3。我国矿区污染土壤面积大，亟须实施生态修复工程，具有很好的推广前景。同时，我国天然林全面禁伐以来，人造板工业面临严重的木材原料短缺问题，以修复后植物秸秆替代木材的秸秆板市场前景广阔。

7.5.2　工矿用地土壤修复

1. 焦化类污染场地土壤风险评估技术

针对焦化类污染场地管理缺乏科学合理的风险评估方法导致过度修复等问题，在系统研究实际场地中典型污染物赋存形态与归趋行为等客观规律的基础上，创建“污染物迁移转化 精细化调查评估”核心技术体系。针对挥发性有机污染物，创建土壤气调查监测技术，开发耦合土壤气中污染物浓度传输反应过程的呼吸暴露健康风险量化模型与层次化评估方法。针对重金属和半挥发性有机物，开发模拟人体胃肠液消化过程的人体可给性测试技术，开发以土壤中污染物可给性浓度作为暴露浓度的层次化健康风险评估方法。此外，针对以上模型与方法中众多参数取值的变异性及不确定性，建立基于蒙特卡罗随机取样的概率风险评估方法。应用基于物理、化学和生物技术等多手段组合的焦化类污染场地精细化方法开展场地污染状况调查；采用基于人体胃肠液的体外模拟和温和化学解吸的生物可给性测定方法，测定污染物经口摄入情景下的人体可给性，通过建设土壤气监测井，实测土壤气浓度和剖面分布特征。在此基础上，利用土壤 VOCs 多相分配 传输 反应的耦合模型、建筑物再利用风险评估模型和基于模型参数不确定性的概率风险预测模型开展精细化风险评估。

2. 水电工程边坡植生水泥土生境构筑技术

针对生态修复植生基材中水泥添加导致的微生物水平低、后续肥力持续性低、生态功能易退化等问题，研发生态功能提升关键技术。通过提升养分的利用效率，掺入包膜缓释复合肥和微生物菌剂，有效改善基材理化性质、生物特性，活化基材，提升生态系统功能。基材固、液、气三相结构合理，抗水蚀性强，抗冻强度耐久性得到增强。智能化灌溉覆盖率、均匀度与水源利用程度高，既节省了边坡生态修复工程的管养劳动量与耗水量，又兼顾维持边坡植被体稳定。植生水泥土专用设备，作业效率高，喷射效果好，操控灵活方便，可以满足不同施工现场的需求。采取的防飞溅措施可使全坡面喷射基材厚度均匀一致，有效减少基材喷植过程中的飞溅现象。通过将植生棒、植生穴等手段融入生态修复体系中，既能对坡面起到修复作用，又能营造优美景观，景观持续性强，养护费用低。生境基材强度大于 0.38MPa，暴雨(80mm/h)条件下侵蚀模数小于 100g/(m^2·h)，整体稳定性提高 22%以上，根系生长空间增加 10%，微生物多样性指数达 2.79 以上，植被覆盖率达 95%以上。配套植被混凝土生态防护技术，可满足所有类型边坡生态恢复。

7.5.3　脆弱环境土壤修复

1. 新型高聚物生态护坡技术

基于生态学、系统学与工程学等理论，采用“工程结构 生态材料 生物技术”多手段联合方法实现受损生态系统的恢复或重建。该技术由地质环境脆弱区生态修复材料、修复区植生层重构工艺、高陡工程创面生态修复施工机具装备、乡土植物筛选与繁育、生态修复工程智能管护等方面组成。新型土壤加固材料在高寒、冻融等恶劣环境条件下也可保证植被长期稳定存活。该材料微量元素、重金属含量等均不超过国家标准要求。修复初期可恢复植被覆盖率至 80%以上，后期逐渐实现自维持与长期有效固坡。该技术可对地质环境安全和生态环境质量起到显著的改善作用，具有施工方便、经济环保和可持续发展的优势，适用于地质环境脆弱区生态修复，包括地质灾害体、工程建设创面及荒漠化、石漠化等生态修复。

2. 砂(砾)质海岸线生态修复工程设计关键技术

砂(砾)质海岸线生态修复旨在恢复受损岸线自然属性和提高海域生态价值，是海岸带综合整治修复的重要内容。砂(砾)质海岸线生态修复以海滩养护为主要手段，辅以维持其稳定性和使用寿命的其他措施(如生态型构筑物修建、沙丘覆植种植)。通过对工程选址的本底情况进行翔实的基础调查，掌握砂(砾)质海岸线的本底数据；提出工程选址的沙滩剖面及平面的具体设计内容；综合海岸线的本底情况及设计内容开展海滩寿命及稳定性等相关模拟分析，进行修复设计方案比选，并对设计方案进行优化，得出合理且满足工程施工要求的设计方案；完成工程施工后，通过后期监测及跟踪监测，评估工程实施效果，进一步提出定期养护方案。

7.6　节能减排与环境监测领域

“节能减排”出自于我国“十一五”规划纲要，是指节约能源、降低能源消耗、减少污染物排放。“十一五”期间单位国内生产总值能耗降低 20%左右、主要污染物排放总量减少 10%。节能减排是贯彻落实科学发展观、构建社会主义和谐社会的重大举措；是建设资源节约型、环境友好型社会的必然选择；是推进经济结构调整，转变增长方式的必由之路。节能减排包括节能和减排两大技术领域，二者既有联系，又有区别。减排项目必须加强节能技术的应用，以避免因片面追求减排结果而造成的能耗激增，注重社会效益和环境效益均衡。

环境监测是保护生态环境的基础工作，也是评估环境政策效果和推动环境治理创新的重要手段。通过对自然环境中各种因素(如空气、水、土壤、噪声等)进行定期或不定期的观测、测试、分析和评价，了解环境质量状况和变化趋势，为环境管理和决策提供科学依据。环境监测在节能减排中担当重要角色。通过评估环境状况、监测污染物排放和能源消耗情况，为制定有效的节能减排对策提供科学依据和技术支持。在实施具体对策时，需要加强监测体系建设，完善法律法规和监管机制，促进节能减排技术的研发和应用，提高公众节能减排意识，加强国际合作，共同应对气候变化[7]。只有通过全方位的监测和治理，才能实现节能减排的目标，实现可持续发展。

在绿色低碳循环发展的时代背景下，节能减排和环境监测为低碳技术的发展和应用提供有力的支撑，同时可以提高低碳意识和行为的普及和推广，加强低碳合作和交流。目前，节能减排与环境监测领域较为领先且可供各类工业、企业在进行节能减排技术升级和改造时参考的先进技术包括但不限于以下方面。

7.6.1 节能设备与工艺改造

1. 旧电机永磁化再制造技术

充分利用旧(低效)三相异步电动机机壳、定子、转子等零部件，对电动机转子母体重新加工，将磁钢表置于转子之上，形成新的电动机永磁转子。通过再制造的永磁电动机结构简单，使用和维护方便。再制造电机性能指标符合国家相关标准，其电机效率满足《永磁同步电动机能效限定值及能效等级》(GB 30253—2013)能效 1 级要求，功率因数在 0.90～0.98。适用于矿山、冶金、机械、石油、化工、建材、陶瓷、纺织等行业设备电机节能改造。该技术可将低效率的传统异步电机再制造升级为低成本的高效永磁再制造电机，再制造后电机效率达国家 1 级能效标准，按废旧电机保有量的 2%改造计算，每年可形成 5000 万 kW 的改造能力，有较大的推广空间。

2. 新型大功率漫光灯

通过驱动高端电子镇流器将气体放电发光或固体(半导体)发光的电光源从

50Hz 的 220V 交流电，稳压到 400V 直流电，再转换成 350V 高频交流电（固体（半导体）发光的电光源稳压到 400～450V 直流电），再经过高频转换变 40～50kHz 的高频电压驱动光源。该技术克服了现代电子镇流器的技术复杂性，提升了电能转化率。经科学配光计算并设计漫反射原理的特殊模型，制作出凹凸不平的反光器具，利用 CFL 以及发光二极管光源的发光特性使其均匀地照射在凹凸不平的反光材料上，经二次互叠均匀的漫反射增加光效，使原优质的光源增强发光效率，提高 50%以上的照度而减少眩光，适用于体育场馆、机场、港口及市政光源能源节能改造。公共市政照明、行业照明对节能需求具有很大空间，特别需要高品质高技术含量的安全、健康、节能、环保的好光源以及灯具产品。目前市政路灯、隧道灯，高杆灯，体育场馆专用灯在使用大功率钠灯和金卤灯，属于高能耗光源，工作时产生温度较高，达到 200～400℃，大电流需要更多辅助耗材（使用电线平方大）。漫光灯技术可以替换钠灯和金卤灯，节能 60%以上。一盏 100W 的漫光灯可以替代 250W 钠灯（金卤灯），节约 150W，每天工作 12h，一年可节约 657kW·h，减少 CO_2 排放 374.69kg，年节能约 80.75 千克标准煤。漫光灯技术目前处在同类产品的领先地位，解决了所有光源的缺陷问题，市场趋向刚需态势，技术已经运营成熟，市场容量接近千亿元。

3. 冶炼废杂铜成套工艺及装备

随着社会的高速发展，铜资源报废量和社会蓄积量将会持续增加，且未来将会保持这种增长趋势。以 2020 年为例，全球精铜消费量在 2307 万 t，而利用废杂铜冶炼的精铜产量仅 376 万 t，蓄积 1900 多万吨铜未有效回收；其中，中国精铜消费量达到 1198 万 t，利用废杂铜冶炼的精铜产量仅 277 万 t，蓄积 921 万 t 未得到有效回收。在精炼铜消费量持续增长的情况下，再生铜必将成为未来中国以及世界铜供给的主要来源，而环保、低碳、节能的再生铜处理技术也必将越来越受重视。通过高效熔体微搅动技术、侧开门大型回转式炉体新结构（NGL 炉）、节能减排新型供热技术、新型双功能炉门、高效净化烟气技术，原料适应范围更宽（入炉品位 85%～90%），较传统工艺能耗节省近 60%，氮氧化物排放量减少近 80%，自动化程度高，实现了废杂铜的高效节能环保冶炼。

7.6.2　煤炭能源的清洁利用

1. 含烃石化尾气的膜法梯级耦合分离和综合利用技术

氢气是炼化企业仅次于原油的第二成本要素。含烃石化尾气多作为炼化厂的燃料，而其中挥发性有机化合物（volatile organic compounds，VOCs）的减排是石化行业可持续发展过程中必须解决的问题，含烃石化尾气等高价值组分的高收率、高纯度综合回收和减排具有重要意义。建立连续超薄涂层工艺生产兼具高通量和高选择性的有机气体分离膜和膜分离器，以非理想分离状态模型实现精确过程设计，以梯级耦合流程设计方法将膜分离、吸附、深冷等气体分离技术优化整合，协同强化，可实现含烃石化尾气的高收率、高纯度综合回收和减排。膜法梯级耦合分离技术可实现能源的梯级利用和资源的梯级回收，打破单一技术发展瓶颈，达到提高产品回收率、减少排放量、降低回收能耗的多重目标。该技术对典型多源含烃石化尾气的资源综合回收率可达到 95%以上，最高可减少 99.5%的 VOCs 排放。与传统路线相比，单耗降低约 30%；与国外同类型的串联组合技术相比，单耗降低 20%～30%。氢回收型膜法梯级耦合分离装置必将是炼化企业降低炼油成本的标配装置。目前，其在中石油和中石化下属炼油企业已经有较好的推广，未来地方炼化企业和民营企业将是推广的重点。按照目前国内的炼油总量，如果 80%的炼油产能配套氢回收型或者综合回收型膜法梯级耦合分离装置，可实现年 CO_2 减排 400 万 t 以上。

2. 低阶煤蓄热式下行床快速热解工艺

当前，我国 90%以上的低阶煤用作发电、工业锅炉和民用燃料直接燃烧，由此引发一系列严重的生态和环境污染问题，并且浪费了低阶煤中蕴藏的油、气和化学品资源。粉煤热解耦合发电多联产技术路线可实现低阶煤资源的最大化利用，是实现低阶煤分级分质清洁高效利用的重要途径。采用核心加热元件蓄热式辐射管与下行床相耦合，形成蓄热式下行床快速热解反应器，炉内无转动设备，系统运行可靠。炉内错落布置的辐射管可实现物料的强混合快速传热，在 6～9s 内实现 6mm 以下中低阶粉煤的快速热解；炉内温度场在 500～950℃范围可灵活调控，油、气品质高，挥发分提取率、能源转化效率及系统热效率高。采用模块化组合工艺，易于工程放大，单台热解炉规模可达每年 120 万 t；针对火力发电，可提高锅炉效率，降低发电煤耗。

7.6.3 生态环境质量与污染监测

1. 固定污染源排放 SO_2、NO_x 的监测

针对固定污染源排放烟气中的超低浓度污染物（SO_2、NO_x 等），通过全程伴热测量技术、高温稳定紫外光源选型、长光程紫外吸收池自主设计、微型紫外光谱仪自主设计、多组分气体分析算法等相关技术，开发出超低浓度紫外差分烟气分析仪，实现了超低排放烟气中 SO_2、NO_x 等指标的便携式仪器监测，SO_2、NO 检出限不高于 $1mg/m^3$，NO_2 检出限不高于 $2mg/m^3$。该技术采用原创设计的新型多次反射长光程紫外吸收池，光程稳定，采用多次反射技术，同时实现小体积和长

光程，可根据应用需求定制光程；开发无光纤探测技术，有效解决光源、光谱仪与高温吸收池隔离的问题，同时省去光纤部件，提高仪器可靠性，可同时测量烟气中超低浓度 SO_2、NO、NO_2 等指标，不受水分和粉尘影响；可直接检测 NO_2，无须 NO_2/NO 转换器；可扩展检测 NH_3、H_2S 等其他气体。该技术可对固定污染源排放烟气中的超低浓度污染物(SO_2、NO_x 等)进行准确监测，为政府部门开展污染源调查和环境监管提供快捷的工具。

2. 水体中氨氮、凯氏氮、总氮、亚硝酸盐氮、硝酸盐氮、硫化物等指标检测

气相分子吸收光谱法已经成为国家标准监测方法，该仪器可广泛用于环境监测站、水文站、生产企业、科研院校等单位进行水体含氮化合物、硫化物等污染物检测，具有广阔的应用前景。该方法采用气相分子吸收光谱仪测定水样中氨氮、凯氏氮、亚硝酸盐氮、硝酸盐氮、总氮、硫化物等指标，具有抗干扰性强、无须复杂前处理等特点，将单个样品的测定时间由传统方法的 10～30min 缩短至 2～5min，涵盖检测范围由 3 个数量级提高到 5 个数量级。同时提升了含氮含硫化合物的检测精度和可靠性，气化分离反应残留由 3%～5%降低到 0.5%以下，测量精密度由原来的 2%提高到优于 1%，整机平均故障工作时间(MTBF)大于 2000h，实现了氨氮、总氮、硫化物等污染物的快捷准确检测。气化反应分离关键技术解决了基于气相分子吸收光谱法的水质分析仪器的核心化学反应稳定性技术难题；高灵敏度分光检测关键技术，解决了基于气相分子吸收光谱法水质分析仪器的光电检测技术难题。

3. 基于人工智能的城市污染状况识别、溯源及预测预报

基于人工智能的污染源精准识别-溯源分析-预测预报技术可将视频数据、污染物浓度、气象数据、排放源等多种数据源统一融合，运用人工智能(AI)技术进行污染源精准识别、溯源贡献度分析、污染物浓度预测预报。该技术实现了从底层数据源接入、数据处理、数据融合到特征提取、模型构建的一系列功能，提出了一种根据数据监测站点空间分布进行数据融合及异常处理的技术，将空间按照一定的方式进行区域划分，然后对同一区域的数据按照指定方式进行融合。对于仍然存在数据缺失的区域，通过高斯回归过程方法，综合考虑时域、空域信息和污染物浓度非线性变化情况，对缺失处进行非线性插值，从而有效提升数据的稳定性，消除噪声，同时还能起到数据降维的作用。例如，基于城市现有视频数据资源，使用 FSSD 检测模型和 ResNet 分类网络模型对渣土车是否遮盖、道路和工地扬尘进行智能识别，从而能够第一时间掌握相关生态环境违法信息，提升执法人员的办案效率。基于 AI 技术区域大气污染预测模型实现了对多参数污染物浓度在未来时期长时间变化的小时级精确预测，该技术可实现污染治理的动态调度和

实时管控，完成从发现问题到解决问题的闭环管理，模型预测范围的准确率比其他同类技术平均高 78%。将人工智能技术与物联网大数据分析相结合，实现城市复杂污染场景智能识别，空气质量溯源与预测，为生态环境管理提供了高效、快速识别、准确的决策支持，提升了环境治理工作效率，优化了城市人力资源配置，未来发展前景非常广阔。

4. 工业集中区大气污染物的时空分布研究、溯源和精准管控

通过集成无人机大气成分与气象参数监测系统、开放光路多组分气体分析仪、微型空气质量监测站及质子转移反应飞行时间质谱（PTR-TOF-MS）走航车为一体的大气立体监测系统。无人机大气监测仪主要通过无人机搭载微型大气监测仪对 H_2S、NH_3、TVOCs、O_3、CO、CO_2、NO_2、NO、SO_2、CH_4、$PM_{1.0}$、$PM_{2.5}$、PM_{10} 等 10 多项大气污染物进行检测，检出限为 μg/L 级（CO_2 为 mg/L 级）；同时可对大气温度、湿度、大气压、风向、风速等气象参数进行实时监测，对重点污染区域进行精准溯源。针对突发污染事件，可精准溯源检测污染物浓度并快速采集气体样品，实时拍摄并传输污染区域的现场视频。开放光路分析仪采用对射式光路结构设计，利用傅里叶红外吸收光谱技术对重点企业的有毒有害气体进行在线监测以及排放通量的走航监测，能够达到对园区现场多种 VOCs 实时监测的要求。微型空气质量监测站具有体积小、耗电量低、运维需求小的特点，便于大规模布点，可应用于工业园区及城市网格化布点，探究大气污染物的分布特征和来源分析。PTR-TOF-MS 走航车实现了对园区 VOCs 重点污染企业和区域进行走航监测，实现实时快速测量监测重点企业和区域的大气 VOCs，识别 VOCs 的排放特征和二次污染物的形成潜势。工业集中区大气污染物立体监测系统可有效针对复杂的工业园区进行污染物溯源和分析，具有较好的发展前景。

参考文献

[1] 中华人民共和国科学技术部《国家绿色低碳先进技术成果目录》（国科发社〔2023〕89 号）.

[2] 秦阿宁，孙玉玲，王燕鹏，等. 碳中和背景下的国际绿色技术发展态势分析[J]. 世界科技研究与发展，2021, 43(4): 18.

[3] 袁威. 低碳经济背景下新能源行业发展现状分析[J]. 储能科学与技术, 2023, 12(11): 3589-3590.

[4] 王起. 水污染治理技术及其应用前景[J]. 中文科技期刊数据库(全文版)自然科学, 2023(4): 26-29.

[5] 杨国兰，郭坤. 大气污染原因和环境监测治理技术的应用分析[J]. 资源节约与环保, 2021(7): 42-43.

[6] 李焕娣. 城镇固体废物综合处理及资源化综合利用技术探析[J]. 能源与节能, 2022(11): 210-212.

[7] 莫测辉，蔡全英，李彦文，等. 典型新污染物污染农田土壤安全利用关键技术与应用[J]. 中国科技成果，2023, 24(13): 63-64.

第 8 章　绿色低碳国际传播

党的十八大以来，我国进行了一系列绿色低碳变革性实践，取得了一系列绿色低碳突破性成就，创造了举世瞩目的生态奇迹和绿色发展奇迹。但部分西方媒体持续对我国在绿色低碳领域的进步进行歪曲报道，我国生态治理负责任大国形象遭到诋毁，绿色低碳国际传播面临严峻挑战。本章在分析绿色低碳国际传播背景与现状的基础上，提出构建绿色低碳国际传播主体多元化格局、创新绿色低碳国际传播叙事载体、丰富绿色低碳国际传播叙事内容、提升绿色低碳国际传播叙事技巧的绿色低碳国际传播效能提升路径，并简要介绍了部分绿色低碳国际传播优秀实践案例。

8.1　绿色低碳国际传播概述

8.1.1　绿色低碳国际传播背景

1. 西方生态治理话语失效

生态问题伴随着工业化和资本化的全球扩展而成为世界性问题，生态环境平衡遭到破坏，全球生态治理问题日益凸显。政府间气候变化专门委员会在其 2018 年 10 月的报告中警告称：“如果不能将全球变暖上升的温度控制在 1.5℃以内，我们将面临灾难性的环境崩溃”。洛克菲勒基金会在其关注地球健康的发言中提出，自然生态系统的退化达到了人类历史上从未见过的规模，人类的行为正威胁着地球生命维持系统的稳定。

过去由于西方国家的经济快速发展，相应地在生态治理问题上占据绝对的话语权，其他国家在生态治理问题上都一定程度上主动或被动地受到西方主导。近年来，伴随着西方生态治理实践成果缺失、生态治理理论滞后、生态治理价值观虚假等问题的暴露，导致西方生态治理话语逐渐失效。

1) 西方生态治理实践成果缺失

实践成果是话语的重要基础，如果没有相应的绿色发展、减排降污等方面的生态治理成果，就会造成失实的后果，难免会有唯心主义空谈之嫌。“生态治理能力是综合国力的一个重要体现，与国际社会的认同度和国际话语权的掌控息息相关”[1]。在绿色低碳国际话语权中，一个话语主体需要用自身所取得的绿色低碳成果、所做的贡献来印证自身的话语权，来说服其他话语主体。因此，如果缺乏相应的实践成果，就会失去相应的说服力。

碳中和这个概念是西方国家率先提出来的，国际组织随后组织世界各国签订《京都议定书》《巴黎协定》等，旨在限制或减少温室气体排放，鼓励各国采取具体措施实现碳中和目标。我国作为世界上最大的发展中国家，在绿色低碳方面一直采取积极、负责任的态度，我国已经明确提出了碳达峰碳中和目标，我国在2020年在第七十五届联合国大会一般性辩论上向全世界郑重宣布中国2030年实现碳达峰，2060年实现碳中和，并正在采取一系列措施来推动绿色低碳发展①。此外，我国在推动光伏新能源产业规模的不断扩大，一直在为实现降低碳排放量身体力行，并且也取得了相应的成果。与此相反，西方本身通过产业升级和技术革新已经一定程度上降低了自身的碳排放量，但是他们却有44%的碳排放权。尽管他们有着较高的碳排放权，但却依然没有履行自己的碳排放承诺，仍旧采取与承诺相违背的行动。丹麦曾表示无法达到2025年的减排目标，要“放弃”；德国说将要放弃2035年能源行业实现碳中和的气候目标；英国表示不能通过让英国人破产的方式来保护地球，要取消减排目标；2017年特朗普政府公然宣布退出《巴黎协定》，并放弃之前的气候援助承诺。

西方资本主义国家的内在发展逻辑与绿色低碳逻辑背道而驰，他们的发展需要资本扩张。为此，他们要么“毁约”，要么进行目标转嫁，没有真正做到降低空气中的碳排放量，很难拿出绿色低碳的真实实践成果，从而导致西方国家生态治理话语逐渐失效。

2）西方生态治理理论滞后

西方生态话语的出现，是人类在遭受生态灾难后进行思考的反映。但西方生态话语存在基本的理论误区，导致其在“建构现实”层面缺乏可操作性。近代工业化导致人们对世界产生了孤立、静止和片面的观点。在西方生态思潮的理论演进中，总是存在“人与自然二元对立”的思维定式与“人与自然非此即彼”的思维惯性，总是围绕着“人与自然究竟谁才是世界主宰”这一核心问题展开[2]。例如，西方学界曾经形成“人类中心主义”与“自然中心主义”两大话语范式。“人类中心主义”认为生态环境隶属于人类，通过控制生态环境来促使人类社会的发展，因此造成了人类为了经济社会的发展而破坏生态环境的现象。“生态中心主义”虽然发出了生态保护的先声，但武断地反对人类现代性的发展方向，期冀着回归“万物有灵”的前工业社会，对自然的情感带有超验主义性质的宗教色彩，从而深陷对文明世界的消极否定和倒退性质的浪漫幻想之中[3]。这两大话语范式在人

① 中华人民共和国中央人民政府．在第七十五届联合国大会一般性辩论上的讲话[EB/OL]（2020-09-22）[2024-11-25]. https://www.gov.cn/gongbao/content/2020/content_5549875.htm.

与自然关系的认知上都有着一定误区。

另外，虽然一些西方学者发现资本主义是造成生态危机的罪魁祸首，提出了生态学马克思主义话语谱系，但在该话语谱系中，“非集权的技术”“绿色新政”“人道地占有”等诸多概念偏离了马克思主义从生产力与生产关系角度去批判资本主义的根本原则，且“普遍缺乏实证依据”[4]，对生态治理问题缺乏可操作性。

总之，无论是“人类中心主义”和“自然中心主义”两大话语范式，还是“生态学马克思主义话语谱系”，对解决生态治理问题都产生了治标不治本的效果，这些生态治理理论具有滞后性。西方生态治理理论缺乏可操作性，因此也导致西方生态治理话语失效。

3) 西方生态治理价值观虚假

西方生态治理价值观表面上推崇“普世价值观”，但本质上是以西方发展为中心的价值观。西方国家推崇自己的生态治理理念适合全球各个国家，认为自己的理念为圭臬，但实际上忽视了发展中国家的实际问题。西方国家规定全世界碳排放量不能超过 8000 亿 t，但在分配问题上，他们“既当运动员又当裁判员”，先是将其中 44%的碳排放权，让 27 个已经能够通过技术革新在一定程度上降低自身的碳排放量的发达国家先拿走，然后让其他处于经济快速发展中的、很难降低碳排放的国家分剩下的 56%。这种普世价值观只是为了达到能够更好地控制发展中国家，阻碍发展中国家发展的目标。

西方生态治理普世价值观表里不一，本质上是打着“普世”的幌子，而实际上以促进自己国家的经济发展为最终目标，也因此暴露了其普世价值观的虚假性。这种生态治理价值观导致其无法在国际生态治理话语中立足。

2. 中国生态治理成绩显著

自党的十八大以来，我国以前所未有的力度抓生态文明及美丽中国建设，我国生态文明及环境保护发生历史性变化，全国推动绿色发展的自觉性和主动性显著增强，美丽中国建设迈出重大步伐，生态文明建设成效显著。在生态文明建设进程不断推进的过程中，绿色低碳也被赋予了新的活力。为确保“双碳”目标的顺利达成，我国加快构建绿色低碳循环发展体系，推动产业结构优化升级、能源结构调整、资源利用率提升等，绿色低碳转型取得巨大成就。

1) 构建碳达峰碳中和政策体系

2021 年我国将碳达峰碳中和纳入生态文明建设整体布局和经济社会发展全局，对“双碳”工作做出总体部署。党中央、国务院于 2021 年 10 月 24 日印发《关于完整准确全面贯彻新发展理念 做好碳达峰碳中和工作的意见》，国务院发布《关于加快建立健全绿色低碳循环发展经济体系的指导意见》（国发〔2021〕4 号）、

《2030 年前碳达峰行动方案》等文件，各有关部门出台 12 份重点领域、重点行业实施方案和 11 份支撑保障方案，31 个省(自治区、直辖市)制定本地区碳达峰实施方案，“双碳”政策体系构建完成并持续落实。

2) 积极参与全球气候治理

我国积极推动绿色低碳发展，应对全球气候变化，积极参与全球气候治理，在 2009 年设定的一系列具有约束力的降碳减排目标已于 2019 年提前实现；为积极推动《巴黎协定》落地，我国又于 2020 年提出了一系列减碳目标，并承诺力争于 2030 年前实现碳达峰，努力争取 2060 年前实现碳中和，为发展中国家进行自主减碳起到示范引领作用。我国秉持人类命运共同体理念，统筹对外合作与斗争，推动《联合国气候变化框架公约》缔约方会议达成《沙姆沙伊赫实施计划》，着力构建公平合理、合作共赢的全球环境治理体系。还扎实推动绿色丝绸之路建设，深化应对气候变化南南合作，有力支持发展中国家能源绿色低碳发展，帮助提升应对气候变化能力。

3) 重点领域绿色低碳发展成效显著

我国大力发展绿色建筑，2022 年新建绿色建筑面积占比由“十三五”末的 77% 提升至 91.2%；推动既有建筑绿色低碳改造，节能建筑占城镇民用建筑面积比例超过 65%。加快调整交通运输结构，2022 年全国铁路货运发送量 49.84 亿 t，同比增长 4.4%，水路货运发送量 85.54 亿 t，同比增长 3.8%。

当前，我国深入践行绿色低碳发展理念，在生态文明治理方面进行了一系列新实践，实现了一系列新进展，取得了一系列新成果，真正把生态文明建设放在了党和国家事业发展全局中的重要位置。

3. 中国生态治理国家形象遭到诋毁

虽然我国生态文明建设取得了举世瞩目的显著成就，实现了由重点整治到系统治理的重大转变，由被动应对到主动作为的重大转变，由全球环境治理参与者到引领者的重大转变，由实践探索到科学理论指导的四个重大转变，但是我国在国际生态治理问题上的话语权一直遭到排挤打压，生态治理负责任大国形象遭到诋毁。

西方媒体不断诋毁中国绿色低碳发展，我国媒体发表的声音几乎被掩盖。西方对我国绿色低碳发展成果持怀疑态度，把我国描述为“要经济不要环保”“全球变暖问题的症结”“世界上最大的污染者”“能源饥渴的巨人”等多个负面形象[5]。

因此，我国推进绿色低碳发展的积极国家形象面临严峻挑战，在生态治理方面急需摆脱这些羁绊，树立良好的国际形象。

8.1.2 绿色低碳国际传播现状

当前，我国正积极努力扭转在绿色低碳国际传播中“西强我弱”的局面，希望在全球生态文明、绿色低碳国际传播格局中扩大自身的一席之地，使世界各国人民对我国生态文明建设与绿色低碳发展有客观的认识，促使我国生态文明和绿色低碳发展理念与实践被更多的国际民众所理解。

1. 中国政府立标杆强引领

党的二十大报告提出，坚守中华文化立场，提炼展示中华文明的精神标识和文化精髓，加快构建中国话语和中国叙事体系，讲好中国故事、传播好中国声音，展现可信、可爱、可敬的中国形象。我国政府在创新生态文明话语，讲好生态文明故事，增强生态治理国际话语权中发挥着自身独特的作用。

1) 加强顶层设计，发布政策文件

我国政府在推动绿色低碳国际传播方面，通过发布与生态文明、绿色低碳国际传播相关的政策文件，不断加强顶层规划，实现了从最初把生态文明作为开展国际传播工作的一个视角到如今单独强调深化生态文明国际传播的转变。

2021 年 5 月 31 日在中共中央政治局第三十次集体学习时习近平总书记指出，要围绕中国精神、中国价值、中国力量，从政治、经济、文化、社会、生态文明等多个视角进行深入研究，为开展国际传播工作提供学理支撑。要更好推动中华文化走出去，以文载道、以文传声、以文化人，向世界阐释推介更多具有中国特色、体现中国精神、蕴藏中国智慧的优秀文化。要注重把握好基调，既开放自信也谦逊谦和，努力塑造可信、可爱、可敬的中国形象①。2024 年 1 月 11 日中共中央、国务院发布的《关于全面推进美丽中国建设的意见》，第二十九条明确提出“共谋全球生态文明建设。坚持人类命运共同体理念，共建清洁美丽世界”，第三十二条要求“持续深化习近平生态文明思想理论研究、学习宣传、制度创新、实践推广和国际传播”。

在党中央的生态文明、绿色低碳国际传播政策引领下，我国各有关部门坚决贯彻落实有关绿色低碳国际传播建设的决策部署，秉持绿色高质量发展理念，锐意进取、奋发有为，推进绿色低碳国际传播。

2) 展现国际生态治理负责任大国形象

当前，我国不仅在国内生态环境治理上取得丰硕的成绩，同时还积极承担国际生态治理责任。首先，我国在气候治理国际合作中展现责任担当。2020 年 9 月，

① 中华人民共和国中央人民政府. 习近平主持中共中央政治局第三十次集体学习并讲话[EB/OL](2021-06-01)[2024-11-25]. https://www.gov.cn/xinwen/2021-06/01/content_5614684.htm.

习近平总书记在第 75 届联合国大会一般性辩论上向世界承诺："中国 CO_2 排放力争于 2030 年前达到峰值，努力争取 2060 年前实现碳中和"①。我国率先发布《中国落实 2030 年可持续发展议程国别方案》，实施《国家应对气候变化规划(2014—2020 年)》，向联合国交存《巴黎协定》批准文书。此外，还积极推动全球气候谈判及政策文件的落地。在多哈会议面临失败之际，我国充分发挥自己的力量对相关国家做工作，最终达成了有法律约束力的协定；格拉斯哥会议上，我国始终坚持"共同但有区别的责任"，切实维护发展中国家的利益，为全球气候治理贡献了中国智慧和中国方案。我国在世界应对气候变化上积极主动，展现了负责任大国的形象。

其次，我国积极推动"一带一路"建设中的国际生态合作。我国将绿色低碳理念融入"一带一路"建设，不断提升国际合作内涵，积极推动中国生态文明与绿色低碳发展理念的国际传播[6]。2021 年，习近平主席提出《全球发展倡议》，强调坚持人与自然和谐共生，加快绿色、低碳转型，实现绿色复苏发展，中国积极推动建设绿色丝绸之路②；在 2023 年举行的第三届"一带一路"国际合作高峰论坛期间，中国和 34 个国家共同发布了《数字经济和绿色发展国际经贸合作框架倡议》，提出了营造促进绿色发展的政策环境，鼓励绿色技术和服务的交流与投资合作等建议，成为推动包容性经济增长的国际公共产品。

总之，我国始终坚持人类命运共同体理念，坚持与世界各国共同面对生态环境问题，绝不以发展自己国家为中心而牺牲其他国家的生态环境。我国在全球生态治理问题上始终秉持着向全世界负责的态度，在国际生态环境治理舞台上发挥着独特的参与者、贡献者和引领者的作用，有力推动了生态文明与绿色低碳国际传播，树立了良好的负责任的大国形象。

3) 积极参加国际生态治理活动

我国政府主动参与国际生态治理活动，并积极分享我国在绿色低碳发展方面的经验举措，针对生态治理难题提供中国方案，在国际生态活动交流平台上，与世界各国的交流日益呈现出丰富的内容。

在 2023 年 11 月 30 日《联合国气候变化框架公约》第 28 次缔约方大会(COP28)中，我国与各国嘉宾共话碳市场、绿色金融推动城市可持续发展，传递绿色低碳理念。在主旨发言环节，国家应对气候变化战略研究和国际合作中心主任徐华清重点介绍了我国碳市场的四大特点，指出区域碳市场是我国碳市场的重要补充，

① 中华人民共和国中央人民政府. 在第七十五届联合国大会一般性辩论上的讲话[EB/OL](2020-09-22)[2024-11-25]. https://www.gov.cn/gongbao/content/2020/content_5549875.htm.

② 光明日报. 全球发展倡议为非洲发展提供机遇[EB/OL](2022-08-02)[2024-11-25]. https://news.gmw.cn/2022-08/01/content_35922435.htm.

表示未来我国将逐步形成多层次碳市场体系，为实现碳达峰碳中和目标和全球应对气候变化工作做出积极贡献。

在 2023 年 12 月 5 日，我国参与了第三届碳中和国际实践大会系列活动。在活动中，我国政府与世界各国学者、企业家、社会组织和碳交所管理者们围绕碳中和国际合作和绿色丝绸之路建设进行深入交流，并普遍认为我国提出并积极推进绿色丝绸之路，是对全球应对气候变化的重大贡献，为绿色低碳、数字经济的发展提供了广阔的发展空间。

我国政府通过参加国际生态治理活动，针对降碳减排等绿色发展问题向世界各国展示中国态度、中国方案和中国智慧，在有效推动绿色低碳国际传播的同时，促进了世界各国对我国绿色低碳理念和实践的认识与理解。

2. 国际组织做桥梁助协作

国际组织是由众多国家组成的国家间的组织。国家间在政治、经济、社会、文化等领域进行交流与合作的过程中，会出现一些任何单个国家都难以解决的问题，需要有关国家共同研究。近年来，国际组织在推动绿色低碳发展过程中做出了较大贡献。

推动世界向清洁能源转型、使全球享有可负担的能源，是实现《巴黎协定》目标和可持续发展目标的唯一路径。全球能源互联网发展合作组织作为促进清洁发展方面的权威组织，一直为推动全球能源互联网发展而努力，在 2021 年 1 月 22 日受到了联合国秘书长古特雷斯的肯定和赞赏。该国际组织在所举办的国际会议和宣讲活动中，广泛宣传中国通过建设全球能源互联网，为推动实现“双碳”目标所做的努力，以及取得的相关成果，向各国讲述中国正积极践行习近平主席在联合国发展峰会上提出的“中国倡议探讨构建全球能源互联网，推动以清洁和绿色方式满足全球电力需求”①的绿色发展故事。

联合国环境规划署(UNEP)作为推动全球绿色可持续发展的国际组织，认为中国绿色“一带一路”建设对实现联合国《2030 年可持续发展议程》所包含的 17 个可持续发展目标具有重要推动作用。该国际组织还明确指出，中国提出的绿色“一带一路”通过推动各国的清洁技术更新与能源转型，将有助于构建一种新型的全球气候治理体系[6]。

不难看出，近年来国际组织对中国绿色低碳发展理念和实践成果给予认可，对绿色低碳发展的“中国方案”给予了关注与正面评价。国际组织自身具有较高的公信力，对我国绿色低碳发展理念与实践的认可与正面评价，推动了世界各国

① 习近平在联合国发展峰会上的讲话[EB/OL]. 新华社 (2015-09-27) [2024-11-25]. https://www.gov.cn/xinwen/2015-09/27/content_2939377.htm.

民众对我国生态文明治理、绿色低碳发展等方面的正确认识和了解，有效助力了我国绿色低碳理念国际传播。

3. 中国企业树榜样走出去

我国企业积极参加绿色低碳国际活动，在讲好企业自身绿色发展故事的同时，还积极地为我国更多企业搭建绿色低碳成果展示平台，推动我国企业在绿色低碳领域进一步“走出去”。

在2023年12月5日《联合国气候变化框架公约》第28次缔约方大会（COP28）“中国角”深圳专场中，作为我国知名的经济大区、科技强区和创新高地，也是国家生态文明建设示范区和“两山”实践创新基地，深圳南山区的企业代表在现场进行了绿色低碳案例展示。这一举动，引发现场热烈反响，彰显了我国企业作为绿色低碳国际传播主体的责任与担当，有力促进了世界各国人民对我国绿色低碳理念与实践的深度理解。

2024年3月22日，中核集团参加首届核能峰会，为全球低碳转型贡献中核方案。核能在应对气候变化、保障能源安全中具有独特优势。峰会期间，中核集团代表向世界各国分享我国核能迅速发展的原因，还表示我国愿意在推进碳达峰碳中和，促进全球能源绿色低碳转型方面做出积极贡献，同时分享了利用华龙一号、高温气冷堆、玲龙一号等核电机组，推进低碳转型的思路与实践经验。

我国企业通过参加绿色低碳国际活动，向世界各国表明了我国企业践行绿色低碳发展倡议，履行实现碳达峰碳中和承诺，共同推动世界绿色低碳发展的中国态度。同时，也向世界展示了我国在绿色低碳发展各方面的实践成果。我国企业推动了世界各国对我国绿色低碳理念和实践的深层次交流，进一步推动了我国绿色低碳国际传播。

4. 中国高校做创新强开拓

我国高校充分发挥其自身优势，通过国际交流、科学研究、人才培养等多维度的活动与举措，积极推动绿色低碳国际传播，为全球绿色低碳发展贡献中国智慧与中国方案。

1）国际交流推动绿色低碳国际传播

在绿色低碳国际传播方面，我国高校积极开展深层次国际交流与合作，向世界展示我国绿色低碳发展的新技术、新成果，为世界各国交流绿色低碳创新研究成果提供平台。2023年10月，北京林业大学接待来自俄罗斯联邦科学和高等教育部气候项目发展专家委员会、秋明大学、西伯利亚联邦大学、乌德穆尔特国立大学、喀山联邦大学、西布尔集团公众股份公司等单位的科研和管理人员代表团一行，并组织优势和特色学科师资力量，为代表团开展森林碳资产管理培训，赴鹫峰首都圈森林生态系统国家定位观测研究站、北京园林绿化生态监测网络(BEON)奥林匹克森林公园等开展实习实践活动，树立了高校绿色低碳领域国际合作的标杆，有力推动了中国绿色低碳理念与实践的国际化传播。

2)科学研究赋能绿色低碳国际传播

高校承担着科学研究的使命。高校教师开展绿色低碳相关科学研究与科创活动，阐释绿色低碳理论，发展绿色低碳技术。此外，一些高校还积极建设智库，聘用具有国际视野的外国顶尖专家为研究员，借助“外脑”“外嘴”扩大知华友华的“朋友圈”，助力中国绿色低碳国际传播。如中国人民大学重阳智库聘请埃及、吉尔吉斯斯坦、伊朗等国前政要担任高级顾问，鼓励他们在绿色低碳国际领域为我国参与全球治理发声，有效提升了我国在国际舆论中的正面形象。

3)人才培养助力绿色低碳国际传播

国际学生是世界各国的优秀青年代表，是我国各高校学生群体的重要组成部分。近年来，国家对国际学生国情教育高度重视。各高校立足当代我国国情，开设中国道路与中国模式类课程，增进国际学生对中国道路与中国模式的了解，促进国际学生对“一带一路”倡议、中国发展理念和发展道路的情感认同。随着教育部《加强碳达峰碳中和高等教育人才培养体系建设工作方案》的发布，培养与增强世界各国青年的绿色低碳意识，推动世界各国人民保护共同家园，促进人类命运共同体建设，成为高校的普遍共识。绿色低碳作为我国发展重要理念纳入高校国际学生国情教育方方面面，各高校纷纷行动，并取得一定成效。

2023 年在植树节来临之际，浙江农林大学组织国际学生代表们共赴杭州余杭百丈镇，携手半山村当地村民开展了“低碳家庭”评选暨国际四库林活动。在低碳家庭评选活动中，来自世界各地的国际学生见证了我国乡村在绿色低碳生活中的行动与成效。2024 年浙江大学带领国际学生举办“可持续发展月”系列活动，通过一系列创意设计，国际学生的环保意识大大提高，大家共同为可持续发展贡献力量的意识被激发。在实现“双碳”目标的道路上，浙江科技大学知责于心、担责于身、履责于行，探索形成具有“浙科特色”的绿色低碳理念人才培养模式。该校通过教学改革，将绿色低碳国情教育融入“三个课堂”，增强世界各国来华青年绿色低碳意识的同时，着力培养具有天时地利优势的国际学生成长为新时代斯诺，鼓励国际学生积极在自媒体和海外媒体“发声”，助力绿色低碳国际传播，为提升我国绿色低碳国际传播效能开辟新天地。

8.1.3　绿色低碳国际传播现存的问题

我国在解决“碳达峰”“碳中和”“气候治理”等生态治理问题上的方法和措施具有科学性、创新性和普适性。党的十九大明确了“尊重自然、顺应自然、保护自然”的生态理念，阐明“像对待生命一样对待生态环境”。为此，我国政府推进了一系列绿色低碳变革性实践，实现了一系列绿色低碳突破性进展，取得了一系列绿色低碳标志性成果，创造了举世瞩目的生态奇迹和绿色发展奇迹。但相比西方，我国对生态环境问题的关注时间相对较短，目前在绿色低碳国际传播上仍呈现“西强我弱”的总体特征。我国近年来虽然在绿色低碳国际传播上取得一定成效，但存在传播主体多元格局尚未形成、传播载体仍需丰富、传播内容构建有待系统化等问题。

1. 传播主体多元格局尚未形成

有研究者提出，当前我国国际传播已超越以往国家机构、主流媒体主导的圈层结构，步入了全民外交、全民国际传播的多元主体时代。但是在绿色低碳国际传播方面，尽管国际组织、我国企业与高校有所参与，目前我国政府传播主体仍是主要力量，多元主体格局尚未形成。

我国政府传播主体有其固定身份，在绿色低碳国际传播过程中风格偏向严肃庄重，在一些生态环境问题的表述上政治性大于灵活性，容易造成国外受众产生排斥心理。另外，我国高校学术传播主体尤其在回应国际生态误解方面的能力有待提高，高水平学术研究成果相对滞后。大众传播主体和网络传播主体的力量没有充分发挥，尤其外籍在华人士、留学生群体、有海外生活经历且具有较强跨文化交际能力的华人在讲述中国绿色低碳故事方面的作用有待挖掘。

绿色低碳国际传播主体相对单一，影响绿色低碳故事的讲述视角，不利于国外受众了解真实的中国生态环境，绿色低碳政策、现状及成果，不利于我国生态文明国际传播体系建设，容易限制我国生态文明国际话语空间的延展。

2. 传播载体仍需丰富

绿色低碳国际传播载体不丰富，没有很好地将我国绿色低碳发展理念和举措传播到世界各地。在我国国际传播方面，由于受主客观多重因素的影响，我国媒体的国际化进程、海外本土化建设推进较慢，导致我国在国际上发声渠道少，信息的辐射能力弱，在国际上具有广泛影响力的社交媒体账号缺乏。与此同时，西方的社交媒体平台不断推出针对我国国际传播的钳制措施，例如限制推广、停封账号等等，使我国国际传播常陷入被动，影响了社交媒体的互动性，削弱了我国与世界各地用户跨越时空的可能，“有理说不开”的局面一直存在。

3. 传播内容构建有待系统化

当蕴含着不同价值观的生态治理理念在全球化时空邂逅，人们往往会根据自身的思想认知对“异质”理念做出解读。我国在绿色低碳国际传播中，一方面还未系统地构建起主题层级结构，没有形成系统化的绿色低碳传播内容；另一方面，在传播内容的选取上，针对不同国家、不同文化背景的受众差异性分析不足，且常常忽视宗教习俗、思想意识等因素的反作用力，导致在国际传播时盲目笼统地向外传输，而未能贴合国外受众进行精准设计，对绿色低碳国际传播产生消极影响。

4. 叙事技巧有待增强

首先，我国在绿色低碳国际传播叙事技巧上故事化程度不足。在传播过程中，可能过于依赖数据和政策解读，欠缺生动的故事叙述，使国际受众难以从情感上与绿色低碳理念产生深层连接，降低传播的吸引力和记忆点。在绿色低碳国际传播内容的组织上，时空顺序、叙事角度等叙事技巧有待增强。其次，技术语言转化不够平易近人。国际传播时未充分考虑不同地区和文化背景下的接受习惯和价值观念，技术性强的专业术语和复杂理论可能未能进行充分的通俗化处理，导致信息传递的有效性和接受度受到影响，使一般公众和国际受众不易理解和接受绿色低碳技术的应用价值和实际效益。最后，绿色低碳国际传播内容的效果，也未能及时持续地跟进国外受众的感受和反馈，造成“轻结果”的现状。

因此，如何在坚持中国态度、中国观点、中国立场的基础上，向世界各国用他们能听懂的语言阐释中国绿色低碳发展理念，如何更有广度地讲好我国绿色低碳发展内容，加大我国绿色低碳的国际传播力度，从而掌握国际生态话语主动权，是我国在新时代生态文明建设和绿色低碳发展领域的重要议题。

8.2　绿色低碳国际传播效能提升路径

绿色低碳发展理念顺应了社会生态发展规律，是能够让我国与世界各国取得共赢的创新之举，有利于人类命运共同体的构建。我国如何在面临国际传播困境的前提下，有效地向世界展现暗含中国智慧的绿色低碳建设方案及实践成效，是我们必须重视研究的问题。目前，我国绿色低碳发展国际传播面临巨大压力，要增强绿色低碳发展国际传播效能，必须在坚持中国立场的前提下，拓展绿色低碳国际传播多元主体，创新绿色低碳国际传播叙事载体，丰富绿色低碳国际传播内容，提升绿色低碳国际传播叙事技巧，不断增强我国绿色低碳故事的感染力和可信度，提高中国的国际话语权和世界影响力。

在全球化背景下，我国与世界各国共同参与绿色低碳生态议题。从表层看，世界各国之间关于绿色低碳议题的政治、经济等方面的国际交流意识形态色彩淡薄，然而事实上与此相反。在过去的绿色低碳发展国际交流合作中，不乏发达国家借由可持续发展，对发展中国家以及不发达国家和地区进行生态侵略。如在《京都议定书》的签订过程中，围绕发达国家与发展中国家温室气体排放量等问题的争议一直存在，其关键在于发达国家打着“要共同承担保护环境的责任”的旗号，对发展中国家在温室气体减排问题等方面提出了许多不公平的要求[1]。

面对这些假象，我们要及时地避免陷入西方国家绿色低碳话语误区。在与世界各国的绿色低碳发展交流中，尤其是与西方国家，我们要有高度的国家意识，必须坚持中国立场，维护好本国生态利益，不断增强中国特色社会主义绿色低碳道路自信、理论自信、制度自信、文化自信，不断深入研究具有中国特色的绿色低碳发展理念。充分理解和阐释“中国绿色发展”“中国绿色低碳循环经济体系”等中国特色内涵，从而在国际传播中客观正确地解释这些理念，将其丰富的内涵展现在世界舞台，深化与世界各国交流。只有这样，才能更好地有效助力我国绿色低碳发展国际传播，提升我国在国际绿色低碳发展领域的话语权。

8.2.1 构建绿色低碳传播主体多元格局

要准确评估中国绿色低碳理念在国际传播中的成效，其核心要聚焦于传播主体的多样性和活跃度。面对当下中国绿色低碳国际传播主体构成相对单一的现实挑战，我们应当着力构建一种多元主体互动的国际传播格局，倡导政府引领、媒体驱动、国际组织助力、智库智囊献计献策、高等教育机构深度参与以及广大公众积极响应的全方位联动模式，从而确保我国绿色低碳议题在全球范围内得到更加广泛而深入的传播。

以政府为传播主体的政府外交，是具有正式外交资格、以实现国家核心利益为目标的外交活动[7]。全球化时代中，我国政府要主动发挥官方权威作用，要多次在政府外交场合向世界各国介绍我国的绿色低碳发展理念，介绍我国在绿色低碳领域取得的显著成就，要主动参与国际性绿色低碳发展议题，贡献中国智慧和中国方略，从而能够充分彰显具有中国特色的新时代绿色低碳发展理念。

新闻传播媒体是向世界展示中国的一扇窗，承担着塑造国家绿色低碳发展正面形象的重要责任。外宣媒体要积极参与绿色低碳国际传播，主动设置议程，对中国绿色低碳发展理念与实践进行传播、阐释与解读，进而提高国际受众对议题的认知度，打破外媒对中国塑造的负面形象。积极放大中国生态环境保护的声音，动员各方力量共同参与到绿色低碳国际传播的行动中。

国际组织一般基于促进国际合作、解决国际问题或支持全球发展等特定目的而建立，具有一定的公信力。我国应充分发挥国际组织在绿色低碳国际传播中的正向作用，积极参加国际组织相关会议、参与其搭建的公众平台与独立研究等活动，发挥国际组织绿色低碳发展推进者和监督者的角色，借助其力量讲好中国绿色低碳发展故事，推进世界各国民众对我国生态文明治理、绿色低碳发展的认知和了解，积极推动我国绿色低碳国际传播。

智库作为学术叙事主体，应加强国际传播意识，提升习近平生态文明思想、绿色低碳发展理念的解读，生产更多具有说服力的学术成果，其高水平的理论研究和学理分析可以更具说服力地回应国际社会的误解和偏见，促进真实、立体、全面的中国形象的塑造。要注重激发广大专家学者的积极性主动性创造性，加强青年专家学者的培养，为他们把好方向、搭建平台、创造机会，鼓励他们潜心钻研、厚积薄发，推出立足中国历史、解读中国实践、回答中国问题的原创性理论成果。

高校集人才培养、科学研究、社会服务、文化传承创新、国际交流与合作五大功能于一体，应积极发挥其在绿色低碳国际传播人才培养、科学研究、国际交流合作等方面的特色优势，鼓励高校培养世界各国高质量国际人才，发挥国际学生绿色低碳国际传播“他者”力量。在华国际学生群体庞大，发挥他们在绿色低碳国际传播中的桥梁作用，引导高校国际学生群体参与传播有关中国绿色低碳的故事，激发他们对中国生态文明与绿色低碳发展的表达，促进国外受众对中国绿色低碳发展理念与实践的认知与理解，提高讲好中国故事的可信度与认可度。

此外，还需要激发民间叙事主体的活力，将民间群众的真实声音融入中国绿色低碳故事的叙述中。尤其鼓励外籍在华人士与海外华人在社交平台分享中国绿色低碳发展的所见所闻，为国外受众展示全面真实的中国生态环境，增加对中国的好感度和认同度。

8.2.2　创新绿色低碳国际传播叙事载体

叙事载体是故事的媒介。在讲好中国绿色低碳故事中，叙事载体是中国与其他国家交流互鉴的重要枢纽，具有承载和传播绿色低碳故事的作用。如今数字化时代，社交媒体已经成为人们生活中不可或缺的一部分。社交媒体平台不仅是一个简单的社交工具，更是一个信息交流、传播、互动的平台。

首先，可以利用互联网新技术载体，针对短视频精确度高、渗透性强、覆盖面广的特点，充分发挥短视频作用。例如，我们可以采访驻华大使、媒体界人士等国际爱华知华友华人士，以外国人视角制作、分享和广泛传播中国真实、客观、鲜活的绿色低碳发展案例，投放海外社交媒体平台，积极利用新技术载体，增强绿色低碳传播效果。同时，鼓励受众在观看视频后进行点赞、转发和评论等互动操作，提高受众参与度。短视频技术为中国绿色低碳国际传播打开了新空间，创造了新可能，开辟了新天地，要借助短视频技术的独特优势，推动中国绿色低碳国际传播载体创新，使中国绿色低碳发展理念传播到世界各地。其次，还可以充分利用微博、小红书、TikTok、Facebook 和 YouTube 等海外知名自媒体社交平台，培养一批意识形态色彩、官方色彩较弱的账号，助力摆脱国外受众对我国官方媒体的刻板印象，以进一步提升中国绿色低碳理念在全球范围内的传播效能。例如，在海外知名社交平台上，除了中国主流媒体 CGTN 外，还可以开设外国人眼中的中国生态环境等多个视频账号，鼓励来华留学生开设个人账号，展示亲身体验，并亲自拍摄的中国美丽乡村图片和视频等，还可以在海外网“我在中国当大使”栏目对驻华大使进行绿色低碳专项访问等。

8.2.3　丰富绿色低碳国际传播叙事内容

做好绿色低碳国际传播，国际传播叙事内容至关重要。传播内容是绿色低碳传播的精髓，内容背后承载着中华民族的智慧与中国精神，是绿色低碳国际传播取得实效的基石。在绿色低碳传播内容选取上，我们要改变之前的策略，不能单一一味地讲述绿色低碳发展理论体系、绿色低碳发展正面案例等，也要客观讲述一些因国情等现实原因而做得不到位的内容。此外，我们不仅要讲述中国走上绿色低碳发展建设之路的成就和方法，也要讲述从绿色低碳发展理念的萌芽到逐步完善，再到中国生态环境的逐渐改善、相关法律法规政策的逐步完善的故事。同时，在充分挖掘我国绿色低碳理念背后的中国哲学和价值观，展示我国绿色低碳发展理念的起源、探索、发展和落实的国际传播过程中，重视宗教习俗、思想意识等因素的反作用力，针对不同国家、不同文化背景的受述者，进行差异性分析与精准传播。

8.2.4　提升绿色低碳国际传播叙事技巧

提升中国绿色低碳国际传播叙事技巧，是传播中国绿色发展理念、推动全球气候治理、维护国家利益、促进全球可持续发展不可或缺的关键环节。通过优化叙事技巧，生动展现我国在绿色低碳领域的显著成就、坚定承诺和实际行动，有助于我国在国际气候变化议题中争取更多的发言权和影响力，确立我国作为全球生态文明建设和绿色低碳发展的重要引领者的地位。同时，提高叙事技巧还有利于传达我国坚持走绿色、循环、低碳、可持续发展道路的决心，塑造负责任大国的形象，展现我国在全球环境保护和可持续发展方面的积极贡献。

首先，可以采用故事化表达，结合生动的案例和人物故事，以直观易懂的方式展现我国绿色低碳生活的具体实践和带来的变化，让国外受众能够身临其境感受绿色低碳生活的价值和意义。其次，面对不同国家、不同文化背景的受众，可以采用贴近不同区域、不同国家、不同群体受众的精准叙事方式，提高故事的可信度和感染力。在叙述语言上，要用国外受众能够听懂的语言去讲述中国绿色低碳故事，我们要理解不同国家和地区的文化背景，用符合当地文化语境的语言和方式讲述中国绿色低碳故事，以实现有效的跨文化交流与传播。

8.3　绿色低碳国际传播实践与案例

8.3.1　短视频社交平台——共享叙事、专业化以及多模态

近年来，我国政府越来越重视国际传播工作，包括绿色低碳国际传播。

YouTube 是谷歌旗下的视频社交平台，是世界上最有影响力的海外视频传播平台之一。中国国际电视台(CGTN)目前使用 YouTube 作为其国际传播平台，在该平台已拥有 291 万订阅量，并拥有强大的影响力。以“碳中和”(carbon neutral)、“碳达峰”(emission peak)为关键词在 YouTube 平台 CGTN 账号内进行检索，对 2020 年 9 月～2022 年 12 月 CGTN 在 YouTube 平台上有关中国实现“双碳”目标的视频进行统计，剔除掉与“双碳”主题关联性不强的视频，共获得 197 条相关视频。

CGTN 在 YouTube 上的“双碳”视频主要分为气候变化现状类、中国减碳目标类、中国减碳具体方案类、中国减碳方法手段类、中国减碳实践案例类和减碳国际合作六类视频。CGTN 在 YouTube 呈现我国“双碳”议题相关视频时，运用了共享叙事、专业化及多模态的方法来塑造一个负责任、守信和绿色的中国形象[8]。

1. 共享叙事

CGTN 在进行中国“双碳”目标报道的过程中，面对不同文化背景、不同教育经历、不同宗教文化等因素导致的国际受众对中国现实问题的不理解，CGTN 采取了共享叙事的策略，按照国际观众的认知思维模式与习惯，以一种被国际受众更容易接受、理解的逻辑思维和语言表达方式进行传播。

例如，CGTN 在给国际受众解读中国“双碳”目标的时候，采用了“What are the challenges China would face in achieving carbon neutrality by 2060? ”(《中国碳中和进程中面临的挑战是什么？》)标题来回应中国“双碳”目标的相关争议。该视频还提到中国作为世界上最大的发展中国家，正致力于与各国合作，共同应对气候变化问题。在全球气候变化危机这一共同语境下，低碳技术的研发与实践更容易融合人们的共同情感，因此使该类视频备受关注。CGTN“双碳”视频，一方面通过描绘全球气候变化的紧迫性，号召全球关注气候变化，另一方面也从国际受众的角度，阐释我国“双碳”目标，解答人们的疑惑，让国际受众更好地理解我国的“双碳”目标，以及中国应对气候变化的决心与贡献，树立了一个有责任感的大国形象。

2. 专业化

在 YouTube 的 197 个“双碳”主题视频中，有 93 个邀请了国内外专家学者进行访谈，占比高达 47.2%。专家学者分别从气候变化现状、技术创新、绿色金融、可替代能源以及国际合作等方面解读我国的“双碳”目标。由于“双碳”目标的实现是一场系统性变革，“双碳”主题涵盖了经济、科技和能源等诸多方面，而对于各个领域的问题都有不同的专业解释，因此，CGTN“双碳”主题的报道具有专业化特征。

例如，CGTN 在《2022 绿色奥运》(2022 Green Olympics)视频中，特邀负责 2022 年北京冬奥会场馆设计专家郑方，他深入解读了场馆在绿色节能设计上的核心理念，并对所采用的绿色科技及绿色能源进行了详尽阐述。郑方的分享凸显了冬奥会作为“碳中和”样板，在引领和示范可持续发展方面的重要作用。针对“双碳”这一主题进行的广泛而又深刻的讨论，不仅为国际受众提供了更加令人信服的专业解释，也为“双碳”主题增添了更多的科学色彩。与此同时，对中国应对气候变化战略的客观、理性的分析与阐释，更容易引起国际受众的认同，从而增强中国“双碳”主题的传播效应。在对“双碳”主题专业化的呈现下，国际受众更好地了解了中国为实现“双碳”目标而持续推进的金融市场、技术平台、能源产业等方面的改革，从而有利于信守承诺的大国形象的构建。

3. 多模态话语

多模态话语(multimodal discourse)是一种融合文字、声音、形象、动作等多种交流模态来传递信息的语篇。多模态话语以其直观性、形象化、表现力和可读性强等特点，在国际传播中得到了广泛的应用，目前已经成为社交媒体视频传播的主要方式方法。YouTube 上的 CGTN“双碳”主题视频采用了多模态话语，不仅展示了中国减碳的实践、案例以及成果，还通过图片、视频和解说展示了中国良好的生态环境。

例如，《低碳中国》(A Low-carbon China)应用多模态话语方式，围绕我国绿色低碳的发展历程，阐述了我国在绿色发展、能源转型以及环境治理方面的理念和实践。《新能源之路》(The Road to New Energy)以我国的能源转型为主题，以视频解说的方式介绍了我国的第三大能源资源，并配以中国的绿水青山影像解说资料，将我国在能源转型后所处的良好生态状况，呈现给观众。《绿色生活》(A Green Life)是一部关于我国内蒙古农民荒漠化防治的纪录片。在环境整治前，由于当地自然环境较差，风沙过后出现风沙堵塞道路的情况，迫使居民进行生态迁移。而经过 18 年的植树造林，使该地区生态环境大为改观，荒漠变为森林。该纪录片通过解说和视频直观呈现中国内蒙古地区的森林覆盖面积由 6.8%提升至

37.9%的真实画面资料，展示中国的人造“绿色长城”，给受众带来巨大视觉冲击。

CGTN 在我国“双碳”议题方面，通过画面、文字、图片和声音等多模态组合方式，既展示了中国的减碳成就，又生动形象地展现了中国尊重、顺应和保护自然的生态文明理念，有助于构建绿色中国的国家形象。

8.3.2　国际低碳大会——展现中国绿色风采，推动全球低碳发展

学术话语具有柔性、温和的特质，可以很好地消解“意识形态”带给受众的逆反心理和敌对心理。国际学术会议、国际论坛为世界各国高等院校、企业、研究机构和专业人士搭建学术研究和经验交流的桥梁。专家学者在国际学术会议与国际论坛进行知识经验分享的同时，无疑会展示我国绿色低碳发展的实践与成就，潜移默化地传递着我国绿色低碳发展理念，让国际受众更好地理解我国的“双碳”目标，推动我国良好国家形象的树立。

近年来，江苏省镇江市人民政府充分利用国际学术大会的优势，与联合国开发计划署共同主办国际低碳（镇江）大会，推动低碳新经济全方位、多角度、深层次发展的同时，也有效助力了中国绿色低碳国际传播。2016 年 11 月 28 日，首届镇江国际低碳技术产品交易展示会开幕式暨低碳城市发展高峰论坛在江苏镇江举行。交易展示会和高峰论坛的主题是“技术创新 共享低碳”，来自全球 87 家科研机构、金融机构的专家学者以及近 200 家参展企业负责人等出席会议。2017 年 9 月 26～28 日，镇江市人民政府举办第二届国际低碳（镇江）大会，继续围绕“技术创新 共享低碳”主题，聚集产业、技术、投融资、政府、智库等各界创新引领者，聚焦人才、项目、资本、市场的深度对接，聚合工业能效与先进制造、新能源与新材料、绿色建筑与低碳交通、环境保护与循环经济、储能技术产品与智能方案等各个领域，着力引导低碳项目投资合作、促进低碳技术转化落地、加快低碳产品推广应用，进一步推动低碳新经济全方位、多角度、深层次发展。

镇江市围绕“技术创新 共享低碳”主题，充分利用国际低碳大会契机，大做文章。2018 年继续发布“低碳发展镇江指数”“镇江低碳城市综合运营模式实践研究报告”“江苏省地方标准《低碳城市评价指标体系》”三项成果，发起“春风又绿江南岸保护长江母亲河”低碳众筹活动。2019 年发布镇江指数、生态健康旅游岛建设规划、长江（镇江段）两岸造林绿化建设方案等低碳成果，全方位展示近年来镇江低碳发展及生态文明建设取得的成效。镇江市因此获生态环境部、联合国开发计划署双双“点赞”，被评价为“积极开展低碳试点，推动制度、路径和技术创新，以‘镇江实践’丰富了全球气候治理的‘中国方案’”，“镇江实践”走向世界，有效助力了中国绿色低碳发展理念与实践经验的国际传播。镇江市人民政府成功利用国际学术会议助力中国绿色低碳发展成为国际传播的典范。

8.3.3　国际学生——从感知浙江到传播中国

近年来，随着中国经济的快速发展，来华学习的国际学生人数不断攀升。国际学生兼具中国故事受众与国际传播主体的双重角色，浙江科技大学通过创设讲好中国故事的多维体验与实践场域，让国际学生深入中国社会，“看见”中国绿色发展成就，通过“浙江之窗”深刻领悟“中国之治”的同时，鼓励学生分享自己的所见所闻所感，“讲好”中国绿色发展故事。

米莱(Eric Mupona)，这位来自非洲南部国家津巴布韦的杰出学子，在其学术生涯的重要阶段选择了浙江科技大学作为深造之地。这座位于中国东部、素以科技创新与人文底蕴闻名的学府，不仅为米莱提供了丰富的知识资源与严谨的学习环境，更为他开启了一扇洞察中国绿色低碳发展全景的窗口。

在浙江科技大学的日子里，米莱如同一位虔诚的探索者，全身心投入到这片江南大地的生态环境变迁研究之中。他通过翻阅资料和课外实践活动了解了浙江地区如何从工业化的初期阵痛中觉醒，逐步调整产业结构，强化环境治理，直至今日，呈现出一幅绿水青山与金山银山和谐共生的壮美画卷。这一蜕变过程，犹如一部生动的教科书，让米莱深入理解了中国政府在生态文明建设中的高瞻远瞩与务实举措，尤其是绿色低碳发展体系的顶层设计与基层落实之间的紧密联动。这些宝贵的经验，无疑点燃了他对环保问题的深度思考与持久热忱，使他坚信，保护环境不仅是专业学者的使命，更是每一位青年个体应有的担当，因为这关乎我们共同的地球家园能否延续生机，实现永续发展。

在 2022 年 10 月 29 日这一天，米莱荣幸地与来自中国本土，以及德国、喀麦隆、波兰、尼日利亚、罗马尼亚、乌兹别克斯坦、哈萨克斯坦、赞比亚等全球 10 个国家近 50 名朝气蓬勃的青年代表汇聚一堂，同时还与气候行动与可持续发展领域的一众权威专家学者云端相聚，共同参与了一场跨越时空界限、线上线下交融的“全球青年气候周”对话盛事。这场对话充分利用现代科技的力量，依托高效的线上会议系统与杭州本地生活服务平台“Hangzhou Feel”的实时直播功能，成功突破地理距离的束缚，吸引了世界各地无数关注气候变化、心系地球未来的青年人积极参与。

在这场全球视野下的思想碰撞与经验分享中，米莱尤为珍视其为国际青年群体打开通向中国绿色低碳发展的一扇窗。他深知，中国作为世界上最大的发展中国家，其在应对气候变化、推动绿色转型方面的积极探索与显著成果，对于全球环保事业具有无可替代的启示价值。因此，米莱积极发声，分享他在浙江科技大学的所见所学，倡导各国青年携手共进，以实际行动响应联合国可持续发展目标，为构建公平、包容、可持续的地球未来贡献青春力量。这场对话活动，无疑成了米莱学术生涯中一次难忘的国际化交流经历，也深化了他致力于全球环保合作的决心与信念。

参 考 文 献

[1] 杨晶. 赢得国际话语权：中国生态文明建设的全球视野与现实策略[J]. 马克思主义与现实, 2020(3): 83-89.
[2] 李全喜, 李培鑫. 中国生态文明国际话语权的出场语境与建构路径[J]. 东南学术, 2022(1): 25-35.
[3] 丁卫华. 中国生态文明的国际话语权建构[J]. 江苏社会科学, 2019(5): 47-56.
[4] 张晓. 21 世纪以来西方生态马克思主义的发展格局、理论形态与当代反思[J]. 马克思主义与现实, 2018(4): 122-128.
[5] 何伟, 程铭. 新时代生态文明建设对外传播话语与国家生态形象塑造研究[J]. 外语电化教学, 2023(4): 84-91, 125.
[6] 高泽. “一带一路”绿色发展理念的海外认知与传播[J]. 山东社会科学, 2023(10): 65-71.
[7] 龙丽波. 习近平绿色发展理念的国际传播研究[J]. 广西社会科学, 2020(12): 1-6.
[8] 王竹君, 赵凤玲. 国家形象视域下主流媒体“双碳”议题国际传播研究[J]. 新闻爱好者, 2023(6): 67-69.

[illegible]

参考文献

[illegible]

[illegible]

[illegible]

[illegible]

[illegible]

[illegible]

[illegible]